U0238546

内容提要

本书以柑橘的安全生产技术为中心，介绍了品种选择、苗木安全繁育、园地选择和建园技术、土肥水管理技术、枝叶花果管理技术、有害生物绿色防控技术、灾害防止及灾后救扶技术、采收和采后处理及贮藏保鲜技术、优特新品种安全生产技术要点。这些安全生产技术是依据目前已发布的柑橘行业标准，结合生产中的成熟技术，提出的实用、可操作的技术性指南。适于柑橘经营者、管理者和技术人员阅读应用。

柑橘安全生产技术指南

沈兆敏　孙成虎　主编

中国农业出版社

图书在版编目（CIP）数据

柑橘安全生产技术指南/沈兆敏，孙成虎主编．—北京：中国农业出版社，2011.10

（农产品安全生产技术丛书）

ISBN 978-7-109-15935-8

Ⅰ.①柑… Ⅱ.①沈…②孙… Ⅲ.①柑橘类—果树园艺—指南 Ⅳ.①S666-62

中国版本图书馆 CIP 数据核字（2011）第 151176 号

中国农业出版社出版

（北京市朝阳区农展馆北路 2 号）

（邮政编码 100125）

责任编辑 贺志清

中国农业出版社印刷厂印刷 新华书店北京发行所发行

2012 年 1 月第 1 版 2012 年 1 月北京第 1 次印刷

开本：880mm×1230mm 1/32 印张：8.375 插页：3

字数：203 千字

定价：20.00 元

编写人员

主　　编　沈兆敏　孙成虎

编写人员　沈兆敏　孙成虎

　　　　　徐忠强　秦光成

　　　　　蔡永强　张　弩

　　　　　王成秋　冉　春

　　　　　邵蒲芬　谭　岗

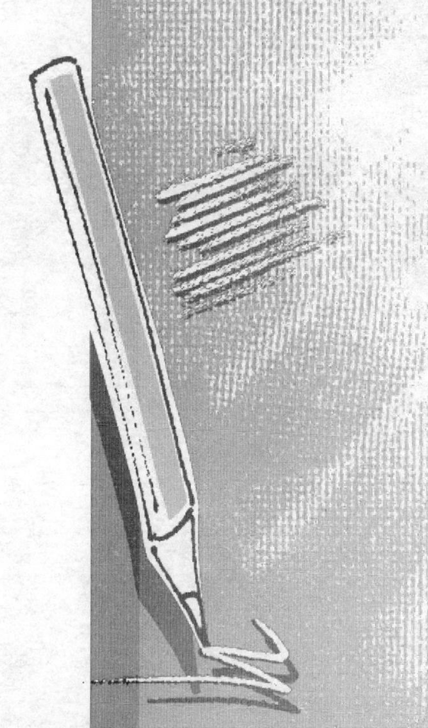

前言

2009年，我国柑橘栽培面积203.1万公顷，产量2 521.1万吨，柑橘面积和产量均居世界首位，柑橘生产发展的速度、取得的成就举世瞩目。但亟待解决的问题也不少，尤其是年复一年的卖果难，种植柑橘经济效益下滑和果品的安全问题，备受广大果农和消费者关注。

针对上述问题，应约编写了《柑橘安全生产技术指南》一书，旨在引导果农和柑橘经营者从品种、建园栽培技术、病虫防治、灾害防止和果实采收及采后处理等方面，按照安全生产技术的要求，生产安全优质、广大消费者放心的柑橘果实，促进柑橘产业健康、持续的发展。

全书共九章，第一章柑橘品种选择指南，介绍了市场需求的安全优质的柑橘品种。第二章柑橘苗木安全繁育技术指南，介绍了柑橘苗木安全繁育的方法。第三章柑橘园地选择和安全建园技术指南，介绍了选择安全园地（址）和安全建园技术。第四章柑橘的土肥水管理技术指南，介绍了土壤、肥料、水分的安全管理技术。第五章柑橘枝叶花果管理技术指南，介绍了柑橘枝叶、花果的安全管理技术。第六章柑橘有害生物绿色防控技术指南，介绍了病虫害的绿色防控，确保柑橘果实安全优质。第七章柑橘灾害防止及灾后救扶技术指南，介绍了灾害的安全防止及灾后救护技术，既保证使果实安全优质，又使损失减至最小。第八章柑橘采收、采后处理及贮藏保鲜技术指南，介绍了安全的采收、采后处理及贮运技术，使柑橘果实贮运中免受再污染。第九章柑橘优特新品种安全生产技术要点指南，介绍了18个优新品种的安全生产技术要点。

全书突出安全生产，内容丰富，技术规范实用，文字通俗易懂，可供广大果农、产销经营者、技术人员和农业院校师生参考。

本书编写中参阅同行的不少资料，得到同行的大力支持，在此一并致谢。限于时间和水平，书中不妥、错误之处，敬请不吝指正！

编　者

2011年2月

目录

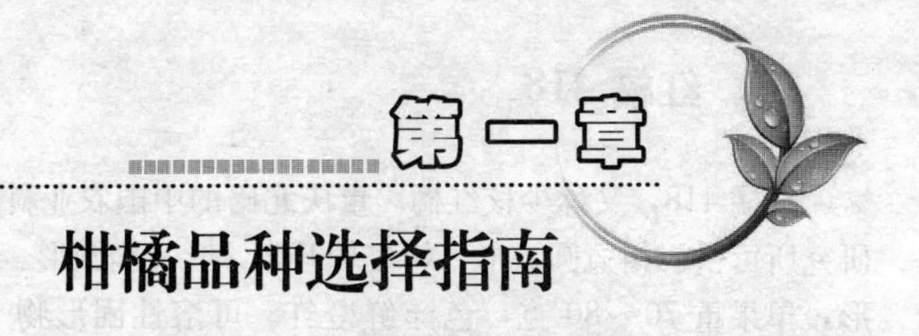

柑橘品种选择指南

柑橘品种选择是柑橘安全生产的基础。根据国内外市场对柑橘果品的需求和我国柑橘生产的现状，在品种的选择上，宜重视早、晚熟品种，品种的种类上宜重视鲜食和加工兼宜的甜橙类和市场前景看好的柠檬类。对宽皮柑橘类和柚类的特色、优新品种也宜发展种植。

第一节　宽皮柑橘良种

一、红橘

又名川橘、福橘、大红袍。原产我国，红橘产区均可引种。树冠高大，圆头形，幼树梢直立，树势强健，枝梢细而密生。主要有两个品系：一为高蒂紧皮系，果实呈高扁圆形；二为普通大叶系，果实扁圆形或高扁圆形。

红橘果实中等，单果重100～110克，果皮光滑，色泽鲜红，果皮易剥离，囊瓣肾形，9～12瓣，果心大而空，囊壁较厚。果肉甜酸多汁，稍偏酸，可溶性固形物10%～13%，糖8%～10%，酸1.0%～1.1%。每果含种子15～20粒，品质中上，果实11月下旬至12月上旬成熟，较不耐贮藏。红橘适应性广，平地、山地栽培均易丰产、稳产；凡适栽宽皮柑橘的区域均能种植。及时采收以防枯水。

二、红橘418

红橘418，又称少核红橘。重庆北碚的中国农业科学院柑橘研究所可供。树冠圆头形，树姿较开张，叶片椭圆形。果实扁圆形，单果重70～80克，色泽鲜橙红。可溶性固形物11.5%～12%，酸0.6%～0.8%，肉质细嫩化渣，甜酸可口，每果种子5粒或以下，品质上等。果实11月下旬成熟，耐贮性较好。适应性、适栽区域及栽培注意点同红橘。

三、新生系3号椪柑

新生系3号椪柑系从椪柑中选出的优良品种株系。中国农业科学院柑橘研究所及产区可供。树势健壮，生长旺，幼树直立性强。果实扁圆形或高扁圆形，平均单果重114克，果色橙黄。果实可溶性固形物10.8%～12.5%，酸0.6%，每果种子6～9粒，果实品质优，果实12月上、中旬成熟，耐贮藏。适栽椪柑的亚热带均可种植，尤适中亚热带气候种植。土壤适应性广，山地和平地均可栽培，特别是红壤山地栽培品质尤佳。以枳作砧木早结果，丰产。广东、广西多用酸橘作砧木，表现早结果、早丰产，是目前推广的良种之一。幼树树形直立，前期适宜密植，加强肥水管理防止结果过多而出现大小年。

四、太田椪柑

太田椪柑是由日本选出，我国20世纪80年代后期引入，在重庆、浙江等地种植表现早熟、丰产。产区可引种。果实高扁圆形、扁圆形和卵形，单果重130～150克。果皮橙黄色、光滑，皮较薄。果实可溶性固形物10.5%～11.5%，酸0.6%～0.8%，

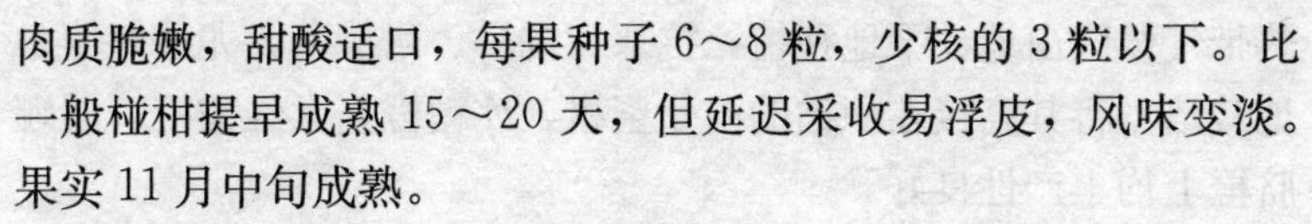

肉质脆嫩，甜酸适口，每果种子 6～8 粒，少核的 3 粒以下。比一般椪柑提早成熟 15～20 天，但延迟采收易浮皮，风味变淡。果实 11 月中旬成熟。

太田椪柑适应性广，年均温 16℃左右，果实能正常生长，适宜在各种土壤上栽培。红黄壤山地枳砧太田椪柑表现早结果，丰产、稳产。

栽培注意点与新生系 3 号椪柑同。注意果实成熟后及时采收，以免品质下降。

五、长源 1 号椪柑

长源 1 号椪柑是由广东汕头市柑橘研究所选出，可供品种。树势健壮，结果期较一致。果实单果重 110～130 克，果形端正，果色橙红，果皮易剥，不易裂果。可溶性固形物 12%～13.2%，酸 0.8%～1.0%，肉质脆嫩、化渣，汁多，香味浓，有蜜味。每果种子 4～6 粒，品质上乘。果实 11 月中旬至 12 月中旬成熟。

长源 1 号椪柑以酸橘作砧木，在红壤山地栽培表现丰产，适宜在粤东、闽南等南亚热带区域种植。

用酸橘、小叶枳或江西三湖红橘作砧木，可适当密植。

与长源 1 号椪柑相似的还有和阳 2 号椪柑，此略。

六、黔阳无核椪柑

从湖南浏阳市柏嘉乡引进普通有核椪柑选出。湖北松滋市兴桃苗圃场可供。树势健旺，分枝角度小，幼树直立生长强。果皮深橙黄色、光滑，平均厚 0.25 厘米，易剥，平均单果重 128 克，最大可达 312 克。可溶性固形物 13.5%～16.2%，酸含量 0.6%～0.8%，肉质脆嫩，汁多化渣，甜酸适度，有清香，无核，品质佳，果实 11 月下旬至 12 月初成熟，耐贮藏。适宜在亚热带气候区山地、平地种植，抗寒、抗旱、耐瘠薄，尤适红壤山地栽培。将其高接在枳砧的温州蜜柑、冰糖橙、大红甜橙、朋娜脐橙上均丰产性良好。

用枳作砧木，早结果、早丰产。注意相对集中栽培，不与有核椪柑混栽，以免出现种子。若稳果后疏除小果，更能提高优果率。

七、岩溪晚芦

岩溪晚芦系青年果场的椪柑园中选出，中国农业科学院柑橘研究所可供。除较一般椪柑晚熟 50～60 天，即在次年 1 月下旬至 2 月中旬成熟外，树势强健，枝梢较密，树冠圆筒形。果实扁圆，单果重 150～170 克，果色橙黄，果面较光滑。可溶性固形物含量 13.6%～15.1%，酸 0.9%～1.1%，每果种子 3～7 粒，肉质脆嫩化渣，甜酸适口，具微香，品质佳。果实贮藏至 4 月底至 5 月初风味佳。

适应性广，在山地、平地和水田，南、中、北亚热带地区均可种植，丰产、稳产。岩溪晚芦裂果少，抗寒，全国不少产区引种、试种，是可供发展的椪柑晚熟品种。

加强肥水管理，使其丰产、稳产。在冷月极端低温小于 -3℃的区域易出现低温落果，种植要慎重。

八、本地早

本地早原产浙江黄岩，可供种，是浙江主栽的既可鲜食又宜加工全去囊衣橘瓣罐头的优良品种。树冠高大，呈圆头形，树势强健，枝梢整齐，分枝多而密、细软。果实扁圆形，平均单果重 80 克，果色橙黄，果皮较粗，皮薄，易剥。果肉柔软多汁、化渣，可溶性固形物 13%左右，酸 0.5%～0.6%，有香气，每果

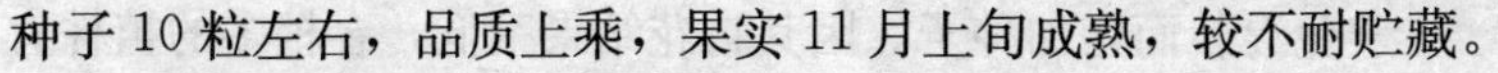

种子10粒左右，品质上乘，果实11月上旬成熟，较不耐贮藏。

本地早较耐寒，在北亚热带和北缘产区栽培风味浓、品质优；在热量丰富、积温高的区域栽培易出现粗皮大果，风味变淡，品质下降。

用枳作砧木易出现黄化，用本地早作砧木（共砧）表现好，海涂种植用枸头橙作砧木，表现耐盐，且丰产。

浙江黄岩从本地早中选出的新本1号、黄斜3号，具少核、无核，品质上乘，极宜鲜食和加工糖水橘瓣罐头。

九、南丰蜜橘

又名金钱蜜橘、邵武蜜橘（福建）。南丰蜜橘原产江西南丰县，可供品种。树冠半圆形或圆头形，树势强健，树姿开张。平均单果重60克，果皮薄，易剥，果色橙黄。可溶性固形物13%～15%，酸0.5%～0.9%，肉质柔软化渣、汁多，风味浓郁，有香气，种子无或极少，品质佳。果实成熟期11月上、中旬。南丰蜜橘耐寒性较强，适合北亚热带和中亚热带栽培。栽培要求肥水充足，但怕积水，适在微酸性的砂质壤土上种植。

十、沙糖橘

沙糖橘又名十月橘。沙糖橘原产广东四会，可供种。树冠圆头形，树势较强。果实扁平或高扁圆形，橘红色，单果重35～60克，果皮色泽橙红，皮薄易剥。可溶性固形物13%～16%，酸0.5%～0.7%，果肉橙黄，肉质柔软、化渣，风味浓甜，无核或少核，品质佳。果实11月中、下旬成熟，耐贮藏。

沙糖橘适宜在年平均温度18～21℃，极端低温不低于－3℃的南、中亚热带气候条件下种植。在土层深厚、有机质丰富的冲积砂壤土种植品质优、产量高。

避免混栽而增加种子。因其自花结果率低，春梢多的植株宜抹除1/2～2/3，并采取相应的保果措施。

十一、大浦特早熟温州蜜柑

日本从山崎早熟温州蜜柑的枝变中选出。我国从日本引入，各地栽培表现早结果、优质、丰产。中国农业科学院柑橘研究所可供种。

树势强，果形扁平，较大，平均单果重107.9克。可溶性固形物9%～10%，酸0.5%～0.6%，肉质柔软化渣，甜酸可口，品质优。果实9月底至10月初成熟。适应性及适栽区域与温州蜜柑同。加强肥水管理，防止结果过多而出现大小年甚至隔年结果。

十二、日南1号特早熟温州蜜柑

由日本从10年生的兴津早熟温州蜜柑的枝变中选出，我国20世纪90年代引入试种，各地表现优质、丰产，中国农业柑橘研究所可供种。树势较兴津强。果实扁圆，平均单果重120克。果实9月中旬开始着色，10月上旬糖8.5%，酸1%以下，甜酸味浓，糖含量高，品质好。适应性及适栽区域与大浦同。防止结果过多而出现大小年。

十三、稻叶特早熟温州蜜柑

系日本从早熟温州蜜柑中选出的特早熟温州蜜柑，我国引入后，试种表现早结、丰产，重庆万州区的北京汇源重庆柑橘公司可供种。

树冠半开张，较直立。果实扁平，单果重155克左右。果皮

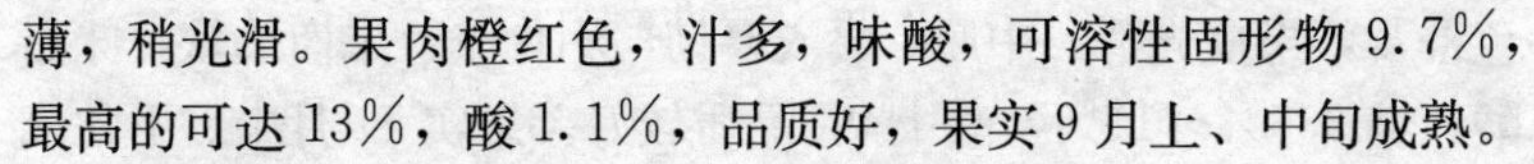

薄，稍光滑。果肉橙红色，汁多，味酸，可溶性固形物 9.7%，最高的可达 13%，酸 1.1%，品质好，果实 9 月上、中旬成熟。

适栽温州蜜柑之地均可种植。易感染疮痂病、日灼病，注意防止。选深厚肥沃之地种植，增加树体抗性和丰产。

十四、兴津早熟温州蜜柑

系日本选出，引入我国后各地种植丰产、稳产、优质。产区均可供种。树势强健。果实扁圆或倒圆锥状扁圆形，果色橙红鲜艳。果肉橙红色，糖 10%～11%，酸 0.7%，肉质细嫩化渣，具微香，品质上乘，果实 10 月上旬成熟。

适应性广，丰产、优质，是早熟温州蜜柑中种植最多的品种。凡能种植柑橘之地均能种植。以枳为砧木，不抗裂皮病，注意做好预防和防治。

十五、宫川早熟温州蜜柑

原产日本静冈县，我国从日本引种多次，产区种植较多，尤以浙江为多。树势中等或偏弱，树冠矮小紧凑，枝梢短密，呈丛生状。单果重 90～130 克，果面光滑，皮薄，果形整齐美观。果肉橙红色，糖 9%～10%，酸 0.6%～0.7%，甜酸适口，囊衣薄，肉质细嫩化渣，品质优，果实 10 月上旬成熟。适应性及适栽区域与兴津同。栽培注意点与兴津同。

十六、尾张温州蜜柑

尾张温州蜜柑，又称改良温州蜜柑。日本爱知县从伊木力系的变异中选出。我国引种种植。产地均可供种。树冠高大，开张，长枝披垂。果实扁圆形，果形整齐，单果重 80～90 克，果色橙黄，果皮光滑、中厚。囊衣厚韧，不化渣，果肉柔软，味甜酸，糖9.5%～11%，酸1%，品质较好。果实11月中、下旬成熟。凡可种温州蜜柑之地均可种植。以枳作砧木，注意防止裂皮病。尾张有大叶系、小叶系，以大叶系品质好，产量稳定，适宜种植。

十七、宁红温州蜜柑

原名浙江宁红73-19。1979年从浙江宁海县红旗柑橘良种场的尾张温州蜜柑中选出，可供种。树冠矮小紧凑，结果母枝以春梢为主。果实扁圆形，单果平均重74.5克。果肉橙红色，质地脆嫩，可溶性固形物12%，酸0.77%，加工糖水橘瓣罐头吨耗低，仅1.22（吨原料/吨罐头），剥皮、分瓣、去络容易，具香气，甜酸适度。可鲜食，更适作加工糖水橘瓣罐头原料。果实11月中、下旬成熟。适应性及适栽区域与尾张温州蜜柑同。以枳作砧木，注意防止裂皮病。

十八、山下红温州蜜柑

日本原产，系从尾张温州蜜柑的枝变中选出，我国引种种植表现优质、丰产。中国农业科学院柑橘研究所可供种。树势强健，枝梢粗壮。果实扁圆形，果色橙红至深红，单果重110～130克。可溶性固形物11%～13%，酸0.6%～0.7%，果肉深红色，细嫩，甜酸适口，品质优，果实11月中、下旬成熟。适应性及适栽区域与尾张温州蜜柑同。以枳作砧木，注意防止裂皮病。

十九、晚蜜1号

系中国农业科学院柑橘研究所从以尾张温州蜜柑为母本，薄皮细叶甜橙（S）为父本的杂交后代中选育而成，可供种。树势强，枝梢健壮。果实扁圆形，单果平均重129克，色泽橙红，可溶性固形物11.8%，酸1.06%，品质上乘，果实翌年1月中、下旬成熟。适应性强，丰产、稳产，与尾张温州蜜柑同。以枳作砧木注意防止裂皮病，冬季气温较低地域种植防止冬季低温落果。

二十、新1号蕉柑

1973年从潮州市饶平县新塘乡新塘村的蕉柑园中选出，可供种。树势健壮，树冠圆头形。果实近球形，端正，单果重110～130克，果色橙红，较光滑。可溶性固形物13.5%，酸1%，肉质柔软化渣，有微香，品质佳。在较粗放管理条件下能丰产、稳产是其优势。果实12月底至次年1月中、下旬成熟。适宜在年平均温度21～22℃，1月均温12℃以上，极端低温0℃左右的地域栽培。适宜在热量条件好的南亚热带和土壤深厚肥沃之地栽培。

二十一、孚优选蕉柑

广东潮州从孚中选蕉柑中选育出的新品系，可供种。果实高扁圆形，橙红色，大小为7.7厘米×6.74厘米。可溶性固形物13.0%，酸0.9%，每果种子0.3粒，果肉脆，化渣，风味浓，品质上等，果实次年1月中旬成熟。适宜广东种植。栽培注意点同新1号蕉柑。

二十二、天草杂柑

由日本选出，我国20世纪90年末引入，各地种植优质、丰产而较快发展，产区可供种。树势中等，果实扁球形，大小整齐，单果重180～220克，果实橙色，果皮光滑、薄，兼有克力迈丁和甜橙的香气。果肉橙色，肉质柔软、汁多，囊衣（壁）薄，化渣。可溶性固形物11%～13%，酸1%，品质好。单性结实强，成片种植，果实通常无核。果实11月下旬至12月上旬成熟。适应性广，较脐橙耐寒，较温州蜜柑弱，以枳为砧和用温州蜜柑、椪柑作中间砧嫁（高）接亲和性好。一般在亚热带区均可种植，山地、平地种植均能丰产、稳产。天草结果性能好，为提高果品等级和持续稳产，宜采取疏果措施。

二十三、橘橙7号杂柑

重庆市果树研究所从诺瓦杂柑中选出，可供种。树势旺盛，明显具宽皮柑橘特性，但多刺。果实扁圆形，单果重100～120克，果面橙红，果皮薄而紧包，不易剥离，果较硬。肉质脆嫩，风味浓，糖10%～11%，酸0.6%～0.7%，有单结结实习性，单独栽培时常无核。果实11月下旬至12月上旬成熟。耐寒性强，适应性广，山地、平地种植均能丰产，适于南、中、北亚热带栽培。宜单独种植，与有核品种混栽会增加种子，加强水分管理，防止干旱，适时采收，以避免果实出现粒化。

二十四、清见杂柑

日本选育出。我国引入后各地种植表现优质、丰产，中国农业科学院柑橘研究所可供种。树势中等，果实扁球形，单果重200～250克，果色橙黄，较光滑，果肉橙色，囊衣薄，肉质柔软多汁，果皮、果肉具甜橙香气，糖10%～11%，酸1%，果实无核，品质好，果实次年2月底至3月初成熟。适应性强，适栽地广，适中、南亚热带气候种植，山地、平地栽培一般均能早结

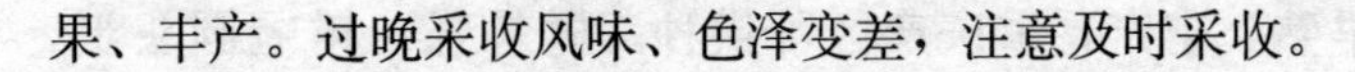

果、丰产。过晚采收风味、色泽变差，注意及时采收。

二十五、不知火杂柑

系日本选出，我国引入后各地种植表现优质、丰产，中国农业科学院柑橘研究所可供种。以枳作砧木树势较弱，以温州蜜柑作中间砧树势中等。果实倒卵形或葫芦形，单果重200～280克，果梗部有凸起短颈，也有无短颈的（扁球形）果形。果皮橙黄、略粗，易剥、无浮皮。果肉柔软多汁，囊衣极薄，糖13%～14%，酸1%，品质极佳，果实2月下旬至3月中下旬成熟。适应性强，适栽区广，适无严寒的中、南亚热带气候区种植。用强势的大叶大花枳或红橘作砧木，选暖冬之地种植防冻，结果适度，加强肥水管理，防树势早衰和出现黄化。

二十六、默科特杂柑

系美国育成的橘与甜橙的杂种，引入各地种植后表现好，中国农业科学院柑橘研究所可供种。树势旺盛，长梢端着果。果实高扁圆形，单果重100～130克，果色橙黄、果皮薄，剥皮较不易。肉质脆嫩，汁多，糖酸含量高，糖9.5%～10%，酸0.9%～1.1%，每果种子10粒以上，果实2月初成熟，延至3月采收品质极佳。适应性广，宜在中、南亚热带气候区栽培。选冬暖之地种植，疏果适产，防止大小年结果。

第二节 甜橙良种

一、哈姆林甜橙

原产美国，为世界上栽培多的早熟甜橙。我国引入后各地种植表现早熟、丰产，重庆产区可供种。树势强，树冠圆头形。果实圆球形或椭圆形，单果重120～140克，果皮橙红、薄、光滑。可溶性固形物11%～14%，酸0.6%～0.7%，每果种子5～7粒，品质优，既可鲜食，更可加工橙汁，果实成熟期10月底至11月初。适中、南亚热带气候区栽植，山地、平地种植均能丰产。选深厚肥沃的土壤种植，加强肥水管理，增加大果率。

二、早金甜橙

原产美国佛罗里达州，20世纪末引入我国，北京汇源重庆柑橘公司可供种。三峡库区种植表现早结、丰产。树冠圆头形，树势中等。果实圆球形或短椭圆形，单果重140～170克，果色橙黄，果皮光滑、较薄。可溶性固形物10%～11%，酸含量0.5%～0.7%，种子较少，每果5～10粒，鲜食和加工橙汁均可，果实10月底至11月初成熟。适应性及适栽区域与哈姆林甜橙同。以枳橙作砧木，结果早，丰产，但耐碱性较差。

三、锦橙

又名鹅蛋柑26、S26。原产重庆市江津区，产区可供种。树势强健，树冠圆头形。果实椭圆形或长椭圆形，形如鹅蛋，故得名。平均单果重170克左右，果色橙至橙红、鲜艳有光泽、皮薄。可溶性固形物11%～13%，酸0.8%，囊衣薄，肉质细嫩化渣，甜酸适口，具微香。果实鲜食加工橙汁兼宜，每果种子8～12粒，果实11月下旬至12月上旬成熟。适应性广，中、南亚热带气候区适种，四川、湖北、重庆为最适栽之地。pH7.5及以上的土壤宜用红橘或资阳香橙作砧木，可克服枳砧缺铁引起植株叶片黄化。

四、北碚 447 锦橙

又名北碚无核锦橙。选自重庆市北碚区歇马乡板栗湾锦橙园，产区可供种。树势强，果实椭圆形，平均单果重 183 克，果色橙红，果皮光滑、薄。可溶性固形物 11%～13%，酸 0.9%～1.0%，肉质细嫩化渣，甜酸适口，种子 1 粒以下，优质丰产，果实 11 月下旬至 12 月上旬成熟。适应性及适栽区域与锦橙同，栽培注意点同锦橙。

五、渝津橙

原为江津 78－1 锦橙。从四川江津选出，可供种。树冠圆头形，发枝力强。果实椭圆形或长椭圆形，果形整齐，平均单果重 180 克左右，果色橙红，果皮薄，可溶性固形物 11%～13.5%，酸 0.8%～1.0%，肉质细嫩化渣，甜酸可口，具微香。果食鲜食、加工果汁兼宜，每果种子 3～4 粒，果实 11 月中、下旬成熟。早结果，优质、丰产。适应性及适栽区域与锦橙同，用卡里佐枳橙作砧木，幼树出现叶片黄化的现象。

六、中育 7 号甜橙

系中国农业科学院柑橘研究所用人工诱变方法育成的优良品种，经全国品种审定命名，可供种。树势强健，树冠圆头形，发枝力强。果实短椭圆形至椭圆形，单果重 170～180 克，果色橙红、果皮薄。可溶性固形物 11%～14%，酸 0.7%～0.9%，每果种子 1 粒以下，果肉脆嫩化渣，具芳香，甜酸适口，早结果，丰产，品质优，果实 11 月下旬至 12 月上旬成熟。适应性及适栽区域与锦橙同，栽培注意点同锦橙。

七、梨橙

又名梨橙2号。重庆巴南区园艺场锦橙园选出，可供种。树势强，树冠圆头形。单果重225克左右，果实长椭圆形或长倒卵形，果色橙红，果皮光滑、较薄。可溶性固形物11%～13.5%，酸0.6%～0.8%，肉质细嫩化渣，甜酸适口，果实种子少，优质、丰产，果实11月下旬至12月上旬成熟。适应性及适栽区域与锦橙同，栽培注意点同锦橙。

八、先锋橙

又名鹅蛋柑20、S20。原产重庆江津区，从先锋乡的普通甜橙果园中选出。树势、树性与锦橙基本相同，但枝条比锦橙稍硬，小刺稍多。果实的外形、风味、质地虽与锦橙相似，但也有异。果实的主要区别如表1-1。

表1-1 先锋橙与锦橙果实性状比较

项目	先锋橙	锦橙
果形	短倒卵形或短椭圆形	长椭圆形
大小	略小	较大
颜色	橙红色稍浅	橙红
果顶	稍宽	稍窄
果蒂	平或微凸，少数微凹	微凹或平
柱痕	较大	较小
油胞	大小相同，凸	中等大，较均匀，微凸
风味	酸甜、味浓、有香气	酸甜、味浓、微有香气
种子	较多，8粒以上	较少，8粒左右
耐贮性	强，贮后不易粒化	强，但久贮后果蒂部易粒化

单果重150克左右，可溶性固形物9%～10%，酸含量1%。果形短椭圆形，不如锦橙美观，但果实贮藏性较锦橙强。适应性及适栽区域与锦橙同。栽培注意点与锦橙相似。

九、特洛维他甜橙

原产美国佛罗里达。我国20世纪末引入，在三峡库区等地栽培表现早结果，丰产、稳产，可供种。树冠圆头形，树势强。卡里佐枳橙砧的植株较同砧木的北碚447锦橙、哈姆林甜橙生长均快。果实圆球形至扁圆形，果色橙黄至橙色，单果重150～180克。可溶性固形物11%～13%，酸0.8%～0.9%，果实种子较少，鲜食、加工兼宜，优质、丰产。果实12月下旬成熟，可留树至次年3月中旬采收。适应性强，紫色土、黄壤和砂壤均可种植，抗寒性较普遍甜橙强，抗病性较强，几乎无日灼病。以卡里佐枳橙作砧木宜稀植，以亩①栽38～45株为宜，幼树加速树冠培养。用于鲜食注意疏果，以提高优果率。

十、无核（少核）雪柑

系中国农业科学院柑橘研究所用$^{60}Co-\gamma$射线辐照雪柑结果树的枝条选出的变异优系，经鉴定无核性状遗传性稳定，可供种。树势强，树冠圆头形。果实长椭圆或短椭圆形，果色橙红。平均单果平均重230克。果肉柔软多汁，可溶性固形物11%～13%，酸0.8%～0.9%，每果种子0～2粒，丰产、优质。果实11月下旬至12月初成熟。中、南亚热带山地、平地均可种植。广东、广西栽培宜用红檬檬、酸橘作砧木，三峡库区等地以枳作砧木为好。

---

① 亩为非法定计量单位，1亩=1/15公顷≈667米^2。

十一、冰糖橙

原产湖南黔阳，系从当地普通甜橙的芽变中选出，可供种。树冠圆头形，树势中等，开张。果实圆球形或短椭圆形，单果重130克左右，果皮光滑，橙色，果肉浓甜脆嫩、化渣，可溶性固形物13%～15%，酸0.3%～0.5%，少核，品质优，丰产，果实11月下旬成熟。性广，一般甜橙适栽之地均能种植。作砧木，注意防止裂皮病，溃疡病区要注意防溃疡病。

十二、大红甜橙

又名红皮橙。原产湖南黔阳，可供种。树势中等，树形较矮小，枝梢细软。果实圆球形或椭圆形，果皮橙红色，果面光滑，单果重140～150克。果肉柔软，汁多化渣，甜酸适口，可溶性固形物11%～12.5%，酸0.6%，每果种子5～10粒，果实极耐贮藏，优质、丰产。果实11月下旬成熟。适应性及适栽区域与冰糖橙同。栽培注意点与冰糖橙同。

十三、暗柳橙

系从柳橙中选出，原产广东新会县和广州郊区，可供种。树冠半圆形，较开张。单果重120～160克，果实长圆形或卵圆形，果顶圆，多数有明显印环（圈），果色橙黄。可溶性固形物13%以上。酸0.5%，每果种子9～12粒，果实较不耐贮，优质、丰产。果实11月下旬至12月上旬成熟。适年平均温度19～23℃的南亚热带气候区种植。宜以酸橘、红檬檬作砧木，用枳作砧木嫁接不亲和。

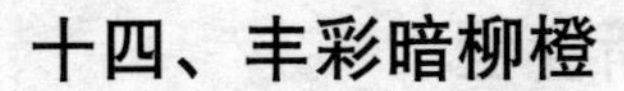

十四、丰彩暗柳橙

广东省农业科学院果树研究所与广东杨村华侨柑橘场从暗柳橙实生后代中选出，可供种。树势强，树冠丰满，果形同暗柳橙，单果重145克。糖含量10.8%，酸0.9%，风味浓郁，品质佳，丰产、稳产，唯种子较多，每果13～15粒。果实11月下旬至12月上旬成熟。适应性及适栽区域与暗柳橙同。栽培注意点与暗柳橙同。

十五、红江橙

广东叫红肉橙，广东廉江红肉型叫红江橙，可供种。海南因果实成熟时无一定15℃以下的夜间温度，果实成熟仍不退绿而称绿橙。从改良橙嵌合体果实中选出的红肉型。树势旺健，树姿半开张，枝条细而密生，夏、秋梢上有短刺。果实球形，单果重120克左右。果面橙红色，稍粗糙。果肉橙红色，可溶性固形物12%～13.5%，酸0.8%～0.9%，每果种子10粒左右，优质、丰产。果实11月下旬至12月上旬成熟。适应性及适栽区域与暗柳橙同。结果多时注意疏果，以防树势早衰。

从红江橙中选出了少核红江橙。

十六、新会橙

又名滑身仔。原产广东新会县，可供种。树冠半圆形。果实短椭圆形，单果重110～120克，果色橙黄，果皮光滑，可溶性固形物13%～16%，酸0.5%～0.6%，每果种子6～8粒，味清甜，品质佳。果实11月中、下旬成熟。适应性及适栽区域与暗柳橙同。栽培注意点与暗柳橙同。

十七、无核（少核）新会橙

系中国农业科学院柑橘研究所选出的优系，可供种。树势中等，较开张，树冠半圆头形。果实圆球形或短椭圆形，色泽橙黄，果皮较薄、光滑。单果重140～160克，肉质脆嫩化渣，汁较多，味清甜，具清香，可溶性固形物13%～14%，酸0.9%，每果种子0～3粒。果实11月中、下旬成熟。适应性及适栽区域与暗柳橙同。避免与有核品种混栽，以免果实种子增加。

十八、伏令夏橙

原产美国，我国20世纪30年代首次引进，后多次引进种植，表现晚熟、优质、丰产。树势强，产区可供种。树冠大，自然圆头形，枝梢粗壮，具小刺。果实圆球形，单果重140～180克，果皮中等厚，橙色或橙红色。肉质柔软，较不化渣，甜酸适口，可溶性固形物11%～13%，酸1.0%～1.2%，丰产、稳产。果实次年4月底至5月初成熟。适应性广，在冬暖的甜橙适栽之地均可种植。夏橙花量大，且花果并存，应加强肥水管理，冬季防落果，春季气温回升防果实回青。

十九、奥灵达夏橙

美国加利福尼亚州从夏橙的实生苗中选出的优变品种，我国引入种植表现丰产、稳产、优质，重庆产区可供种。树势强健，果实圆球形，单果重150克左右，果色橙红，果皮较光滑。果肉细嫩，较化渣，甜酸适口，可溶性固形物11%～11.5%，酸1.1%，有微香，每果种子4至5粒，品质好，丰产、稳产，为

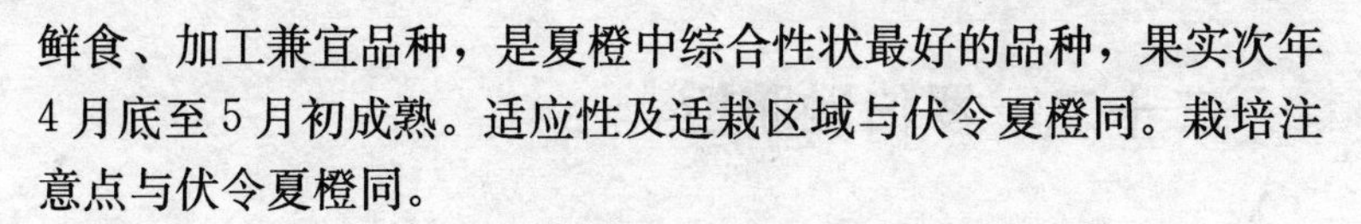

鲜食、加工兼宜品种，是夏橙中综合性状最好的品种，果实次年4月底至5月初成熟。适应性及适栽区域与伏令夏橙同。栽培注意点与伏令夏橙同。

二十、德尔塔夏橙

原产南非，20世纪末我国从美国引入种植，表现好，重庆产区可供种。树势健壮，枝梢强旺。果实大，单果重200克以上，果实椭圆形，果皮光滑，橙红色。可溶性固形物11%～12%，酸1.0%～1.2%，无核，以鲜食为主，也可加工果汁。果实次年4月底至5月初成熟。适应性及适栽区域与伏令夏橙同。栽培注意点与伏令夏橙同。

二十一、华盛顿脐橙

华盛顿脐橙，又名美国脐橙、抱子橘、花旗蜜橘等，简称华脐。

华盛顿脐橙原产于南美的巴西，我国最早的华盛顿脐橙引自美国，产区可供种。树势较强，开张，大枝粗长、披垂，萌芽、开花较普通甜橙早。果实椭圆形或圆球形，单果重200克以上，果色橙红，果面光滑，可溶性固形物含量10.5%～14%，酸0.9%～1.0%，品质上乘，果实11月下旬成熟，耐贮性好。最适的生态条件：年平均气温18～19℃，极端低温不低于－3℃，花期、幼果期空气相对湿度65%～70%，昼夜温差大，土壤宜深厚、疏松、有机质含量丰富、微酸性的砂质壤土。我国以重庆奉节为中心的三峡库区、江西的赣州均为华盛顿脐橙的适栽区。其他脐橙产区采取保果措施也可适当种植。在空气相对湿度85%及其以上的地域种植，必须保花保果，以获得产量。

二十二、罗伯逊脐橙

罗伯逊脐橙，又名鲁宾逊脐橙，简称罗脐。原产美国，我国从美国等国引入，种植后丰产、稳产，产区可供种。树冠圆头形或半圆形，树势较弱，矮化紧凑。树干和主枝上均有瘤状突起，枝扭曲，略披垂。果实倒锥状圆球形或倒卵形，较大，单果重180～230克，果皮橙色至橙红色。固形物11%～13%，酸0.9%～1.0%。品质好，果实11月上、中旬成熟。较耐贮藏。适应性比华盛顿脐橙广，较抗高温、高湿，丰产性好，且有串状结果的习性。我国脐橙产区均可栽培。表现结果早，丰产、稳产。以枳作砧木，注意防止裂皮病。

二十三、纽荷尔脐橙

纽荷尔脐橙，原产于美国，系由华盛顿脐橙芽变而得。我国于1978年引入，现广为栽培，产区可供种。纽荷尔脐橙外观美、内质优、商品性好的鲜销品种。树冠扁圆形成自然圆头形，树势生长较旺，尤其是幼树。结果明显较罗伯逊脐橙和朋娜脐橙晚。果实椭圆形至长椭圆形，较大，单果重200～250克。果色橙红，果面光滑，多为闭脐。肉质细嫩而脆，化渣、多汁，可溶性固形物12%～13%，酸1.0%～1.1%，品质上乘。果实11月中、下旬成熟，耐贮性好，且贮后色泽更橙红，品质仍好。投产虽较罗伯逊、朋娜脐橙晚，但投产后产量稳定，丰产、稳产。通常在脐橙产区都可栽培。枳砧注意防止裂皮病，幼树控制生长过旺而延期结果。

二十四、红肉脐橙

红肉脐橙又名卡拉卡拉脐橙。红肉脐橙系秘鲁选育出的华盛顿脐橙芽变优系。20世纪末从美国引进，三峡库区产区可供种。树冠圆头形，树势中等，树冠紧凑，多数性状与华盛顿脐橙相似。叶片偶有细微斑点现象，小枝梢的形成层常显淡红色。果实圆球形，平均单果重190克左右，果面光滑，深橙色，果皮薄。可溶性固形物11.9％，酸1.07％，果实成熟后果皮深橙色，果肉在10月即呈现浅红色，12月中旬成熟后呈均匀红色，果实12月下旬成熟，次年1～2月品质仍佳。其最大的特色是果实果肉呈均匀红色。可作为鲜食脐橙的花色品种。最适种植的区域为长江中上游为产区。热量条件稍逊的地区栽培表现果实偏小，果形大小不整齐。选热量条件好的最适区、有水源之地种植。疏除过密枝，加强通风透光，切忌早采，以免影响品质。

二十五、奉节脐橙

原名奉园72-1脐橙。1972年从重庆奉节县园艺场选出的优变品种，可供种。果实短椭圆形或圆球形，单果重160～180克，脐中等大或小，果实橙色或橙红色，果皮较薄，光滑。果肉细嫩化渣，可溶性固形物11％～14.5％，酸0.7％～0.8％。甜酸爽口，风味浓郁，富香气，品质上乘。果实11月下旬至12月上旬成熟。以枳为砧木树冠相对矮化、开张，表现抗旱、耐湿，不易感染脚腐病，但不抗裂皮病，且在碱性土壤中易出现缺铁黄化。以红橘为砧木的嫁接亲和性好，生长强健，树姿较直立，但结果较枳砧晚2年左右，红橘作砧木，抗裂皮病。奉节脐橙的适应性与华盛顿脐橙相似。注意在空气相对湿度85％及其以上的区域种植要采取保花、保果措施。

二十六、清家脐橙

原产于日本，1978年引入我国，中国农业科学院柑橘研究所可供种。各地种植表现优质、丰产。树冠圆头形，树势中等，单果重200克左右，果形圆球形或椭圆形，果色橙或橙红，果皮较薄。肉质脆嫩化渣，可溶性固形物11%～12%，酸0.7%～0.9%，品质上乘，果实11月上旬成熟，耐贮性较好。清家脐橙适应性强，北、中、南亚热带山地、平地均可栽培，以枳作砧木结果早，丰产、稳产，可在我国脐橙适栽地种植。栽培注意点与华盛顿脐橙相同。

二十七、福本脐橙

又称福本红脐橙。原产于日本和歌山县，为华盛顿脐橙的枝变。1981年我国从日本引进后，各地种植表现优质、丰产，产区可供种。树势中等，树姿较开张，树冠圆头形，枝条较粗壮稀疏，果实较大，单果重200～250克，果形短椭圆形或球形，果顶部浑圆，多闭脐，果梗部周围有明显的短放射状沟纹，果面光滑，果色橙红，较易剥离。可溶性固形物11%～13%，酸0.8%～0.9%，肉质脆嫩，多汁，甜酸适口，有香气，品质优。福本脐橙在中亚热带的重庆，果实于11月中下旬成熟，在南亚热带可在10月下旬前后成熟上市。福本脐橙适宜种植在气候温暖，雨量较少，空气湿度小，光照条件好，昼夜温差大，又无柑橘溃疡病的地区。福本脐橙树体发育较慢，树冠相对较小，宜适当密植，以株行距3米×4米，即亩栽56株为宜。

二十八、奉节晚脐

原名95-1脐橙。1995年从奉节脐橙中选出的芽变优系，遗传性稳定，可供种。树冠圆头形。果实圆球形或短椭圆形，果形整齐，平均单果重200克左右，脐小，多闭脐，果皮橙黄至橙红，较光滑。可溶性固形物12.9%，酸0.8%，丰产、品质优。

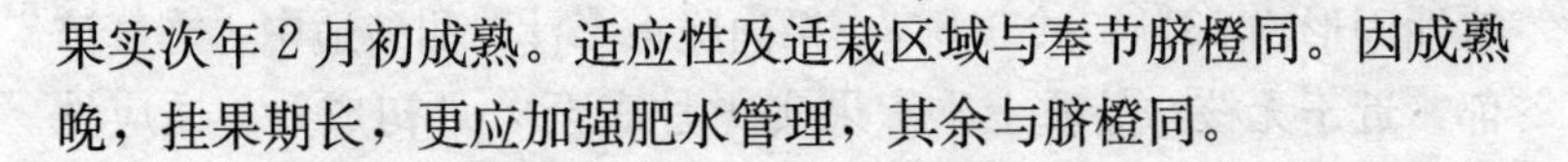

果实次年2月初成熟。适应性及适栽区域与奉节脐橙同。因成熟晚，挂果期长，更应加强肥水管理，其余与脐橙同。

二十九、晚脐橙

又名纳佛来特脐橙。原产西班牙，我国引入后在重庆、四川、广西和浙江等产区有少量栽培，可供种。树冠半圆形或圆头形，与华盛顿脐橙相比树势旺。果实椭圆形或圆球形，单果重160～200克，着色较华盛顿脐橙迟几周，果皮橙色。果肉较软，味浓甜，汁有多有少，可溶性固形物10%～11.5%，酸0.6%～0.7%，果实12月底至翌年1月份成熟，果实留（挂）树贮藏4个月不降低品质。适应性较广，通常能种植华盛顿脐橙的区域，均可种植，但有反映产量较低或不稳定的现象。幼树控制树势，促其及时投产。因晚熟，挂果期长，更应加强肥水管理。

三十、鲍威尔脐橙

21世纪初从澳大利亚引进，在重庆奉节等地种植表现晚熟，优质、丰产，可供种。树势中等。果实短椭至椭圆形，果形整齐，平均单果重200克左右，多闭脐，果色橙黄至橙色，较光滑。肉质脆嫩，化渣汁多，甜酸适口，可溶性固形物12%，酸0.7%，品质优。果实2月底成熟，3月底至4月采收品质佳。适应在冬暖的脐橙产区种植。

三十一、塔罗科血橙

原产意大利。我国引种种植后表现优质、丰产，中国农业科学院柑橘研究所可供种。树势中等。果实倒卵形或短椭圆形，单果重150克左右，果色橙红，较光滑。果肉色深，全为紫红，可溶性固形物13%，酸0.8%，果肉脆嫩多汁，甜酸适中，香气浓郁，近于无核，品质上乘。果实1月底至2月初成熟。适应性广，宜在冬暖之地种植，以防果实冻害。控制幼树生长过旺，以利及时投产。

第三节 柚类良种

一、沙田柚

原产广西容县，广西、湖南、广东栽培较多，可供种。树势强，树姿开张，枝梢粗壮、直立。果实梨形或葫芦形，单果重1 000～1 500克，最大的超过3 000克，色泽金黄，又称金柚。果肉脆嫩清甜，可溶性固形物15%～16%，酸0.3%～0.4%，每果种子60粒以上，也有因退化而成无核。果实11月上旬成熟。我国中、南亚热带气候均适栽培，优质、丰产。注意配种酸柚作授粉树，以利丰产、稳产。

二、琯溪蜜柚

原产福建省平和县琯溪河畔，可供种。各地引种种植表现优质、丰产。树冠圆头形，长势旺，较开张，枝叶稠密。果实倒卵形或圆锥形，单果重1 500～2 000克，大的达4 700克，果色橙黄，可溶性固形物10.5%～12%，酸0.7%～1.0%，常无核，肉质脆嫩，品质佳，果实10月中、下旬成熟。适应性广，适合亚热带气候区栽培。丰产性强，稳果后疏果可提高优质果率。

三、玉环柚

原产浙江玉环，可供种。树体高大，开张，枝条粗壮。果实

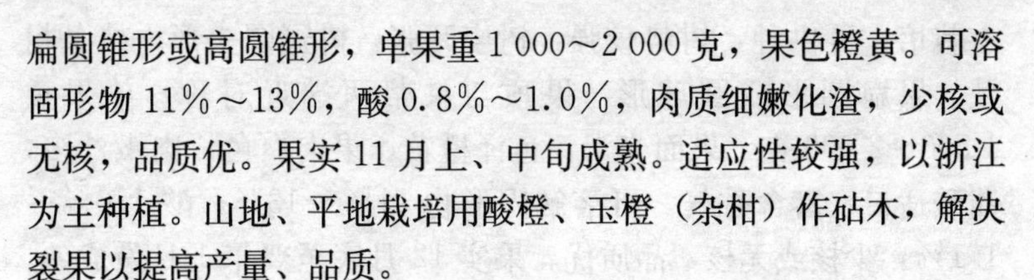

扁圆锥形或高圆锥形，单果重1 000～2 000克，果色橙黄。可溶固形物11%～13%，酸0.8%～1.0%，肉质细嫩化渣，少核或无核，品质优。果实11月上、中旬成熟。适应性较强，以浙江为主种植。山地、平地栽培用酸橙、玉橙（杂柑）作砧木，解决裂果以提高产量、品质。

四、强德勒红心柚

20世纪90年代引自美国，各地种植后表现优质、丰产，中国农业科学院柑橘研究所可供种。树势中等，树姿开张，树冠圆头。果实高扁圆形，果实橙色，单果重800～1 500克，果肉带红色，可溶性固形物10%～11.5%，酸0.8%～0.9%，脆嫩化渣，汁较多，甜酸适口，种子60粒左右，品质佳。果实11月初成熟。适应性及适栽区域与沙田柚同。栽培注意点与沙田柚同。

五、红肉蜜柚

系福建省农业科学院果树研究所从平和县小溪镇琯溪蜜柚园中的芽变株选育而成，可供种。树冠半圆头形。果实倒卵圆形，单果重1 200～2 350克，果皮黄绿色，果肩圆尖，偏斜一边，果顶平广，微凹，果皮薄。囊瓣13～17瓣，有裂瓣现象，囊瓣粉红色，汁胞红色，果汁多，味酸甜，品质上等。可溶性固形物11.55%，酸0.74%，果实10月上旬成熟。与琯溪蜜柚同。尤适肥沃山地及肥水条件好的地域种植。幼树修剪强调“抹芽放梢”，去早留齐，去少留多。为防汁胞粒化，花期忌喷保果剂。

六、晚白柚

原产于马来半岛，我国台湾栽培较多，四川、福建和重庆也有栽培，可供种，树势较强，树姿开张，树冠圆头形，枝条粗壮。果扁圆形或圆球形，果顶与果蒂两端近对称，单果重1 500～2 000克，果面光滑，色泽橙黄。果肉白色，肉嫩汁多，甜酸适口，富含香气。可溶解固形物11%～13%，酸1.0%～1.1%，少核或无核，品质优。果实12月底至翌年1月份成熟。适宜在中、南亚热带气候冬暖之地种植。与沙田柚同，在暖冬之地种植以防果实冻害。

七、矮晚柚

系四川省遂宁市名优果树研究所从晚白柚中选出，可供种，树冠矮小紧凑，枝梢粗壮，柔软而披散下垂。果实扁圆形或高扁圆形、近圆柱形，单果重1 500～2 000克，果皮金黄、光滑。果肉白色，细嫩化渣、汁多，味甜酸适中，具香气。可溶性固形物11%～13%，酸0.8%～0.9%，少核或无核，丰产、优质。果实1～2月份成熟，可留树贮藏至3～4月份品质仍佳。适应性及适栽区域与晚白柚同。树体矮化，适宜密植，晚熟，宜在冬暖之地种植。

八、常山胡柚

原产地浙江常山县，可能是柚与甜橙为主的天然杂种，可供种。树势健壮，冠圆头形，果实梨形或球形，果皮黄或橙色，单果重350克左右，可溶性固形物11%～13%，酸0.9%，肉质柔软多汁，但囊衣较厚韧，果实极耐贮藏，丰产、优质。果实11月上、中旬成熟。适应性广，耐低温，可在亚热带气候区种植。选用枳、香橙作砧为适。

九、星路比葡萄柚

原产美国，1978 年引入我国。广东、重庆等地有极少量栽培，产地可供种。树体高大，枝细密。果实扁圆形，黄色至淡红色，大小为 7.3～7.8 厘米×6.2～6.5 厘米，果顶平，果肉紫红色，皮肉不易分离，可溶性固形物 11.0%～12.0%，酸 1.0%～1.3%，无核。果肉细，汁多，味浓，微苦，品质优。成熟期 11 月中旬。该品种适合鲜食或加工果汁。宜在热量丰富之地种植。以枳橙作砧木。

第四节　柠檬、金柑良种

一、尤力克柠檬

原产美国，我国 20 世纪 20～30 年代引入种植，表现优质、丰产而推广发展，中国农业科学院柑橘研究所可供种。树势中等，树姿开张。枝叶零乱，披散，具小刺，果实椭圆形至倒卵形，顶端有乳突，基部为圆形，单果平均重 150 克左右，果色淡黄或黄色，汁多肉脆，味酸。酸 7%～8%，糖 1.4%～1.5%，香气浓，品质佳。春花果 11 月上旬成熟。适应性广，尤适冬暖夏凉无冻害的中亚热带气候区种植。栽培注意防流胶病，枳砧柠檬注意防裂皮病。

二、佛手

佛手是芸香科、柑橘属、枸橼类香橼中的一个变种，又名佛手柑、佛手香橼。两广称广佛手，四川称川佛手。因其果实果顶分裂或张开或握拳，状如观音之手，故名。原产我国，云南、四川、重庆最多，产区可供种。两广也有种植。幼嫩枝叶及花均带紫色，叶大，长椭圆形或卵状椭圆形。果实指状或拳头状长椭圆形，单果重100～300克，最大果实超过1 600克。果实多呈棱起和皱纹，果顶部分开裂呈指状，果皮橙黄色。果肉革质，果汁少，味浓微苦，芳香浓郁，囊瓣几乎全退化，无核。佛手可药用，作保健，也作盆景观赏；制佛手干片，经济效益高。果实11月上旬开始陆续成熟。佛手性喜温暖，不耐寒。适宜在冬暖夏凉、年均温17.5～23℃的地域种植。选冬暖夏凉地，以枳为砧木。

三、金弹

可能是罗浮与圆金柑的杂种，原产我国，产区可供种。灌木或小乔木，树冠半圆形或倒卵形。果实圆球形或卵圆形，单果重12～15克。糖11%～15%，酸0.4%～0.5%，果肉甜酸可口，果皮较厚，质脆味甜，鲜食、加工蜜饯兼宜，丰产。第一批开花果实11月成熟。适应性广，耐寒，柑橘产区均可种植。树体矮小，宜适当密植。春花为优质果，宜采取可控栽培措施。

四、脆皮金柑

广西从普通金柑中选出的性状稳定的优良新品种，可供种。树冠矮生呈半圆形，枝梢发芽力强，呈丛生状，单叶互生。果实长椭圆形或圆形，单果重12～18克，可溶性固形物19%～21.2%，酸0.4%～0.6%。每果种子平均2.2粒，果肉浓甜，果皮脆，味甘甜。第一批开花的果实11月开始成熟。年均温18℃、≥10℃年活动积温5 500～6 000℃、极端低温－5℃以上均可种植，丰产性强，品质佳。当年春梢为主要结果母枝，一年能开3～4次花，以第一批花果大，质优，为生产的主要果实。

第二章

柑橘苗木安全繁育技术指南

柑橘的安全生产，柑橘苗木的选择是关键。为确保柑橘安全生产，必须狠抓检疫性病虫害和病毒类病毒病害的防治，进行安全育苗，提倡种植无病毒容器苗。

柑橘苗木的安全繁育必须从繁育体系建设、制度、生产和技术上狠下工夫。

第一节　选择优良砧木

柑橘苗木繁育有实生繁育、压条繁育和嫁接繁育等方法，其中，以嫁接繁育最优，目前主产上主要用嫁接繁殖。现将我国柑橘的主要砧木简介于后。

一、枳

又名枸橘、臭橘。该品种适应性强，是应用十分普遍的砧木，与甜橙类品种、宽皮柑橘类品种及金柑品种嫁接亲和力强，嫁接后表现早结、早丰产、半矮化或矮化，耐湿、耐旱、耐寒，枳植株可耐－20℃低温，抗病力强，对脚腐病、衰退病、木质陷点病、溃疡病、线虫病有抵抗力，但嫁接带裂皮病毒的品种可诱发裂皮病。

枳对土壤适应性较强，喜微酸性土壤，不耐盐碱，在盐碱土上种植易缺铁黄化，并导致落叶、枯枝，甚至死亡。

枳主要在中亚热带和北亚热带作砧木使用，南亚热带部分地区也用枳作砧木，但与柳橙系品种嫁接后产生黄化。

枳的枝叶、花、果、种子见图2-1。

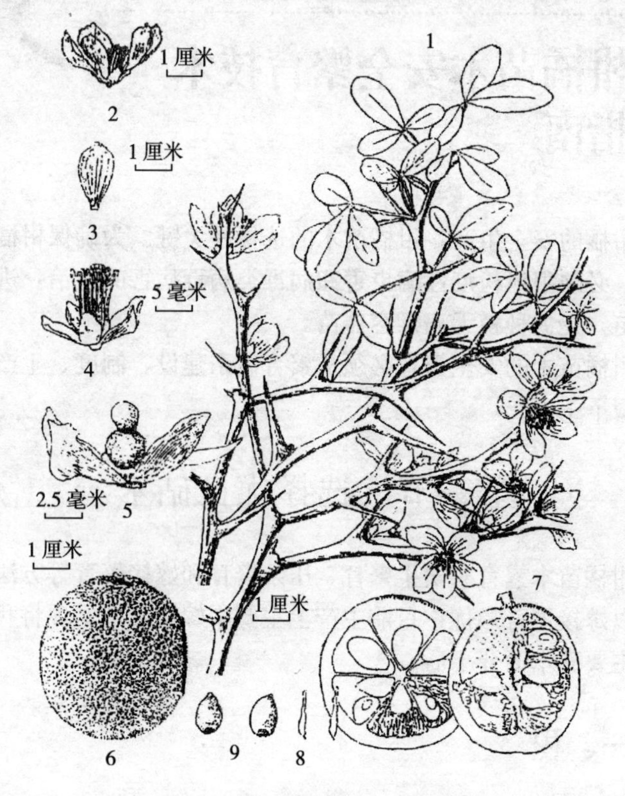

图2-1　枳的枝叶、花、果、种子

1. 枝叶和花枝　2～5. 花　6～7. 果实和剖面　8. 汁胞　9. 种子

（龚文龙）

二、枳橙

主产浙江黄岩及四川、安徽、江苏等省，是枳与橙类的自然杂种，为半落叶性小乔木，嫁接后树势强，根系发达，耐寒、耐旱，

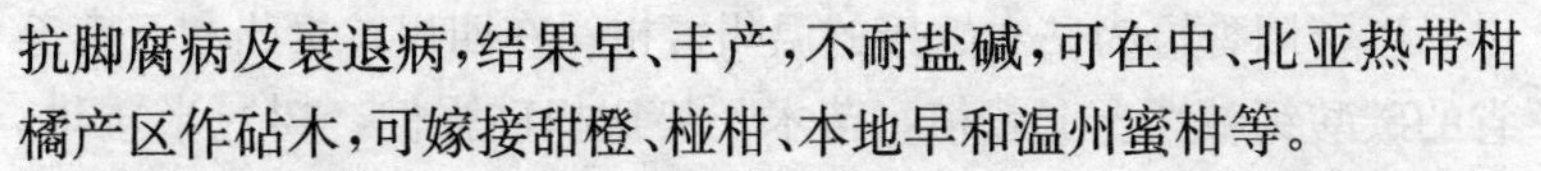

抗脚腐病及衰退病，结果早、丰产，不耐盐碱，可在中、北亚热带柑橘产区作砧木，可嫁接甜橙、椪柑、本地早和温州蜜柑等。

20世纪末起，我国从美国、南非等国引进卡里佐枳橙、特洛亚枳橙，在三峡库区和重庆市用作甜橙的砧木，其中用作夏橙及其优系、哈姆林甜橙、早金甜橙、特罗维他甜橙、纽荷尔脐橙等的砧木表现长势健壮、丰产，用作我国的甜橙品种北碚447锦橙、渝津橙的砧木，北碚447锦橙前期生长正常，卡里佐枳橙砧的渝津橙出现叶片黄化，有待进一步观察。

三、枳柚

枳柚是柚或葡萄柚与枳的杂种，天然和人工育成的均有。其中以施文格枳柚为代表，美国等国用作甜橙、柠檬的砧木，优质、丰产、稳产。我国对其有引进，也已开始将其用作柠檬、甜橙的砧木。

枳柚每果有种子20粒左右。发芽率高，实生苗生长快，与多种柑橘嫁接亲和力好，易成活。枝条扦插也较易生根。

枳柚用作甜橙、葡萄柚、柠檬的砧木，通常表现生长快，树势强，果实大，产量高，品质优良，抗逆性强。抗旱，较耐寒，对盐碱也有一定的忍耐力。但是，不耐湿，不耐碳酸钙($CaCO_3$)含量高的土壤。枳柚抗病性强，抗脚腐病、根线虫病和衰退病，也较抗裂皮病和枯萎病。

四、资阳香橙

20世纪80年代，中国农业科学院柑橘研究所和四川省资阳市果品生产办公室在资阳市发现的一种本土香橙（资阳软枝香橙）做柑橘砧木，抗病、耐旱、耐寒及丰产性都表现突出，特别是抗碱性极强，被誉为“中国柑橘抗碱砧木之王”。

以资阳香橙为砧木嫁接的温州蜜柑，在四川、贵州和云南等省的碳酸钙碱性土上栽植，苗木长势比枳砧强健，树冠半矮化，枝梢紧凑，叶色深绿，无黄化现象，较抗寒、抗旱。并发现对当前推广的树势较弱的早熟、特早熟温州蜜柑品种，还有增强树势、提高产量的效果。资阳香橙砧柑橘嫁接苗定植2～3年即可开花投产，4～5年即能丰产。资阳香橙砧的不知火杂柑植株普遍表现为树势强健、枝梢粗壮、叶色浓绿、无黄化现象，果皮光滑、品质优良，而枳和红橘砧木的不知火植株均表现出叶片黄化、小而薄、扭曲、枝梢短弱，抗病力差，甚至失去开花结果能力。

资阳香橙的枝叶、种子、果实及剖面见图2-2。

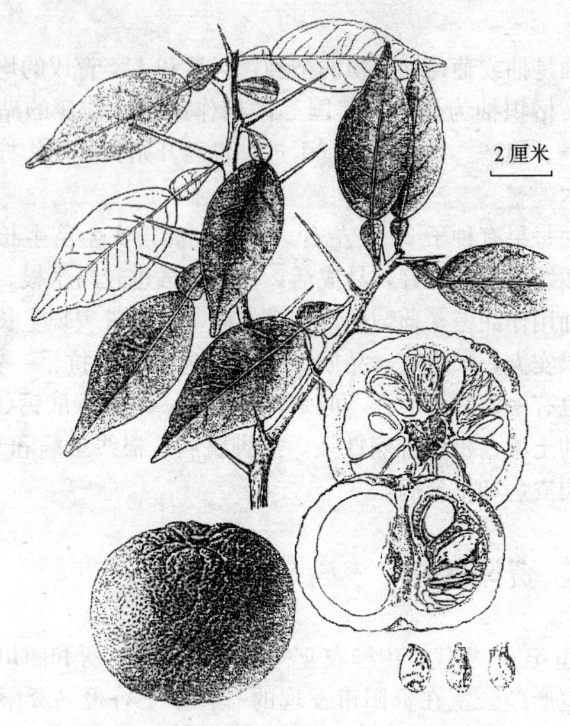

图2-2 资阳香橙的枝叶、种子、果实及剖面

（龚文龙）

五、枸头橙

是酸橙的一个品种，主产浙江黄岩。树势强健，高大，根系发达，骨干根粗长，数量少而分布均匀，耐旱、耐湿、耐盐碱，寿命长。浙江黄岩产区用作当地主要栽培品种的早橘、本地早、槾橘、温州蜜柑等的砧木，嫁接后果实品质好，产量高，在山地、平地及海涂栽培，表现均好。

六、酸柚

主产于重庆、四川和广西等产区，我国用于柚砧木，原产于我国。

酸柚为乔木，树体高大，树冠圆头形。果实种子多，平均每果有100粒以上。种子单胚，子叶白色。果实11～12月份成熟。

用酸柚作柚的砧木，表现大根多，根深，须根少，嫁接亲和性好，适宜于土层深厚、肥沃、排水良好的土壤栽培，酸柚砧抗寒性较枳砧差。

七、红橘

又名川橘、福橘，既是鲜食品种，又可作砧木。树较直立，尤其是幼树直立性强，耐涝、耐瘠薄，在粗放管理条件下也可获得较高的产量。耐寒性较强，抗脚腐病、裂皮病，较耐盐碱，苗木生长迅速，可作甜橙、南丰蜜橘的砧木，也是柠檬的合适砧木，但与温州蜜柑嫁接不如枳砧。适于中亚热带、北亚热带柑橘产区。

八、酸橘

根系发达，主根深，对土壤适应性强，耐旱、耐湿，嫁接后苗木生长健壮，树冠高大，丰产、稳产、长寿、果实品质好，进入结果期比红檬檬砧稍迟。对流胶病、天牛等抗性较差。在广东、福建、广西、台湾等产区，用作蕉柑、椪柑、甜橙的砧木。

软枝酸橘原产广东潮汕，广东、广西等地有栽培。树势中等。每果有种子 15～17 粒，成熟期 12 月上旬。根系发达，是甜橙、蕉柑、椪柑等的良好砧木，嫁接后早结果，丰产。

红皮酸橘原产我国，有海丰红皮酸橘等。广东、广西和湖南等产区均有栽培。

树势较强，枝条较粗，每果有种子 14～15 粒，果实 12 月上旬成熟，系蕉柑、椪柑和甜橙的好砧木，嫁接后丰产性好，但结果稍迟。

九、红檬檬

生长旺盛，发育快，皮层较厚，嫁接易成活。根系浅，水平根多而细长，小侧根及须根发达。耐旱、耐寒和耐瘠差，易患脚腐病，寿命短，易衰老。适于肥沃土壤，栽培条件较好时，初期生长快，易丰产，果大，但果实风味稍淡。广东、广西多作蕉柑、椪柑、甜橙的砧木。

红檬檬的枝叶、花、果、种子见图 2-3。

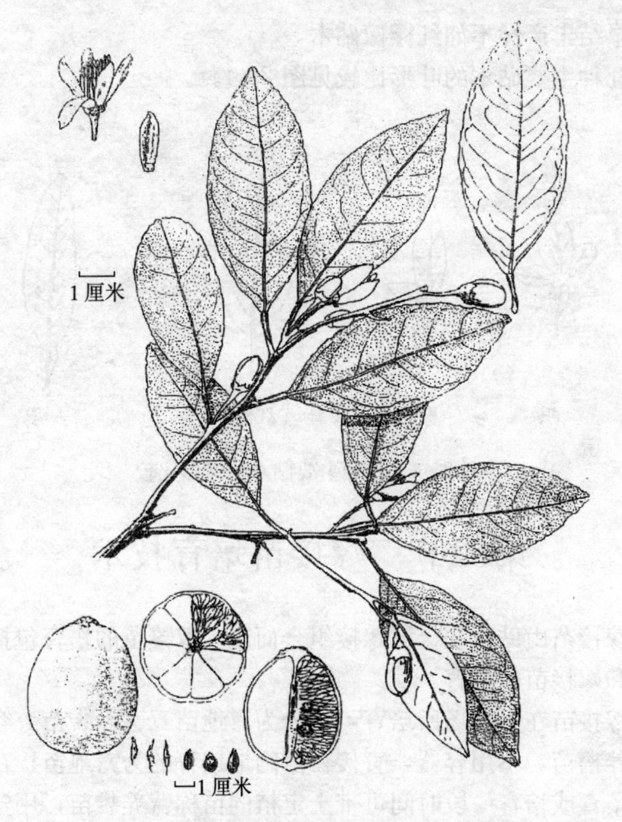

图 2-3 红檬檬的枝叶、花、果、种子
（龚文龙）

十、白檬檬

又名白柠檬、土柠檬等，原产我国。可能是柠檬与宽皮柑橘的自然杂交种。在广西、广东、台湾、云南、贵州等地有野生分布。

每果有种子 5～15 粒，成熟期 11～12 月。该品种与红皮酸橘同，广西有用作宽皮柑橘的椪柑和甜橙的砧木，但作暗柳橙的砧木早结丰产性不如红檬檬砧木。

几种主要砧木的叶形比较见图 2-4。

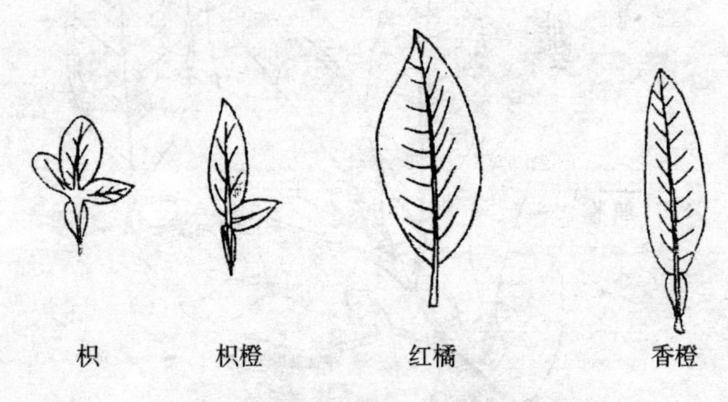

图 2-4 几种主要砧木的叶形比较

第二节 嫁接苗培育技术

嫁接苗由砧木和接穗嫁接组合而成。嫁接苗的培育包括砧木准备和嫁接苗的培育。

嫁接苗在不同场所培育，可分为露地苗、营养袋苗、容器苗和营养槽苗。不用容器，直接在苗圃地培育的为露地苗；在薄膜袋中培育或培育一段时间可带土定植的苗称营养袋苗；用塑料梯形柱筒培育带土定植的苗称容器苗；用砖或水泥板建成宽 1 米，深 0.4 米，长度随意的槽，其中加营养土培育可带土或不带土定植的苗称营养槽苗。

以下分别介绍露地苗、营养袋苗、容器苗、营养槽苗的培育。

一、露地苗培育

（一）苗地的选择

露地苗的育苗地，必须具备以下条件：一是运苗交通方便；

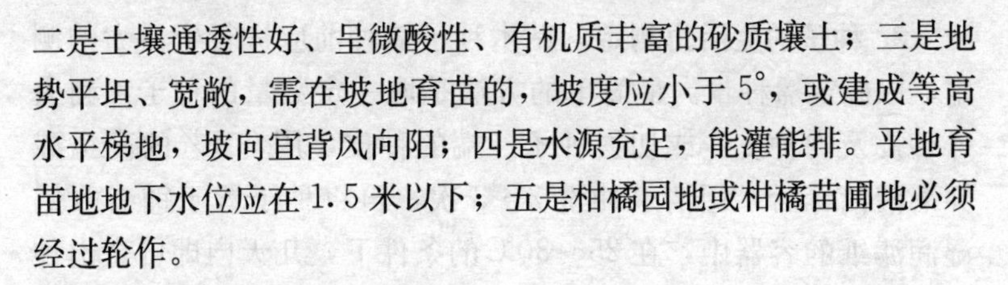

二是土壤通透性好、呈微酸性、有机质丰富的砂质壤土；三是地势平坦、宽敞，需在坡地育苗的，坡度应小于5°，或建成等高水平梯地，坡向宜背风向阳；四是水源充足，能灌能排。平地育苗地地下水位应在1.5米以下；五是柑橘园地或柑橘苗圃地必须经过轮作。

（二）砧木苗的培育

1. 砧木种子的采集、处理和贮藏　砧木应选生长健壮，根系发达，适宜当地生态条件，抗逆性强，与接穗品种亲和性好，嫁接后苗木健壮无病，早结、丰产，且种子多的砧木品种。

果实成熟即可采果取种，成熟果的取种方法是环绕果实横径切开果皮，然后扭开果实，将种子挤到筛内，再用水洗去附着在种子上的果肉、果胶后，摊放于阴凉通风处，并注意翻动，使水分蒸发，待种皮发白时，收集贮藏或装运。

为消灭柑橘疫菌或寄生疫菌，种子播种前可放入50℃左右的热水中浸泡10分钟。也可用杀菌剂，如1%的福美双处理，以预防和减少白化苗。还可用0.1%的高锰酸钾溶液浸泡10分钟后用清水洗净。经处理的枳种，尤其是嫩枳种，发芽加快。

砧木种子忌干也忌湿，待种皮表面水分蒸发即可贮藏。种子太湿，易引起霉变腐烂，贮藏期间种子含水量以20%为宜，枳种可稍高，以25%为宜。种子数量多时，一般采用沙藏，即将4倍于种子体积的干净、含水量5%～10%的河沙和种子混匀，放在室内可以排水的地面上堆藏，堆高以35～45厘米为宜，其上盖5厘米厚的河沙，再盖上薄膜保湿。为防鼠害，在贮藏堆周围压紧薄膜。7～10天翻动1次，并检查种子含水量。若发现水分不足，应筛出种子，在河沙上喷水后混匀，再继续贮藏种子。砧木种子远距离运输，须防途中种子发热，一般用通透性好的麻袋包装，如种子湿度较大可用木炭粉与种子混匀后装运，以防途中种子霉烂。到达目的地即取出堆贮或播种。

2. 种子的生活力测定 砧木种子播种前应进行生活力的测定，以确定播种量。最简单的方法是取一定数量的种子，剥去外种皮及内种皮，或切去种子一端的种皮，用0.1%的高锰酸钾溶液消毒后，用清水冲洗2～3次，再将种子置于铺有双层湿润滤纸的容器中，在25～30℃的条件下，几天内即可查出种子发芽的结果。有条件的还可用靛蓝胭脂红染色法，即将种子用清水浸泡24小时，剥去种皮后浸于0.1%～0.2%的靛蓝胭脂红溶液中，在室温（常温）条件下，3小时后检查结果，凡是完全着色或胚部着色的种子，为已失去生活力，不会发芽的种子。

3. 种子播种 需做好以下工作：

（1）播种量 用于柑橘的不同砧木品种，每50千克果实含种量和每亩的播种量不同，详见表2-1。

表2-1 主要砧木品种果实含种量、播种量

品种	50千克果实含种量（千克）	每千克种子量（粒）	播种量（千克/亩）	
			撒播	条播
枳	2.10～2.35	5 200～7 000	100.0	70.0～90.0
红橘	0.65～1.40	9 000～10 000	60.0～70.0	50.0～60.0
酸橘	1.50～1.65	7 000～8 000	75.0～90.0	60.0～75.0
枸头橙	1.35～1.50	6 000～6 400	75.0～90.0	60.0～75.0
红檬檬	0.35～0.60	14 720.0	60.0～75.0	30.0～40.0
酸柚	2.00～2.50	4 000～5 000	90.0～100.0	30.0～40.0
甜橙	1.00～2.20	6 000～7 000	100.0	85.0
酸橙	1.30～1.50	6 000～7 000	100.0	85.0
枳橙	1.75	4 000～5 000	100.0	80.0
香橙	1.25～1.30	7 000～8 000	75.0～90.0	60.0～75.0

（2）播种时间 我国柑橘产区，从砧木果实采收到翌年3月份均可播种。秋、冬播在11月至翌年1月份，春播在2～3

月份。由于秋、冬播的砧木种子出苗早而整齐，且生长期长，故秋、冬是主要播种时期。因不同的柑橘产区气温有差异，应根据温度灵活掌握。砧木种子在土温14～16℃时开始发芽，20～24℃为生长的最适宜温度。近年，柑橘产区有枳嫩种播种，时间可提前到7～8月份，枳的种子在谢花后110天左右即具有发芽力，以7月底至8月初嫩枳发芽率最高。嫩枳播种后，9～10月份，苗能长到10厘米左右，可加快繁殖，提前嫁接。

（3）*播种方法* 露地或大棚播种，先要整好苗床，施腐熟的农家肥，覆薄土。播种可撒播，也可条播，播前最好选种，选大粒饱满的种子用0.1%高锰酸钾液消毒处理，再用水洗净。播时可用草木灰拌种或直接播于苗床（沟），覆盖细砂壤土，厚度以1.5厘米为宜。细砂壤土可用过筛的果园表土或细石谷子土，也可将厩肥晒干打碎后与表土混匀覆盖。播种覆土后浇透水，为保持土壤湿度和防止大雨冲淋，增加土温，加速种子发芽，再在其上覆盖稻草、麦秆、松针等。气温较低之地露地播种，可采用薄膜覆盖，当地温低于20℃时，宜将薄膜支撑成拱形，以提高播种床温度，促进砧苗提早发芽和生长。薄膜支撑高度以不妨碍砧苗即可，一般以30厘米为宜。

（4）*播后管理* 为了保持土壤的湿度和温度，使种子正常发芽，出苗整齐，应以苗床土壤的干燥程度和气温的高低及时浇水。随着砧苗出土，逐渐揭去覆盖物，到2/3的种子出苗时，可揭去全部覆盖物。从苗出齐至移栽前要进行除草、中耕和施肥，中耕宜浅，以不使土壤板结为度。施肥宜勤施薄施，先稀后稍浓，切忌烧伤叶片。注意苗期病虫害的防治。

（5）*移栽及移栽后的管理* 为使砧苗正常生长和有良好的根系，当砧苗长出2～3片真叶、苗高8～10厘米时，进行砧苗移栽。如遇干旱，移苗前1～2天宜灌（浇）水。移苗时剪除过长的砧苗主根，以16～18厘米为度。为便于管理，砧苗应分级移栽。

移栽方式可用宽窄行（也称大小行）或开畦横行。宽窄行移栽方式适于腹接为主的地区，开畦横行移栽最适于切接。

移栽工具有U形移苗器，移苗器的两个齿间宽度为行距。移栽时将移苗器两齿置于栽苗位置，踩入土中的U形移苗器后向前推一定位置，取出移苗器，将砧苗放入移苗器两齿造成的穴内，待移苗器再往前推压土时，砧苗根与土壤紧密接触，用小锄头将砧苗扶直，锤紧砧苗根颈部的泥土，浇透水。

移栽的砧苗成活发芽后，可开始施肥，2月、5～6月、7～8月分次施腐熟人畜液肥，加入0.3%尿素。经常剪除离地面20厘米内的分枝、针刺，保持嫁接部位的光滑。注意田间病虫害，如对红蜘蛛、黄蜘蛛、潜叶蛾、立枯病的防治。

（三）嫁接苗培育

1. 嫁接前的准备　一是接穗采集。接穗应采自品种纯正、生长健壮、无病虫害、丰产、稳产的母树，且采树冠中、上部外围1年生木质化的春梢或秋梢。采后及时剪去叶片，仅留叶柄，就地边采边接。如需从外地引接穗的，应认真做好接穗的贮运工作。二是接穗的贮运。随采随接的成活率高。特殊情况需要贮藏备用的，要保持接穗适宜的温、湿度。接穗保湿常用清洁的河沙（含水量5%～10%，手捏成团，轻放即散为度）和湿润清洁的石花（苔藓）等。接穗最适的贮藏温度是4～13℃。外地引接穗，应做好运输工作。运输方法因接穗数量不同而异。数量少可用湿毛巾或湿石花包裹，装入留有透气孔的薄膜袋中随身携带；数量大，可用垫有薄膜的竹筐等作容器，一层湿石花、一层接穗依次放入容器内，最上层盖石花和薄膜保湿装运。通常在气温不高，在2～3天内到达目的地的情况下不会影响接穗质量。接穗运输时间长或途中气温偏高时，可先用清水洗净接穗，后浸泡于最终有效氯浓度为0.5%左右的次氯酸钠溶液（漂白粉液）中，浸泡5～10分钟，取出用清水冲洗数次，晾干水分，放入薄膜袋中，尽可能排除袋中空气，裹紧，扎紧袋口，再在其外套一薄膜袋捆紧，为防挤压，可将捆好的接穗装入纸箱运输。途中2～3天检查1次，若发现叶柄脱落，应解袋清除叶柄；发现有霉烂的接穗应剔除。这种运输方法，一般在20天内不会影响接穗的成活率。

2. 嫁接时期　露地育苗基本上全年可嫁接，但11月至翌年1月份气温低的北亚热带和中亚热带柑橘产区及7月份气温过高的地区，此时嫁接会影响成活率。通常以2～4月份，5月底至6月份，8月下旬至9月份为主要嫁接时期。嫁接时期与嫁接方法有一定的关系，5～6月份及秋季采用腹接法，春季主要采用切接法。

容器育苗在保护地进行，温度、湿度可人为控制，一年四季均可嫁接。

3. 嫁接方法　柑橘常用的嫁接方法有腹接法和切接法。腹接是指嫁接的接口部在砧木离地面的一定高度（10～15厘米）处，嫁接时不剪除接口部以上砧木的嫁接方法。切接是指嫁接时剪除接口以上砧木的嫁接方法。

此外，嫁接还有芽接、枝接。凡嫁接用的接穗带有1个或数个未萌动芽的枝条（接穗），均称枝接。芽接是指接穗为1个芽，带有一小块皮层及少量木质，凡用这种接穗嫁接的称芽接。因芽的形状不同，有盾芽、苞片芽、长方形芽片、侧芽等，用作切接或腹接。枝条上带1个芽、2个芽，分别称单芽、双芽，用这种接穗作腹接或切接称为单芽腹接、双芽腹接或单芽切接、双芽切接。

4. 嫁接技术要点　重点掌握接芽的削取和嫁接方法。

接芽的削取。一是单芽系指长1～1.5厘米的枝段上带有1个芽的接穗，嫁接用的单芽应为通头单芽。削取通头芽的技术见图2-5。

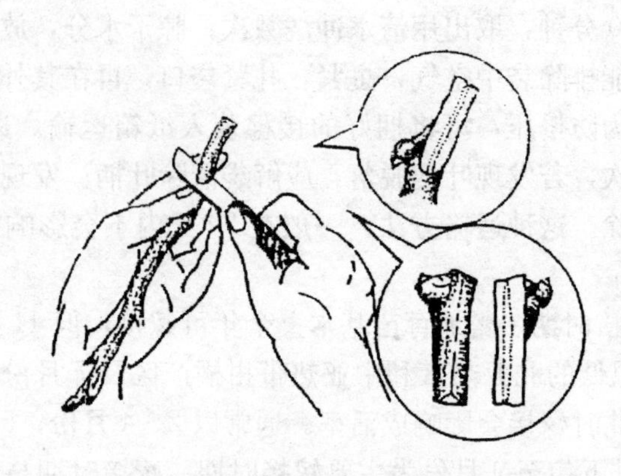

图 2-5 通头芽削取法

要领是将枝条宽而平的一面紧贴左手食指，在其反面离枝条芽眼下方 1～1.2 厘米处以 45°角削断接穗，此断面称“短削面”；然后翻转枝条，从芽眼上方下刀，刀刃紧贴接穗，由浅至深往下削，露出黄白色的形成层，此削面称“长削面”。长削面要求平、直、光滑，深度恰至形成层。最后在芽眼上方 0.2 厘米左右处，以 30°角削断接穗，放入有清洁水的容器中备用，但削芽在水中浸泡的时间最多不超过 4 小时，否则影响成活率。也有一边削接芽，一边嫁接的。二是芽苞片，用粗壮春梢或秋梢作接穗，左手顺持接穗，将嫁接刀片的后 1/3 放于芽眼外侧叶柄与芽眼间或叶柄外侧，以 20°角沿叶痕向叶柄基部斜切一刀，深达木质部，再在芽眼上方 0.2 厘米左右处与枝条平行向下平削，与第一刀的切口交叉时取出芽片，芽片长 0.8～1.2 厘米，宽 0.3 厘米左右，接芽削面带有少量木质，基部呈楔形，见图 2-6。

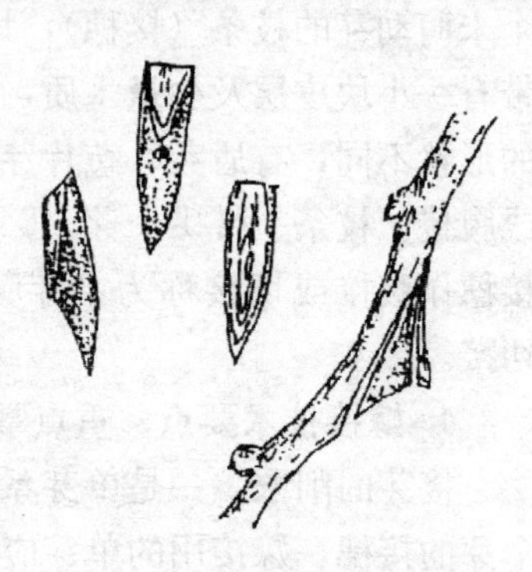

图 2-6 芽苞片削取法

嫁接方法。有腹接法、切接法。

①腹接法：因其嫁接时间长，1次未成活可多次补接，故在柑橘嫁接中普遍采用。以选用的不同接芽，可分为单芽腹接、芽片腹接等。砧木切口部位在离地面10～15厘米处，切口方位最好选东南方向的光滑部位。砧木切口时，刀紧贴砧木主干向下纵切1刀，深至形成层，长约1.5厘米，并将切下的切口皮层切去1/3～1/2。砧木切口要平直、光滑而不伤木质部，然后嵌入削好的接芽，再用薄膜条捆紧即可。秋季腹接应将接穗全包扎在薄膜内；春季及5～6月份腹接，可作露芽缚扎，仅露芽眼。接芽为芽苞片时，砧木切口可开成T形，见图2-7。

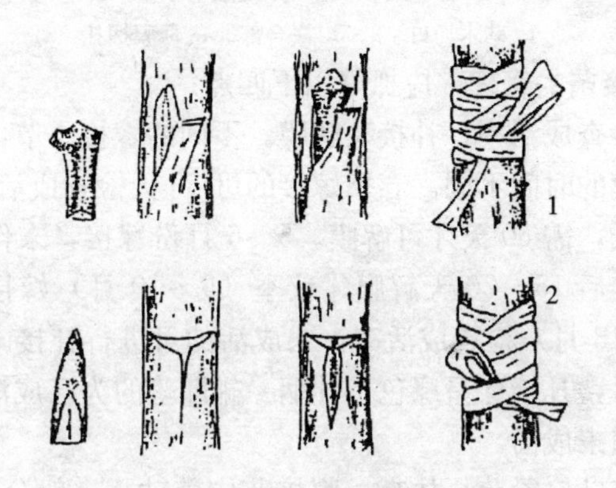

图2-7　腹接法

1. 单芽腹接　2. T形露芽腹接

②切接法：切接的接穗可用单芽或芽苞片。用单芽的称单芽切接，用芽苞片的称芽苞切接。切接主要在春季，春季雨水多的地区，嫁接前1～2天在离地面10～15厘米处将砧木剪断，使多余的水分蒸发，避免嫁接后因水分过多而影响成活率。砧木切口的方法同腹接，以切至形成层为宜。在砧木切口的上部将刀口朝一侧斜切断砧木，使断面成为光滑的斜面。切口在砧桩低的一侧，将接芽嵌入砧木切口，用薄膜带捆扎，砧木顶部用方块薄膜

将接芽和砧木包在其中，形成"小室"，接芽萌发后剪破"小室"上端，见图2-8。切接成活后发芽快而整齐，苗木生长健壮，一般在春季进行。

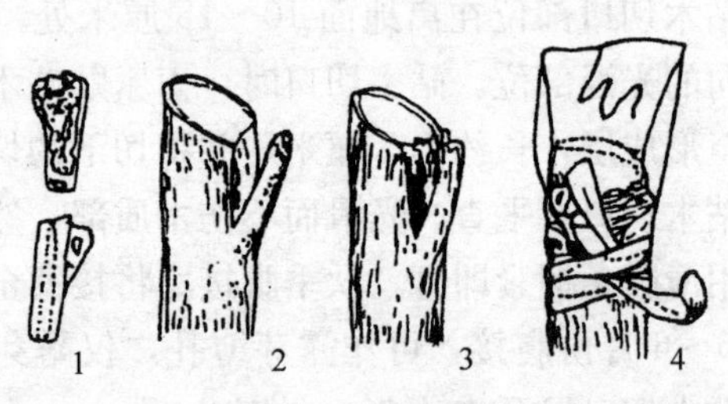

图2-8　切接法

1. 砧木切口　2、3. 嵌合部　4. 薄膜捆扎

5. 嫁接苗的管理　应抓好以下四点：

一是检查成活率、补接、解膜。不同的嫁接季节，检查嫁接成活和解膜的时间不同。春季嫁接的可30天检查成活率、解膜，有时气温低，需60天才可解膜。5～6月份嫁接，未作露芽缚扎的，可在接后15～20天解膜。秋季（9～10月）嫁接的，要在翌年春季（3月）检查成活率，未成活的可进行补接。检查接芽是否成活时，凡接芽呈绿色，叶柄一碰即落的为已成活；接芽变褐色，表明未成活。

二是剪砧、除萌、扶直。腹接苗应剪砧，一般分2次进行。第一次剪砧在接芽成活后，于接口上方10～15厘米处剪除上部砧木；待第一次梢停止生长后从接口处以30°角剪除余下的砧桩，此次剪口应光滑。砧木上抽生的萌蘖，应及时除去，一般7～10天除萌1次。除萌宜用刀削除，切忌手抹。为使苗木健壮，第一次剪砧后需要扶直，扶直可用薄膜带将新梢捆于砧桩上，第二次剪砧后应立支柱扶直。

三是摘心整形。当柑橘苗长至40～50厘米时摘心、整形，时间以7月上旬为宜。柑橘以40厘米高摘心为适。摘心前应施足肥水，促抽分枝。分枝抽生后，除留3～5个方向分布均匀的枝外，其余的枝尽早剪除。如用于密植的柑橘苗，摘心高度还可适当降低。

四是中耕除草、肥水管理。苗圃应经常中耕除草，疏松土壤。除草时注意不碰伤、碰断苗木。勤施肥，从春季萌芽前到8月底，2个月施肥3次，至少每月施肥1次。最后1次肥应在8月底前施下，以免抽生晚秋梢，甚至抽冬梢，使苗木受冻。肥料以腐熟的人畜粪水或腐熟的饼肥水为主，辅以尿素等化肥。

6. 及时防治病虫害 苗期应加强对立枯病（猝倒病）、炭疽病和红蜘蛛、潜叶蛾、凤蝶、蚜虫的防治（详见第六章）。

二、营养袋苗培育

营养袋苗砧木种苗培育、苗木嫁接的方法与露地苗培育大致相同。营养土的配制、营养袋类型以及营养袋移栽管理简介如下：

（一）营养土配制

营养土配制各地有异，配方多样。总的比露地育苗的土壤好，有的也可用于容器育苗，现简介如下：

营养土配方1：用厩肥、锯末、河沙配制而成，厩肥与锯末按1∶1的体积比混合，堆制4个月腐熟后，再与河沙按3∶1或4∶1的体积拌匀即成。

营养土配方2：用熟土或腐殖质含量高的土壤，每立方米加入人畜粪100千克、麦秸17.5千克、饼肥1.3千克堆沤后，再加入钙镁磷肥1.5千克、硫酸钾0.25千克、硫酸亚铁0.125千克，充分拌匀，每立方米营养土可装营养袋1 000个左右。

营养土配方3：以熟土或腐殖质高的壤土（菜园土等）为基础，再在每立方米土中混入人畜粪150千克、过筛腐熟垃圾100千克、干塘泥150千克、尿素2千克、钙镁磷肥10千克、石灰

2千克（酸性红黄壤土），适量谷壳或锯末等，充分拌匀，密封堆沤，中途翻堆一次。经30～50天堆沤即可装袋栽苗（或假植）。

营养土配方4：配制营养土可因地制宜。

①每立方米肥土加入人粪尿100千克、磷肥1.0～1.5千克、腐熟垃圾（过筛）150千克、猪牛粪50～100千克、谷壳15千克或发酵锯末（木屑）15千克，充分混合拌匀做堆。

②每立方米肥土加谷壳15千克或发酵锯木屑15千克、菜枯（饼）5千克、氮磷钾三元素复合肥（柑橘专用肥）1～3千克、石灰1千克，充分混合拌匀做堆。堆外用稀泥糊封，堆沤30～45天，即可装袋。

营养袋苗的营养土配制，优于露地育苗的土壤，但不如容器苗的培养土优，且消毒杀灭病菌的措施也不甚严格。

（二）营养袋类型

多数用塑料薄膜制成，也有用牛皮纸制成（笔者20世纪70年代末在墨西哥柑橘苗圃所见），大小、高矮不一，但一般均较容器苗的容器矮，总的体积也小。

营养袋型Ⅰ：营养袋高30厘米，直径15厘米，底部有6个排水孔，厚12丝的白色（或黑色）塑料袋。

营养袋型Ⅱ：用塑料薄膜制成营养袋，规格：16厘米（袋径）×25厘米（袋高），于袋侧打孔12个，底部打孔10个，装满营养土后袋重约1.25千克。

营养袋型Ⅲ：用塑料薄膜制成营养袋，袋径18厘米，袋高20厘米，袋底打孔6～8个。

（三）营养袋苗移栽管理

营养袋嫁接苗木方法有两类：一类是砧木种子播于营养袋中，在露地或搭建拱形塑料棚促长，当砧木粗度达可嫁接（一般

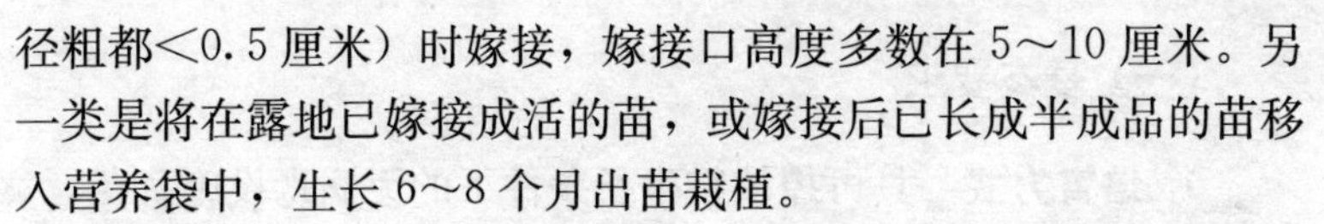

径粗都<0.5 厘米）时嫁接，嫁接口高度多数在 5～10 厘米。另一类是将在露地已嫁接成活的苗，或嫁接后已长成半成品的苗移入营养袋中，生长 6～8 个月出苗栽植。

秋播枳种，次年春季气温回升时移栽砧木苗，先将营养土拌湿（以手紧捏成团，放开松散为度），每袋装 3.7 千克，然后将当天出的枳苗栽入袋内，稍压紧，栽后立即浇水，使营养土充分湿润，与根系密接，以后每周浇水 2～3 次至抽梢后每周浇水1～2 次。移栽两个月后，每月施速效氮肥。9 月干粗达到嫁接要求时进行嫁接。

嫁接苗的管理与露地苗大致相同，春季接芽萌动前剪去接芽上方的砧木，解除薄膜，不成活的苗木集中另处及时进行补接。营养袋苗因营养、水分充足，砧木及接穗萌发的嫩枝均多，应每周抹除砧木上的萌蘖。接穗萌发的春梢只留最强的一枝作主干，其余抹除，并在约 20 厘米长时扶正，夏梢留 2～3 枝，生长至 30 厘米时扶正，秋梢不作处理，任其生长。抽梢期每周灌水 1～2 次；施尿素每株 3 克，施后灌水，新梢自剪期叶面喷施 0.4％尿素和 0.3％磷酸二氢钾混合液，促苗健壮。及时防治病虫害，重点是炭疽病、立枯病、红蜘蛛、凤蝶、蚜虫、卷叶蛾、潜叶蛾等。

三、容器苗培育

容器苗是用容器培育的苗。根据目前世界柑橘生产发展的趋势，多数用于柑橘无病毒苗的培育。试验和生产实践表明，柑橘无病毒容器苗产量较常规苗高 20％～30％，树的寿命可延长 20～30 年。可缩短育苗期，提前投产。

容器苗的培育，国务院三峡工程建设委员会办公室委托重庆三峡建设集团有限公司、中国农业科学院柑橘研究所编制了《三峡库区无病毒柑橘容器苗木培育技术规程》，现简介如下：

（一）基本要求

1. 培育方式　具可控植物生长条件下的无病毒设施育苗。

2. 场地选择　交通方便、水源充足、地势平坦、通风和光照良好、无检疫性病虫害、无环境污染地区。

3. 育苗设施　每个育苗点具有温室、网室、育苗容器、营养土拌合场、营养土杀菌场、移苗场、露地容器苗圃等设施。

温室：温室的光照、温度、湿度、土壤条件可人为调控，最好具备CO_2补偿设施，每个育苗点温室面积1 000米^{2}以上，主要用于砧木苗培育，进出温室的门口设置缓冲间。

网室：用于无病毒采穗树的保存和繁殖。进出网室的门口设置缓冲间。

育苗容器：有播种器、播种苗床和育苗桶3种。播种器和播种苗床用于砧木苗培育；育苗桶用于嫁接苗培育。播种器由高密度低压聚乙烯注塑而成，长67厘米，宽36厘米，设96个种植穴，穴深17厘米。每个播种器可播96株苗，装营养土8～10千克。耐重压，寿命5～8年。播种苗床可用钢板、水泥板、塑料或木板等制成深20厘米、宽100～150厘米、下部有排水孔的结构，苗床与地面隔离。育苗桶由线性聚乙烯吹塑而成，高34～40厘米，桶口正方形宽9～12厘米，底宽7～8厘米，梯形方柱，底部设2个排水孔，能承受3～5千克压力，使用寿命3～4年。

（二）砧木苗培育

1. 营养土的配制　营养土由粉碎经高温蒸汽消毒或其他消毒法消毒后的草炭（或泥炭、腐殖土等）、沙（或蛭石、珍珠岩等）、谷壳（或锯木屑等）按体积配制。N、P、K等营养元素按适当比例加入。

2. 营养土消毒　将混匀的营养土用锅炉产生的蒸汽消毒。

消毒时间为每次 40 分钟，升温到 100℃10 分钟，蒸汽温度保持在 100℃30 分钟。然后将消毒过的营养土堆在堆料房中，冷却后装入育苗容器。也可用甲醛溶液熏蒸消毒土壤；或将营养土堆成厚度不超过 30 厘米的条带状，用无色塑料薄膜覆盖，在夏秋高温强日照季节置于阳光下暴晒 30 天以上。

3. 砧木种子　砧木种子为纯正的枳橙或单系枳，无裂皮病、碎叶病和检疫性病虫害。砧木种子饱满，颗粒均匀，发芽整齐，出苗率高。

4. 种子消毒　播种前将种子用 50℃热水浸泡 5～10 分钟，捞起后立即放入 55℃的热水中浸泡 50 分钟，然后放入用 1%漂白粉消毒过的清水中冷却，捞起晾干备用。

5. 播种方法　播前把温室、播种器和工具等用 3%来苏水或 1%漂白粉消毒 1 次。把种子有胚芽的一端置于播种器和播种苗床的营养土下，播后覆盖 1.0～1.5 厘米厚营养土，一次性灌足水。播种严格按操作规程执行，以减少弯颈的不合格苗。种子萌芽后每 1～2 周施 0.1%～0.2%复合肥溶液 1 次，注意对立枯、炭疽和脚腐病的防治，及时剔除病苗、弱苗和变异苗。

6. 砧木苗移栽与管理　当播种的砧木苗长到 15～20 厘米高时移栽。起苗时淘汰根颈或主根弯曲苗、弱小苗和变异苗等不正常苗。剪掉砧木下部弯曲根，将育苗桶装入 1/3 营养土后，把砧木苗放入育苗桶中，主根直立，一边装营养土，一边摇匀，压实，灌足定根水。移栽严把主根直的质量关，以减少弯根苗。第二天浇施 1 次 0.15%复合肥（N∶P∶K=15∶15∶15），随后每隔 10～15 天浇施 1 次同样浓度和种类的复合肥。

（三）接穗

1. 接穗来源　把好三关。一是病毒鉴定与脱毒。依托国家柑橘苗木脱毒中心对选定的优良品种（单株）进行病毒鉴定，如有病毒感染，进行脱毒处理和繁殖，获得无病毒母本材料和无病毒母本树。无病毒母本树无检疫性病虫害和重要柑橘病毒类病害（裂皮病、碎叶病、温州蜜柑萎缩病和茎陷点型衰退病）。二是无病毒柑橘母本园。由脱毒后的优良品种建立无病毒柑橘母本园，提供母本接穗或采穗母树。定期鉴定母本树的园艺性状和是否再感染病毒病，淘汰劣变株（枝）和病株。母本树保存在网室。三是无病毒柑橘采穗圃。由无病毒柑橘母本园提供接穗，建立一级或二级无病毒柑橘采穗圃，采穗树保存在网室中。

2. 接穗繁殖方法 采穗树栽培管理按无病毒程序进行，及时淘汰变异株。每株采穗树的采穗时间不超过 3 年。

（四）嫁接

1. 嫁接方法 当砧木离土面 15 厘米以上部位直径达 0.5 厘米时，即可嫁接，采用 T 字形嫁接法。嫁接前对所有用具和手用 0.5%漂白粉液消毒。

2. 嫁接后管理 重点做好八项工作。一是解膜。嫁接后 3 周左右用刀在接芽反面解膜，此时嫁接口砧穗结合部已愈合并开始生长。二是弯砧。解膜 3～5 天后把砧木接芽以上的枝干反面弯曲并固定下来。三是补接。把未成活的苗集中补接。四是剪砧。接芽萌发抽梢自剪并成熟后剪去上部弯曲砧木，剪口最低部位不低于芽的最高部位。剪口与芽的相反方向呈 45°倾斜。五是除萌。及时抹除砧木上的萌蘖。六是扶苗、摘心。接芽抽梢自剪后，立支柱扶苗。用塑带把苗和支柱捆成∞字形，随苗生长高度增加捆扎次数，苗高 35 厘米以上时短截。七是肥水管理。每周用 0.3%～0.5%复合肥或尿素浇施 1 次，追肥可视苗木生长需要而定，干旱期及时灌水，土壤含水量维持在 70%～80%，土壤 pH 维持在 5.5～7.0。八是病虫防治。幼苗期喷 3～4 次杀菌剂防治苗期病害，苗期主要病害有立枯病、疫苗病、炭疽病、树脂病、脚腐病和流胶病等。虫害主要有螨类、鳞翅目类，可针对性用药。严格控制人员进出温、网室，对进入人员进行严格消毒

措施。

（五）苗木出圃

1. 容器苗出圃标准　侧重以下五项要求。一是出圃苗木为无检疫性病虫害及无柑橘裂皮病、碎叶病的健壮容器苗。二是砧木为纯正枳橙或单系枳，以枳橙为主。三是嫁接部位离土面≥15厘米，嫁接口愈合正常，已解除绑缚物，砧木残桩不外露，断面在愈合过程中。四是苗木高度≥60厘米。主干直、光洁，高30厘米以上，径粗≥0.8厘米，不少于3个且长度在15厘米以上、空间分布均匀的分枝，枝叶健全，叶色浓绿，富有光泽，砧穗结合部曲折度不大于15°。五是根系完整，根颈不扭曲，主根不弯曲，主根长20厘米以上，侧根、细根发达。

2. 露地苗出圃标准　柑橘露地苗分级标准见表2-2。

表2-2　露地柑橘嫁接苗分级标准

种类	砧木	级别	苗木径粗（厘米）	分枝数量（条）	苗木高度（厘米）	苗木径粗（厘米）	分枝数量（条）	苗木高度（厘米）	苗木径粗（厘米）	分枝数量（条）	苗木高度（厘米）
	地区		南亚热带			中亚热带			北亚热带		
甜橙	枳	1				≥0.8	3	≥45			
		2				≥0.6	2	≥35			
	酸橘、红橘、朱橘、枸头橙	1	≥1.0	3～5	≥45	≥0.9	3	≥50			
		2	≥0.8	2	≥35	≥0.7	2	≥40			
宽皮柑橘	枳	1	≥0.9	3	≥45	≥0.7	3	≥45	≥0.7	3	≥45
		2	≥0.8	2	≥35	≥0.6	2	≥35	≥0.6	2	≥35
	酸橘、红橘、枸头橙	1	≥1.0	3～4	≥50	≥0.8	3	≥50	≥0.8	3	≥50
		2	≥0.8	3	≥40	≥0.7	2	≥40	≥0.7	2	≥40
柚	酸柚	1	≥1.1	3～4	≥60	≥0.9	3	≥60			
		2	≥1.0	3	≥50	≥0.8	2	≥50			

（续）

种类	砧木	级别	苗木径粗（厘米）	分枝数量（条）	苗木高度（厘米）	苗木径粗（厘米）	分枝数量（条）	苗木高度（厘米）	苗木径粗（厘米）	分枝数量（条）	苗木高度（厘米）
地区			南亚热带			中亚热带			北亚热带		
柠檬	红橘、香橙、土橘	1	≥1.0	3	≥60	≥1.0	3	≥60			
		2	≥0.9	3	≥50	≥0.8	2	≥50			
金柑	枳	1	≥0.8	3	≥45	≥0.6	3	≥35	≥0.6	3	≥35
		2	≥0.6	3	≥35	≥0.5	2	≥30	≥0.5	2	≥30

注：南亚热带泛指年均温20～23℃，大于或等于10℃年积温6 000～8 000℃的地区。

中亚热带泛指年均温16～20℃，大于或等于10℃年积温5 000～6 000℃的地区。

北亚热带泛指年均温16℃，大于或等于10℃年积温4 000～5 300℃可以种植柑橘的地区。

3. 检疫方法 一是苗木出圃前，先经省、直辖市、自治区级农业行政主管部门组织进行苗圃检验，并出具柑橘苗木合格证明书。证明书格式参见中华人民共和国国家标准GB9659—1988《柑橘嫁接苗分级及检验》附录A。二是苗木生长期间应执行GB5040—1985。提苗前按国家“植物检疫条例”办理植物检疫证书，严禁有检疫对象的苗木调入。三是苗木附有一般性病虫时，需经药剂处理，方可出圃。

4. 苗木出圃注意事项 起苗前充分灌水、抹去嫩芽、剪除幼苗基部多余分枝，喷药防治病虫害，苗木出圃时要清理并核对品种标签，记载育苗单位、出圃时期、出圃数量、苗木去向、品种/品系，发苗人和收苗人签字，入档保存。

（六）苗木调运

1. 运输工具 连同完整容器调运，苗木装在有分层设施的运输工具上，分层设施的层间高度以不伤枝叶为准。

2. 标签 每株苗均需在主干上挂标签注明品种、砧木名称。标签宜用长条形塑料片，长12厘米以上，宽1.0～1.5厘米，厚

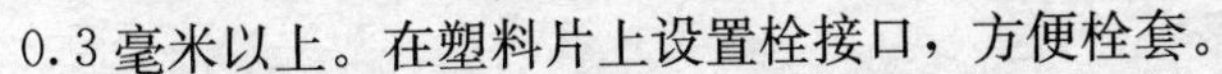

0.3毫米以上。在塑料片上设置栓接口，方便栓套。

3. 注意事项　调运途中严防日晒、雨淋，苗木运达后立即检视，尽快定植。

四、营养槽苗培育

营养槽苗育苗是20世纪80年代先由中国农业科学院柑橘研究所开始，现不少柑橘产区在生产上应用。营养槽苗培育，在用砖或水泥板（厚5厘米）建成的槽内进行。槽宽1米，槽深23～25厘米，槽与槽之间的工作道宽40厘米，深23～25厘米。营养槽长任意，方向以南北向为佳。

营养槽苗的营养土与培育容器苗的营养土同。

苗木栽植密度：内空宽1米的槽每排11株，排与排之间的距离22～25厘米（视砧木、品种不同而异）。

营养槽苗的嫁接、管理与容器苗同。

营养槽苗出圃：可带营养土，也可不带营养土。带营养土，可用装肥料的塑料蛇皮袋5株1包或10株1包进行包装。5株的包装方法是整体切下两排，切成4株一整块，再在其上叠放1株成梅花形，捆扎包装即成。10株的包装方法：切成8株一整块，每4株间叠放1株，成双梅花形，捆扎紧包即成。不带营养土的，需打泥浆后用塑料蛇皮袋或薄膜捆扎包装即可。营养槽的营养土，带土出苗的及时新增营养土，以备下次育苗，不带土出苗的补充营养土。营养土均应消毒。

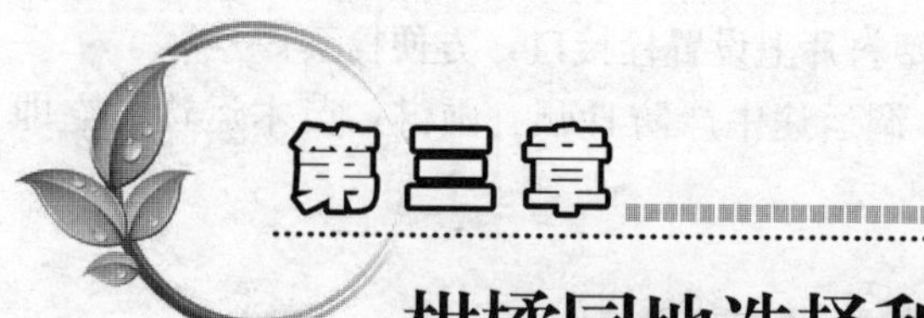

第三章 柑橘园地选择和安全建园技术指南

第一节 柑橘园地选择

柑橘的安全生产应重视园地（址）的选择。选择园地除满足柑橘常规栽培的条件外，还应考虑园地的大气环境质量、土壤环境质量、灌溉水质质量等至少符合国家柑橘无公害栽培标准的要求。

一、环境良好

环境良好对大气、灌溉水质、土壤质量的具体要求如下：

1. 大气质量 园地内空气质量较好且相对稳定，产地的上方风向区域内无大量工业废气污染源。产地空气质量应符合《环境空气质量标准》二级标准（GB3095—1996）或《农产品质量安全 无公害水果 产地环境要求》空气质量指标（GB/T18407.2—2001）或《无公害食品 柑橘产地环境条件》空气中各项污染物的浓度限值（NY/T391—2000）等相关标准要求。

2. 灌溉水质 产地灌溉用水质量稳定，以江河湖库水作为灌溉水源的，则要求在产地上方水源的各个支流处无显著工业、医药等污染源影响。产地灌溉用水质量应符合《农田灌溉水质标准》（GB5084—1992）或《农产品质量安全 无公害水果 产地环境要求》农田灌溉水质量指标（GB/T1840.2—2001）或《无公害食品　柑橘产地环境条件》灌溉水中各项污染物的浓度限值（NY5016—2001）或《绿色食品　产地环境技术条件》农田灌溉水中各项污染物的浓度限值（NY5016—2001）或《绿色食品　产地环境技术条件》农田灌溉水中各项污染物的浓度限值（NY/T391—2000）。

3. 土壤质量　产地土质肥沃，有机质含量高，酸碱度适中，土壤中重金属等有毒有害物质的含量不超过相关标准规定，不得使用工业废水和未经处理的城市污水灌溉园地。产地土壤环境质量应符合《土壤环境质量标准》二级标准（GB15618—1995）或《农产品质量安全　无公害水果　产地环境要求》土壤质量指标（GB/T18407.2—2001）或《无公害食品　柑橘产地环境条件》土壤中各项污染物的浓度限值（NY5046—2001）或《绿色食品　产地环境技术条件》土壤中各项污染物的含量限值（NY/T391—2000）等相关标准要求。

选择的园区及周边规划园区应无工业“三废”排放，土壤中铅、汞、砷等重金属含量和六六六、滴滴涕等有毒农药残留不超标；无柑橘溃疡病、黄龙病和大实蝇等检疫性病虫害；工厂和商品化处理线应建在无污染、水源充足、排污条件较好的地域。

二、气候适宜

在柑橘生态最适宜区或适宜区种植，生态次适宜区种植必须选适宜的小气候地域。国家确定的柑橘优势带应重点发展。具体的气温指标是：年平均温度16～22℃，极端低温≥－7℃，1月平均温度≥4℃，≥10℃的年积温5 000℃以上。甜橙较宽皮柑橘不耐寒，应高于上述气温指标：极端低温≥－5℃，1月平均温度≥5～7℃，≥10℃的年积温5 500℃以上。

我国甜橙、温州蜜柑生态区的气温指标见表3-1。

表 3-1　我国甜橙、温州蜜柑生态区的气温指标

种类	生态区域	年平均温度（℃）	≥10℃的年积温（℃）	极端低温及其发生的频率（℃）	1月份平均温度（℃）	极端低温历年平均值（℃）
甜橙	最适宜区	18～22	5 500～8 000	>-3	7～13	>-1
	适宜区	16～18 >22	5 000～5 500 >8 000	>-5 或<-3 的频率低于 20%	5～7	-3～-1
	次适宜区	15～16	4 500～5 000	>-7 或<-5 的频率低于 20%	4～7	-5～-3
宽皮柑橘	最适宜区	17～20	5 500～6 500	>-5	5～10	-4～0
	适宜区	16～17 20～22	5 000～6 500 6 500～7 500	>-7 或<-5 的频率低于 20%	4～5	-5～-4
	次适宜区	14～16 22～23	4 500～5 000 7 500～8 000	>-10 或<-7 的频率低于 20%	2.5～4	-6～-5

注：根据《中国柑橘区划与柑橘良种》整理，甜橙指普通甜橙和血橙，脐橙与夏橙例外。

三、地形有利

山地、丘陵新建果园坡度应在 15°以下，通常最大不得超过 20°。因为坡度小，有利于规模、高标准建园，既可节省成本，又便于生产管理和现代化技术的应用。

四、土壤适宜

柑橘最适宜种植在疏松深厚、通透性好、保肥保水力强、pH5.5～6.5、且具有良好团粒结构的土壤上。在红壤、黄壤、紫色土、冲积土、水稻土上均可种植，但土层薄、肥力低、偏酸

或偏碱的土壤，种植前、后应进行改土培肥。

五、水源保障

水源供应要有保障。距水源的高程低于100米，年供水量每亩大于100吨。

六、交通方便

交通运输条件要方便。各柑橘园地离公路主干道的距离不超过1 000米为宜。

第二节　柑橘园地规划

柑橘园地规划是在尽量选择有利于果园建设的地形地貌、海拔高度、地域气候、土壤、水源和交通电力通讯等条件的基础上，对可以人为改变的不利条件进行改造，使之成为优质、丰产的高效果园。规划的内容包括道路、水系、土壤改良、种植分区、防护（风）林和附属设施建设等，其中道路、水系和土壤改良是规划的重点。

一、道路系统

道路系统由主干道、支路（机耕道）、便道（人行道）等组成。以主干道、支路为框架，通过其与便道的连接，组成完整的交通运输网络，方便肥料、农药和果实的运输以及农业机械的出入。主干道按双车道设计。不靠近公路，园地面积超过66.67公顷的，修建主干道与公路连接。支路按单车道设计，在视线良好的路段适当设置会车道。园地内支路的密度，原则上果园内任何一点到最近的支路、主干道或公路之间的直线距离不超过150米，特殊地段控制在200米左右。支路尽量采用闭合线路，并尽可能与村庄相连。主干道、支路的路线走向尽量避开要修建桥梁、大型涵洞和大型堡坎的地段。

便道（人行道）之间的距离，或便道与支路、便道与主干道或公路之间的距离根据地形而定，一般控制在果园内任何一点到最近的道路之间的直线距离在75米以内，特殊地段控制在100米左右。行间便道直接设在两行树之间，在株间通过的便道减栽一株树。便道通常采取水平走向或上下直线走向，在坡度较大的路段修建台阶。

相邻便道之间，或相邻便道与支路之间的距离尽量与种植柑橘行距或株距成倍数。

（一）设计要求

1. 主干道 贯通或环绕全果园，与外界公路相接，可通汽车，路基宽5米，路宽4米，路肩宽0.5米，设置在适中位置，车道终点设会车场。纵坡不超过5°，最小转弯半径不小于10米。路基要坚固，通常是见硬底后石块垫底，碎石铺路面、碾实，路边设排水沟。

2. 支路 路基宽4米，路面宽3米，路肩0.5米，最小转弯半径5米，特殊路段3米，纵坡不超过12°，要求碎石铺路，路面泥石结构，碾实。支路与主干道（或公路）相接，路边设排水沟。

支路为单车道，原则上每200米增设错车道，错车道位置设在有利地点，满足驾驶员对来车视线的要求。宽度6米，有效长度大于或等于10米，错车道也是果实的装车场。

3. 人行道 路宽1～1.5米，土路路面，也可用石料或砼板铺筑。人行道坡度小于10°，直上直下；10°～15°，斜着走，15°以上的按Z字形设置。人行道应有排水沟。

4. 梯面便道 在每台梯地背沟旁修筑宽0.3米的便道，又是同台梯面的管理工作道，与人行道相连。较长的梯地可在适当地段，上下两台地间修筑石梯（石阶）或梯壁间工作道，以连通上下两道梯地，方便上下管理。

5. 水路运输设施 沿江河、湖泊、水库建立的柑橘基地，应充分利用水道运输。在确定运输线后，还应规划建码头的数量、规模大小。

（二）主干道与支路布局

1. 平地型柑橘园 平地型柑橘园，主干道一般从果园中穿过。在主干道上每隔300～400米设一支路与主干道垂直相连或相交，支路与支路平行或同向延伸。

2. 坡面型柑橘园 在坡面相对整齐，坡度相近的一个或连续多个坡面上建设柑橘园，坡度在8%以下时，主干道设在坡面中部的等高线上，支路分别在其上下坡面两向延伸，并尽可能形成闭合线路。坡度在8%以上时，主干道可设在坡面中部等高线或坡面底部，支路采用斜向或Z字形布局。

3. 山谷型柑橘园 主干道宜设在山谷并贯穿各山头，支路由主干道适当地点引出，向坡面果园延伸，到达坡面中部或中上部后再沿等高线方向延伸路，并形成闭合路线。如果山谷型柑橘园面积不大，山谷两边可用的坡面不高，可以只在山谷修设一支路即可，两边的坡面仅设人行道连接。

4. 丘陵型柑橘园 在一片大小不等的丘陵区域建设柑橘园。主干道宜设在丘陵的底部，贯穿主要丘陵山头，由主干延伸出来的支路连接各个丘陵山头，见图3-1。小面积的丘陵，主干道到达果园中心区域即可，由支路通达的丘陵山头；较大面积的丘陵，需将主干道贯穿整个园区，支路在每个丘陵的下部和中部环绕一圈，在坡面每隔200～300米设上、下方向的人行便道将中部和下部的支路连接起来。

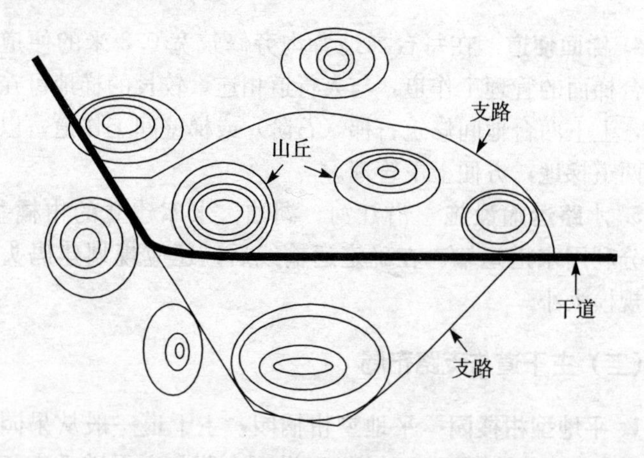

图 3-1　丘陵山区主干道与支路的设置

5. 不规则柑橘园　不规则柑橘园地形变化多端，主干道的布局原则是通达主要的柑橘种植区，面积较小的不连片柑橘种植区则由支路连接，并根据需要增加种植区内的支路数量，采用闭合支路等布局。零星小地块柑橘园可以考虑只用人行道连接。

二、水利系统

1. 灌溉系统　柑橘果园灌溉可以采用滴灌（微喷灌）的节水灌溉和蓄水灌溉等。

（1）滴灌　滴灌是现代的节水灌溉技术，适合在水量不丰裕的柑橘产区使用。水溶性的肥料可结合灌溉使用。但滴灌设施要有统一的管理、维护及规范的操作。地形复杂、坡度大、地块零星的柑橘果园安装滴灌难度大、投资大，使用管理不便。滴灌由专门的滴灌公司进行规划设计和安装。滴灌的主要技术参数：灌水周期 1 天，毛管 1 根/行，滴头 4 个/株，流量 3～4 升/小时，土壤湿润比≥30%，工程适用率＞90%，灌溉水利用系数 95%，灌溉均匀系数 95%，最大灌水量 4 毫米/天。

（2）蓄水灌溉　尽量保留（维修）园区内已有的引水设施和

蓄水设施，蓄水不足又不能自流引水灌溉的园区（基地）要增设提水设施。

新修蓄水池的密度标准：果园的任何一点到最近的取水点之间的直线距离不超过 75 米，特殊地段可适当增大。蓄水设施：根据柑橘园需水量，可在果园上方修建大型水库或蓄水池若干个，引水、蓄水，利用落差自流灌溉。各种植区（小区）宜建中、小型水池。根据不同柑橘产区的年降水量及时间分布，以每亩 50～100 米^{3}的容积为宜。蓄水池的有效容积一般以 100 米^{3}为适，坡度较大的地方，蓄水池的有效容积可减小。蓄水池的位置一般建在排水沟附近。在上下排水沟旁的蓄水池，设计时尽量利用蓄水池减小水的冲击力。不论是实施滴灌灌溉或是蓄、引水灌溉，在园区内均应修建 3～5 米^{3}容积的蓄水池数个，用于零星补充灌水和喷施农药用水之需。

（3）灌溉管道（渠）　引水灌溉的应有引水管道或引水水渠（沟），主管道应纵横贯穿柑橘园区，连通种植区（小区）水池，安装闸门，以便引水灌溉或接插胶管作人工手持灌溉。

沤肥池：为使柑橘优质、丰产，提倡柑橘果树多施有机肥（绿肥、人畜粪肥等），宜在柑橘园修建沤肥池，一般 0.33～0.67 公顷建 1 个，有效容积 10～20 米^3 为宜。

柑橘园（基地）灌溉用水，应以蓄引为主，辅以提水，排灌结合，尽量利用降雨、山水和地下水等无污染水。水源不足需配电力设施和柴油机抽水，通过库、池、沟、渠进行灌溉。

2. 排水系统　平地（水田）柑橘园或是山地柑橘园，都必须有良好的排水系统，以利植株正常生长结果。

平地柑橘园（基地）：排洪沟、主排水沟、排水沟、厢沟，应沟沟相通，形成网络。

山地、丘陵柑橘园（基地）：应有拦洪沟、排水沟、背沟和沉沙坑（凼）并形成网络。

拦洪沟：应在柑橘果园的上方林带和园地交界处设置，拦洪沟的大小视柑橘园上方集（积）水面积而定。一般沟面宽 1～1.5 米，比降 0.3%～0.5%，以利将水排入自然排水沟或排洪沟，或引入蓄水池（库）。拦洪沟每隔 5～7 米处筑一土埂，土埂低于沟面 20～30 厘米，以利蓄水抗旱。

排水沟：在果园的主干道、支路、人行道上侧方都应修宽、深各 50 厘米的沟渠，以汇集梯地背沟的排水，排出园外，或引入蓄水池。落差大的排水沟应铺设跌水石板，以减少水的冲力。

背沟：梯地柑橘园，每台梯地都应在梯地内沿挖宽、深各 20～30 厘米的背沟，每隔 3～5 米留一隔埂，埂面低于台面，或挖宽 30 厘米、深 40 厘米、长 1 米的坑，起沉积水土的作用。背沟上端与灌溉渠相通，下端与排水沟相连，连接出口处填一石块，与背沟底部等高。背沟在雨季可排水，在旱季可用背沟灌水抗旱。

沉沙凼：除背沟中设置沉沙凼外，排水沟也应在宽缓处挖筑沉沙凼，在蓄水池的入口处也应有沉沙凼，以沉积排水带来的泥土，在冬季挖出培于树下。

山地、丘陵柑橘园蓄排系统设置见图 3－2。

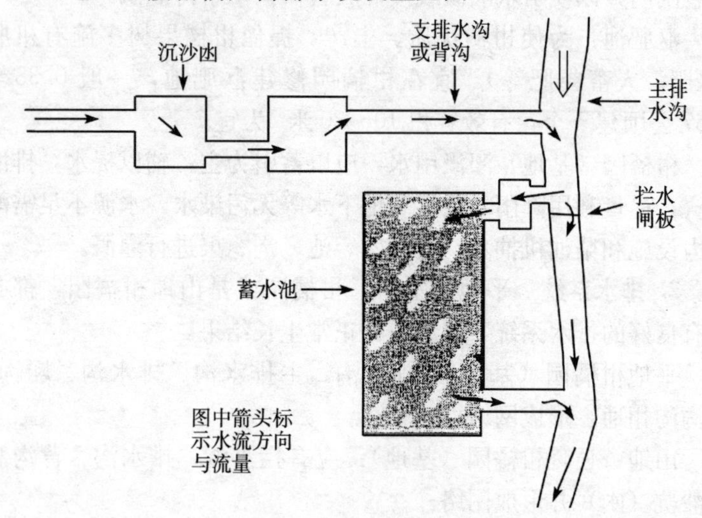

图 3－2　山地、丘陵柑橘园蓄排水系统设置

三、土壤改良

完全适合柑橘果树生长发育的土壤不多，一般都要进行土壤改良，使土层变厚，土质变疏松，透气性和团粒结构变好，土壤理化性质得到改善，吸水量增加，变土面径流为潜流而起到保水、保土、保肥的作用。

不同立地条件的园地有不同的改良土壤的重点。平地、水田的柑橘园，栽植柑橘成功的关键是降低地下水位，排除积水。在改土前深开排水沟，放干田中积水。耕作层深度超过0.5米的可挖沟筑畦栽培，耕作层深度不到0.5米的，应采用壕沟改土。山地柑橘园栽植成功的关键是加深土层，保持水土，增加肥力。

1. 水田改土　可采用深沟筑畦和壕沟改土。

深沟筑畦：或叫筑畦栽培，适用耕作层深度0.5米以上的田块（平地）。按行向每隔9～9.3米挖一条上宽0.7～1.0米、底宽0.2～0.3米、深度0.8～1.0米的排水沟，形成宽9米左右的种植畦，在畦面上直接种植柑橘两行，株距2～3米。排水不良的田块，按行向每隔4～4.3米挖一条上宽0.7～1.0米、底宽0.2～0.3米、深度0.8～1.0米的排水沟，形成宽4米左右的种植畦，在畦面中间直接种植1行柑橘，株距2～3米。

壕沟改土：适用于耕作层深度不足0.5米的田块（平地），壕沟改土每种植行挖宽1米、深0.8米的定植沟，沟底面再向下挖0.2米（不起土，只起松土作用），每立方米用杂草、作物秸秆、树枝、农家肥、绿肥等土壤改良材料30～60千克（按干重计），分3～5层填入沟内，如有条件，应尽可能采用土、料混填。粗的改土材料放在底层，细料放中层，每层填土0.15～0.20米。回填时将原来0.6～0.8米的土壤与粗料混填到0.6～

0.8米深度，原来0.2～0.4米的土回填到0.4～0.6米深度，原来0～0.2米的表土回填到0.2～0.4米深度，原来0.4～0.6米的土回填到0.2～0.4米深度。最后，直到将定植沟填满并高出原地面0.15～0.20米。

2. 旱地改土 旱坡地土壤易冲刷，保水、保土力差，采用挖定植穴（坑）改良土壤。挖穴深度0.8～1.0米，直径1.2～1.5米，要求定植穴不积水。积水的定植穴要通过爆破，穴与穴通缝，或穴底开小排水沟等方法排水。挖定植穴时，将耕作层的土壤放一边，生土放另一边。定植穴回填每立方米有机肥用量和回填方法同壕沟改土。

3. 其他方法改土 其他改土方法有爆破法、堆置法和鱼鳞式土台。

四、种植分区

种植区规划：面积较小的果园或家庭果园一般可简单规划，整好梯土或挖掘定植沟，压绿培肥，修好排水沟，即可栽植。大型果园则必须进行全面规划，进行种植区划分。

种植区可按地形、道路、防护林等为界，划分成若干种植区，种植区是果园管理的基本单位，面积2公顷以上，要求气候、土壤类型尽可能一致，以便栽种一个品种，进行专业管理。种植区宜采用长方形或四边形，平地果园长边与有害风向垂直。山地长边随等高线走向弯曲，以减少水土流失，方便排灌和耕作运输管理。坡度大的山地果园，种植区采用梯形或不规则形。种植区应充分规划利用土地，坡度在10°以下的果园，栽植果树的梯地应占总面积90％左右；10°～20°坡地果园栽植面积应占85％左右；其他道路、水系、附属建筑不宜占地太多，以免降低果园的生产力。

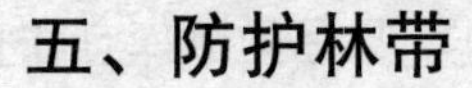

五、防护林带

防护林应包括防风林和蓄水林等，有风害、冻害的柑橘产区在柑橘园的上部或四周应营造防护林。

防风林有调节柑橘果园温度、增加湿度、减轻冻害、降低风速、减少风害、保持水土、防止风蚀和冲击的作用。

防风林带通常交织栽植成方块网状，方块的长边与当地盛行的有害风向垂直（称主林带），短边与盛行的风向平行。林带结构分为密林带、稀林带和疏透林带3种。密林带由高大的乔木和中等灌木组成，防风效果好，但防风范围小，透风能力差，冷空气下沉易形成辐射霜冻。稀林带和疏透林带由1层高大乔木或1层高大乔木搭配1层灌木组成，这两种林带防风范围大，通气性好，冷空气下沉速度缓慢，辐射霜冻也轻，但局部防护效果较差。实践表明，疏透林带透风率30％时防风效应最好。

防风林的树种多以乔木为主要树种，搭配以灌木效果较好。乔木树种选树体高大、生长快、寿命长、枝叶繁茂、抗风、抗盐碱性强，没有与柑橘相同病虫害的树种。冬季无冻害的地区可选木麻黄；冬季寒冷的柑橘产区可选冬青、女贞、洋槐、乌桕、苦楝、榆树、喜树、重阳木、柏树等乔木。灌木主要有紫穗槐、芦竹、慈竹、柽柳和杞柳等。

六、附属建筑物

大型柑橘园地的办公室、保管室、工具房、包装场、果品贮藏库、抽水房、护果房和养畜（禽）场，均属果园（基地）的附属设施。应根据果园的规模、地形和附属建筑的要求，做出相应的规划。如办公室位置要适中，便于对作业区实行管理；养畜

（禽）场宜在果园的上方水源、交通和饲料用地方便处。包装场宜在柑橘园的中心，并有公路与外界相连。果品贮藏库宜在背风阴凉、交通方便的地方。护果房宜在路边制高点处，抽水房宜在近水源又不会被水淹没的位置建造。

第三节 柑橘园地建设

平地柑橘园地比山地柑橘园地建设要简单，可根据规划设计图上标示的道路、灌溉道（管、渠）、蓄水池、排水沟和改良土壤的要求等进行实施。根据园地的实际情况还可有所调整，以利实用、方便。

山地柑橘园地可根据道路、水系的设计进行实施，按土壤改良的要求进行改良。现简介山地和平地柑橘生产基地的建设。

一、山地园建设

1. 测出等高线 测量山地园（基地）可用水准仪、罗盘等，也可用目测法确定等高线。先在柑橘园（基地）的地域选择具有代表性的坡面，在坡面较整齐的地段大致垂直于水平线的方向自上而下沿山坡定一条基线，并测出此坡面的坡度。遇坡面不平整时，可分段测出坡度，取其平均值作为设计坡度。然后根据规划设计的坡度和坡地实测的坡度计算出坡线距离，按算出的距离分别在基线上定点打桩。定点所打的木桩处即是测设的各条等高线的起点。从最高到最低处的等高线用水准仪或罗盘仪等测量相同标高的点，并向左右开展，直到标定整个坡面的等高点，再将各等高点连成一线即为等高线。

对于地形复杂的地段，测出的等高线要作必要的调整。调整原则：当实际坡度大于设计坡度时，等高线密集，即相邻两梯地

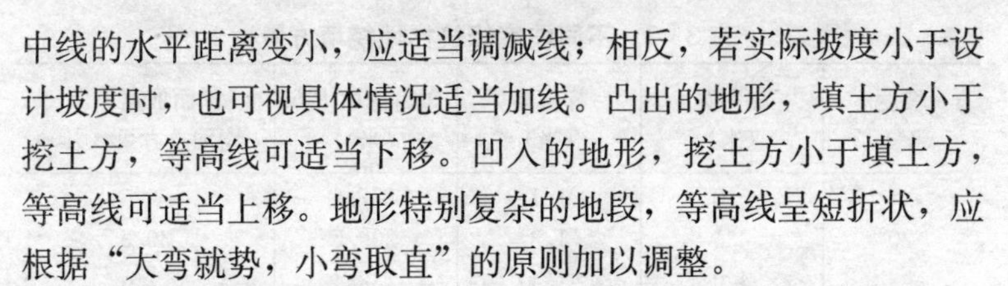

中线的水平距离变小，应适当调减线；相反，若实际坡度小于设计坡度时，也可视具体情况适当加线。凸出的地形，填土方小于挖土方，等高线可适当下移。凹入的地形，挖土方小于填土方，等高线可适当上移。地形特别复杂的地段，等高线呈短折状，应根据“大弯就势，小弯取直”的原则加以调整。

在调整后的等高线上打上木桩或划出石灰线，此即为修筑基地的基线。

2. 梯地的修筑方法　修筑水平梯地，应从下而上逐台修筑，填挖土方时内挖外填，边挖边填。梯壁质量是建设梯地的关键，常因梯壁倒塌而使梯地毁坏。根据柑橘园土质、坡度、雨量情况，梯壁可用泥土、草皮或石块等修筑。石梯壁投资大，但牢固耐用。筑梯壁时，先在基线上挖 1 条 0.5 米宽、0.3 米深的内沟，将沟底挖松，取出原坡面上的表土，以便填入的土能与梯壁紧密结合，增强梯壁的牢固度。挖沟筑梯时，应先将沟内表土搁置于上方，再从定植沟取底土筑梯壁（或用石块砌），梯壁内层应层层踩实夯紧。沟挖成后，自内侧挖表土填沟，结合施用有机肥，待后定点栽植。梯地壁的倾斜度应根据坡度、梯面宽度和土质等综合考虑确定。土质黏重的角度可大一些；相反，则应小一些，通常保持在60°～70°。梯壁高度以1米左右为宜，不然虽能增宽梯面，但费工多，牢固度下降。筑好梯壁即可修整梯面，筑梯埂、挖背沟。梯面应向内倾，即外高内低。对肥力差的梯地，要种植绿肥，施有机肥，进行土壤改良，加深土层，培肥地力。

在山地建园，如何增宽梯面，降低梯壁高度，增加根际有效土壤体积，防止水土流失，是山地建园工程中需要解决的问题。

在 20°～30°坡地筑 3～4 米宽的梯地，一般梯壁高 1.1～2.8 米。坡度每增加 5°，修筑梯地挖填土方量要增加 28%～31%。梯面每增宽 1 米，挖填方量增加 28%～35%，见表 3-2。

表 3-2　不同坡度修筑梯地挖填方量

坡度（°）	梯面宽（米）	梯壁高（米）	每亩挖填土方（米^3）	梯面加宽 1 米增加土方量（%）
20	3.0	1.1	177.6	30.8
	3.5	1.3	209.5	
	4.0	1.4	232.4	
25	3.0	1.4	233.3	28.8
	3.5	1.6	266.0	
	4.0	1.8	298.8	
30	3.0	1.7	288.6	30.4
	3.5	2.0	332.5	
	4.0	2.2	376.3	
35	3.0	2.1	344.1	35.1
	3.5	2.4	399.0	
	4.0	2.8	464.8	

表 3-2 表明，在坡度大的地块，梯面太宽，不仅施工量大，且土层翻动也大，延迟了土壤熟化。但梯面过窄，树体空间和土壤营养不足。一般柑橘树冠，定植 3～4 年冠径可达 1 米。10～15 年可达 3 米左右。据此，为增加梯面空间，降低梯壁高度，又有工作道便于出入管理，应修筑有工作道的复式梯地。20°～25°坡地，梯面应达到 3.5 米，同时在梯壁间再修建 1 条 0.5 米宽的工作道，实际梯面空间可达 4 米。

复式梯地，不仅加宽了梯面空间，同时将一个高的梯壁改成二段矮梯壁，既防止冲刷垮塌，减少施工量和土地翻动过大，又便于树冠长大后的出入管理。

二、平地园建设

包括平地、水田、沙滩和河滩、海涂柑橘生产园地等类型，地势平缓，土层深厚利于灌溉、机耕和管理，树体生长良好，产量也较高。应特别注意水利灌溉工程、土地加工和及早营造防风林等。

1. 平地和水田柑橘园地　包括旱地柑橘园（基地）和水田改种的柑橘生产基地，此类型柑橘园（基地）重在降低地下水位和建好排灌沟渠。

(1) 开设排、灌沟渠　旱作平地建园可采用宽畦栽植，畦宽4～4.5米，畦间有排水沟，地下水位高的排水沟应加深。畦面可栽1行永久树，两边和株间可栽加密株。

水田柑橘生产基地的建设经验是建筑浅沟灌、深沟排的排灌分家，筑墩定植，也是针对平地或水田改种柑橘园地下水位高所采取的措施。

建基地时即规划修建畦沟、园围沟和排灌沟3级沟渠，由里往外逐级加宽加深，畦沟宽50厘米，园围沟宽65厘米、深50厘米以上，排灌沟宽、深各1米左右，3级沟相互通连，形成排灌系统。

洪涝低洼地四周还应修防洪堤，防止洪水入浸，暴雨后抽水出堤，减少涝渍。

(2) 筑墩定植　结合开沟，将沟土或客土培畦，或堆筑定植墩，栽柑橘后第一年，行间和畦沟内还可间作，收获后挖沟泥垒壁，逐步将栽植柑橘的园畦地加宽加高，修筑成龟背形。也可采用深、浅沟相间的形式，2～3畦1条深沟，中间两畦为浅沟，浅沟灌水、排水，深沟蓄水和排水。栽树时，增加客土，适当提高定植位置，扩大株行距。

(3) 道路及防风林建设　道路应按照基地面积大小规划主干道、支路、便道，以便于管理和操作。

常年风力较大的地区，应设置防风林带，主林带与主风方向垂直设置。主林带乔木以1～1.5米株行距栽植6～8行，株间插栽1株矮化灌木树，主林带宽宜8～15米，两条主林带间距以树高25倍的距离为好。副林带与主林带成垂直方向，宽约6～10米。防风林宜与建园同时培育，促使尽早发挥防风作用。

2. 沙滩、河滩柑橘园地 江河和湖滨，有些沙滩、河滩平地，多年未曾被淹没过，也可发展柑橘。这些果园受周围大水体调节气温，可减少冻害。但沙滩、河滩园也存在很多不利因素，如砂土导热快，园地地下水位高，地势高低不平，高处易旱、低处易涝，水肥易流失，容易遭受风害等。因此，沙滩、河滩建园的首要任务是加强土壤改良，营造防风林和加强排、灌水利设施的建设。沙滩园地选择时，应选沙粒粗度在0.1毫米以下的粉沙土壤，地势较高，地下水位较低，有灌溉水源保证的地方建基地。定植前以适宜的地下水位为准，取高填低，平整园地，如能逐年客土，将较黏重的土壤粉碎后撒布畦面更好。应尽早营造防风林带（同水田柑橘园），防止河风危害，并将园内空地种植豆科绿肥，覆盖沙面，降低地温，减少风沙飞扬。

第四节　柑橘栽植密度、方式、时间和技术

柑橘果树的栽植，不仅影响植株的成活率，而且对柑橘的早结果、丰产、稳产，甚至寿命都密切相关。因此，栽植一定要密度、方式适宜，把好质量关。

一、栽植密度

柑橘的栽植密度，即柑橘栽植的株距和行距。柑橘的栽植密度与柑橘的品种、品系、砧木、土壤条件、栽植方式和管理的技术水平相关。每亩栽植的永久植株数计，甜橙一般以40～60株为宜，株行距3米×4～5米；宽皮柑橘60～70株，株行距3米×3.5米；柚类4～5米×5～6米；用枳作砧木的植株，可适当加大栽植密度。

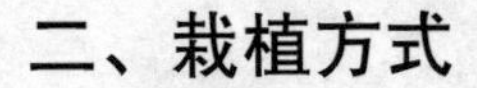

二、栽植方式

柑橘栽植方式应根据地形及栽植后的管理方法确定。如山地柑橘园坡度大，应采取等高梯地带状栽植；平地柑橘园则可采取长方形栽植、正方形栽植和三角形栽植。

1. 等高栽植　此种种植方式株距相等，行距即为梯地台面的平均宽度。将柑橘按等高栽植或成带状排列，每 667 米^2 栽植株数的计算公式为：667（米^2）/株距（米）/株距（米）×梯面平均宽度（米）。所得株数是大约数，应加减插行或断行的株数。

2. 长方形栽植　行距大于株距，又称宽窄行栽植。这种栽植方式通风透光好，树冠长大后便于管理和机械作业，是目前柑橘生产上用得最普遍的一种栽植方式。每 667 米^2 栽植株数的计算公式为：667（米^2）/株距（米）×行距（米），如株距 3 米，行距 4 米，代入公式后为：667/3×4＝667/12＝55.6 株，即每 667 米^2 栽植 56 株。

3. 正方形栽植　即株距和行距相等的栽植方式。此种栽植方式在树冠未封行前通风透光较好，但不能用于密植。因为密植条件下通风透光不良，管理不便，同时也不利于间种绿肥。每 667 米^2 种植株数的计算公式为：667（米^2）/株距（或行距）^{2}（米^2）。

4. 三角形栽植　三角形栽植方式，株距大于行距，各行互相错开而呈三角形排列。优点是可充分利用树冠间的空隙，增加叶面积受光量，同时较正方形栽植可多栽 10%～15%的植株。缺点是果园不便管理和机械化作业。山地柑橘园梯面较宽，栽 1 行有余，2 行不足时，常采用三角形栽植方式。每 667 米^2 栽植株数的计算公式为：667（米^2）/株距^2×0.866，如株距为 3 米，则每 667 米^2 的栽植株数为：667/3^2×0.866＝667/9×0.866＝667/7.794＝85.5，即 667 米^2 栽 86 株。

三、栽植时间

柑橘苗木有裸根苗和容器苗。裸根苗的栽植适期通常是春季、秋季，且以秋季为主；容器苗全年可栽植，但高温干旱的盛夏、伏天，冬季气温低，最好不栽植，不然会影响成活和生长。

1. 秋季栽植 在9～11月秋梢老熟后，雨季尚未结束前进行较好，因这时的气温较高，土壤水分适宜，根系伤口易愈合，并能长一次新根，翌年春梢又能正常抽生，对提高苗木成活率，扩大树冠，早结、丰产都有利。但秋植的柑橘要注意防干旱，冬季有霜冻的地区要注意防冻。秋冬干旱又无灌溉设施的地域和冬季有冻害地区最好春季栽植。秋季栽植也不宜太迟，太迟气温下降，雨水稀少，苗木根系生长量少，恢复时间短，缓苗期长，甚至出现叶片变黄脱落。

2. 春季栽植 冬季有冻害、秋冬干旱严重又无灌溉条件的地区宜春季栽植。一般在春芽萌动前的2～3月份栽植。此时，除我国西南的柑橘产区外，其他柑橘产区均雨水较多，气温又逐渐回升，苗木栽后易成活。春季栽植虽不像秋植那样需要勤灌水，但春梢抽生较差，恢复较慢。

此外，夏季多雨凉爽之地，柑橘也可在春梢停止生长后的4月底至5月底栽植。此时，雨水多，气温适宜，栽后发根快，只要管理到位，成活率也较高。

四、栽植技术

1. 定点挖穴（沟） 根据采取的栽植方式确定定植点，并挖穴（沟）。定植穴要求直径1～1.5米，深0.8米。

定植穴（沟）的开挖，秋植的应在定植前1个月挖好；春植的最好在头年秋冬挖好，以利土壤熟化。梯地定植穴（沟）位置应在梯面外沿 1/3～2/5 处（中心线外沿），因内沿土壤熟化程度和光线均不如外沿，且生产管理的便道都在内沿。

2. 施底肥与回填　定植穴（沟）应施足底肥（见前述土壤改良）。回填穴（沟）的土壤要高出地面至少 15～20 厘米。筑成直径 60 厘米左右的土墩，在墩上定植苗木，以防土层下沉而将苗木的嫁接口埋入土中。

3. 栽植方法　裸根苗与容器苗的栽植方法有所不同，现简介如下。

（1）裸根苗　先将苗木稍作修整，剪去受伤的根系和过长的主根，将苗置入穴中，山地梯地栽植，苗的第一大主枝向着壁外沿方向，栽时前后左右对准或呈整齐的圆弧形（梯地），然后用手将须根提起，放一层须根，四周铺平后用细土压入，再放一层根铺平压实，根系不弯曲且要分布均匀，与土壤密接，然后轻踩苗木四周的土壤，最后覆土成墩，再在土墩面挖一圈浅沟，浇足定根水，有条件的可覆盖一些干杂草等（主干近处留出不盖）。栽植的深度、嫁接口高出地面 10～15 厘米，但也不能过浅，以免受旱和被风吹倒。

已假值 1～2 年的柑橘大苗种植，必须带土团栽植，春植最好在栽植前一年的 9 月份，先按树冠大小，在需带土团大小的边缘用铲切断侧根，并施稀薄肥，以促发新根，固定土球和取苗时土球不松散。种植后浇透定植水，并覆盖杂草等保湿。

（2）容器苗　定植时轻拍育苗桶四周，使苗木带土与育苗桶分离。一只手抓住苗根颈部，另一只手抓住育苗桶，将柑橘苗轻轻拉出，不散落营养土。定植时必须扒去表层和底部 1/4 营养土至有根露出为止，剪掉弯曲部分根，疏理群根，使根系展开，便于栽植时与定植穴土壤接触，利于生长。定植后根颈部应稍高于地面，以防定植穴土壤下沉后根颈下陷至泥土中引发脚腐病等。定植后在柑橘苗基部做 1 个直径 50 厘米的树盘，便于浇水和施肥等，最后浇足定植水。栽植方法见图 3-3。

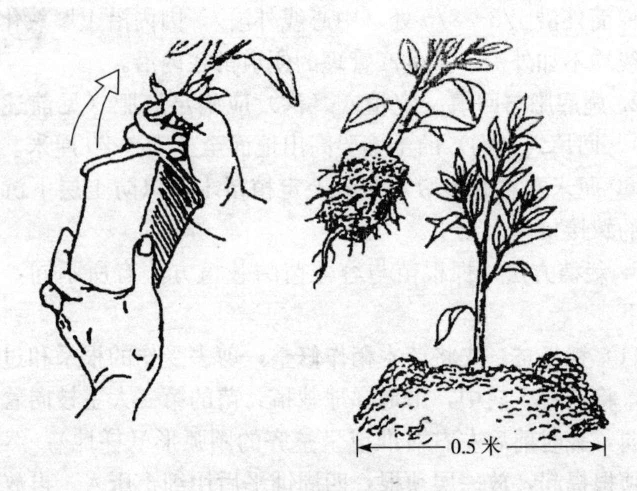

图 3-3　容器苗的栽植方法

另一种栽植方法是：采用泥浆法栽植技术。先确定定植穴，后用专用的取土器钻 1 个直径 20 厘米、深 40～50 厘米的穴，灌满水。再从容器中取出苗，剪除主根末端弯曲部分，掏去根系上原有的一半营养土，将苗放入穴中，一边回填土一边加水，使根系周围的土壤松散，用手插入土中往根系方向挤压，使土壤与根系紧密接触，最后扶正主干，使其与地面垂直，并使根颈部高出地面 15 厘米左右。此法栽植后苗木根系与土壤接触紧密，即使在盛夏也可 3～4 天不浇水，成活率也高。但在雨天或温度较低时栽植，浇水宜少些，夏季定植时待栽苗木不能卧放，也不能在阳光下暴晒，以免伤根。

栽后一旦发现苗木栽植过深可采取以下方法矫正：通过刨土能亮出根颈部的，用刨土或刨土后留一排小水沟的方法解决；通过刨土无法亮出根颈部的，通过抬高植株矫正。具体做法：两人相对操作，用铁锹在树冠滴水线处插入，将苗轻轻抬起，细心填入细土，塞实，并每株灌水约 10～20 千克。

栽植柑橘无病毒苗，要求清除园内原有的柑橘类植株（通常

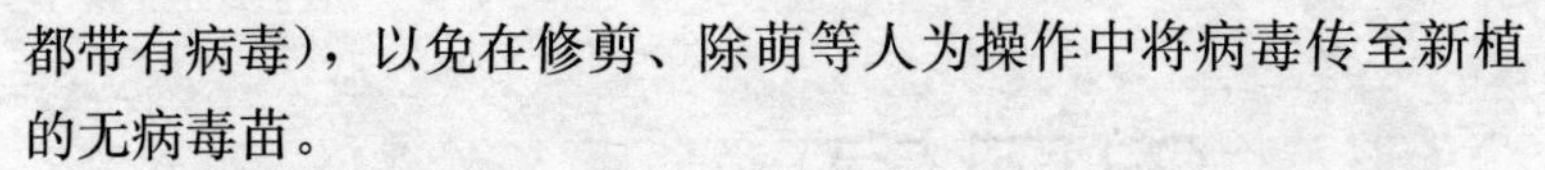

都带有病毒)，以免在修剪、除萌等人为操作中将病毒传至新植的无病毒苗。

4. 栽后管理　柑橘苗木定植后约15天左右（裸根苗）才能成活，此时，若土壤干燥，每1～2天应浇水1次（苗木成活前不能追肥），成活后勤施稀薄液肥，以促使根系和新梢生长。

有风害的地区，柑橘苗栽植后应在其旁边插杆，用薄膜带以“∞”形活结缚住苗木，或用杆在主干处支撑。苗木进入正常生长时可摘心，促苗分枝形成树冠，也可不摘心，让其自然生长。砧木上抽发的萌蘖要及时抹除。

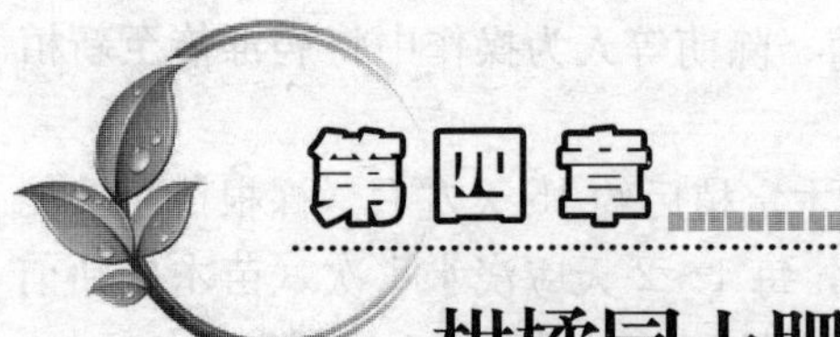

第四章 柑橘园土肥水管理技术指南

土肥水管理是柑橘安全生产的核心部分，其管理好坏直接关系到柑橘生产的安全、优质、丰产。

第一节 柑橘园土壤管理和改良技术

一、柑橘园土壤管理

柑橘园土壤管理就是不断改良土壤，熟化土壤，提高土壤肥力，创造有利柑橘生长的水、肥、气、热条件。培肥土壤最有效的方法是多施有机肥。

（一）中耕和半免耕

南方柑橘园易生杂草，应适时中耕，全年中耕4～6次为宜。一般雨后适时中耕，使土壤疏松，有助于形成土壤团粒结构，减少水分蒸发，降雨时有利于水分渗入土内，减少地表水分流失。中耕改善了土壤通气条件，有利于土壤微生物的活动，加速有机质的分解，提供柑橘更多的有效养分。大雨、暴雨前不宜中耕，否则易造成表土流失。为了防止水土流失，采用种植绿肥与中耕相结合的办法较为合理。

半免耕，即柑橘园株间中耕，行间生草或间作绿肥不中耕。

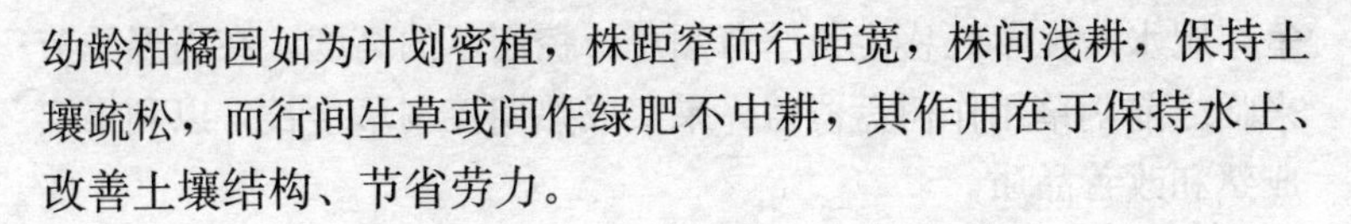

幼龄柑橘园如为计划密植，株距窄而行距宽，株间浅耕，保持土壤疏松，而行间生草或间作绿肥不中耕，其作用在于保持水土、改善土壤结构、节省劳力。

（二）间作和生草

柑橘园间作主要间作不同品种的绿肥。我国绿肥主要按季节分为夏季绿肥和冬季绿肥，而且以豆科作物为主。夏季绿肥有印度豇豆、绿豆、猪屎豆、竹豆、狗爪豆等；冬季绿肥有箭筈豌豆、紫云英、蚕豆、肥田萝卜。在柑橘园背壁或附近空地，常种多年生绿肥，如紫穗槐、商陆等。

注意，幼树树冠下留出 1～1.5 米的树盘不种绿肥，见图 4-1。

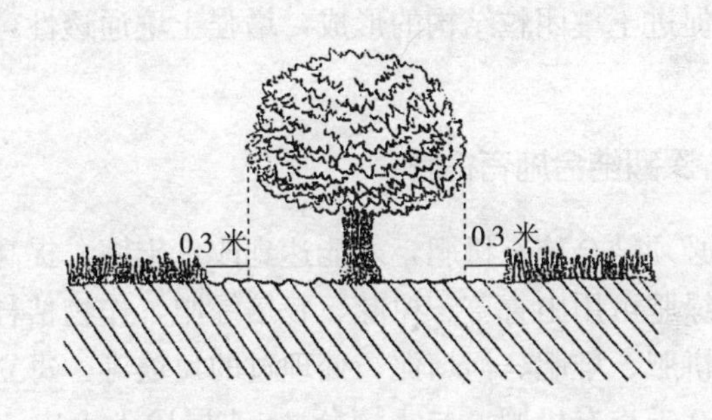

图 4-1　柑橘园生草栽培离树冠滴水线的位置

柑橘园不间作高秆及缠绕性作物，如玉米、豇豆等。

柑橘园生草栽培，即在柑橘树的行间或树盘外生长草本植物，覆盖柑橘园地表，能有效改善园地生态环境。生草栽培有自然生草和人工生草栽培之分。

自然生草栽培是铲除果园内的深根、高秆和其他恶性杂草，选留浅根、矮生、与柑橘无共生性病虫害的良性草自然生长，使其覆盖地表，不另行人工播种栽草，但对草应适当管护，除掉离树冠滴水线外 20～30 厘米以内的草（图 4-1），以减少草与柑橘争夺肥水。在草旺盛生长季节割草，控制草的高度，在高温季节来临之前割草用作树盘覆盖。果实成熟期控制草生长，以利果实成熟和改善品质。

人工种草栽培是在柑橘播种适合当地土壤气候的草种，使其既能抑制杂草生长，又不与柑橘生长争肥水。

生草栽培的关键是选择适宜的草种。按柑橘根系生长的特点，6～9月是旺长时期，理想的草种是10月发芽，5月停止生长，6月下旬草枯而作为敷草。目前最适宜的草种为意大利多花黑麦草。其特点是1年生牧草，不择地，喜酸性，耐湿，残草多，春天生长快而茂盛，很快覆盖全园，7月中旬枯萎，9月种子自行散落，下一代自然生长。

生草栽培对土壤具有保护作用，可防止水土流失，增加土壤有机质，促进土壤团粒结构的形成，增强土壤通透性，节省耕作劳力。

（三）深翻结合施有机肥

深翻必须结合施有机肥，才能达到改良土壤、提高土壤肥力的目的。绿肥可用山青草、树叶、栽培绿肥、作物秸秆、绿肥有机残体、饼肥、堆肥、河塘泥、处理过的垃圾等。每立方米土壤加50～150千克有机肥，与土壤分3～4层压入土中，再施畜粪杂肥，效果更好。对酸性土每50千克有机肥加入0.5～1千克石灰或钙镁磷肥，可调节土壤pH。

（四）覆盖和培土

1. 覆盖　土壤覆盖分全园覆盖和局部覆盖（树盘覆盖）、全年覆盖和夏季覆盖。由于7～9月干旱严重，树盘覆盖尤为重要。覆盖材料绿肥、山青草、树叶、稻草等均可。覆盖厚度10～20厘米为宜，依材料多少而定，距树干10厘米的范围不覆盖。覆盖结束，将半腐烂物翻入土中。

覆盖有增加土壤有机质，使土壤疏松，透气性良好，减少水分蒸发和病虫的滋生，有利于土壤微生物的活动的作用。

2. 培土　培土可增厚土层，培肥地力。尤其土层浅薄的丘陵山地柑橘园，水土流失严重，根系裸露，应注意培土。培土应按土质而定，黏土客砂土，砂土客黏土。柑橘园附近选择肥沃的土壤培土，既可增加耕作层的厚度，也可起到施肥的作用。

培土时间宜在冬季。培土前先中耕松土，然后客入山土、沙泥、塘泥等，一般培土厚度 10～15 厘米，每隔 1～2 年培土 1 次。大面积客土困难，可分期分批培土。

二、柑橘园土壤改良

柑橘是多年生常绿果果树，要使柑橘丰产、优质，在果树种植前必须采用各种措施改良土壤，熟化土壤，提高土壤肥力。

（一）柑橘园土壤熟化

新开辟的丘陵山地柑橘园，应改良土壤，大量施用有机肥，每亩施 5 000 千克，对酸性土还应施适当的石灰，调节土壤 pH，坚持不改土不定植柑橘苗。

已种植柑橘土壤不熟化的低产园，应针对低产原因改良土壤。一般柑橘园土壤的耕作层浅薄，有的丘陵山地柑橘园土壤，处于幼年土发育阶段，土层浅薄，深 30 厘米左右即为母岩（岩石），实难满足柑橘生长的要求。应采用深沟扩穴，爆破改土，加深土层，大量施有机肥，熟化耕作层。坚持不断改土，使熟化的土壤耕作层在 60 厘米以上，以利柑橘的正常生长发育。深翻扩穴见图 4-2。

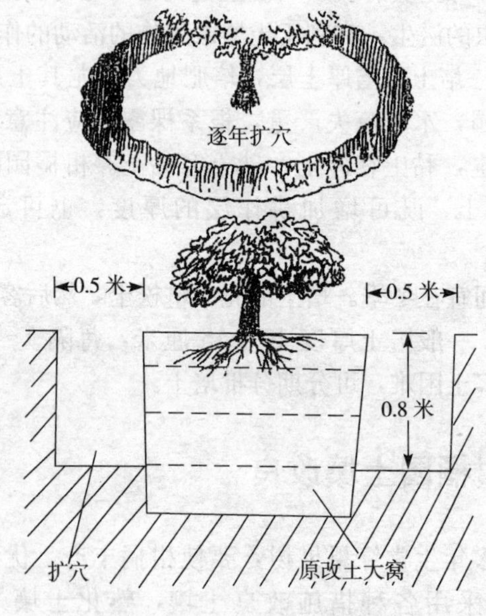

图 4-2　柑橘幼树深翻扩穴

（二）红壤柑橘园土壤改良

由于红壤瘦、黏、酸和水土流失严重，远不能满足柑橘生长发育的要求，造成柑橘生长缓慢，结果晚，产量低，品质差，甚至无收。红壤土培肥改良措施：一是修筑等高梯田，壕沟或大穴定植；二是柑橘园种植绿肥，以园养园，培肥土壤；三是深翻改土，逐年扩穴，增施有机肥，施适量石灰，降低土壤酸性；四是建立水利设施，做到能排能灌；五是及时中耕，疏松土壤，夏季进行树盘覆盖。

（三）酸性土柑橘园土壤改良

柑橘是喜酸性植物，适宜 pH 5.5～6.5。对 pH 过低，酸性过强的土壤，如 pH 4.5 以下，不仅不适宜柑橘生长，而且铝离子的活性强，对柑橘根系有毒害作用，因此必须施石灰改良，降低过量酸及铝离子对柑橘的危害。石灰使铝离子（Al^{3+}）沉淀，克服铝离子对根系的毒害。不同 pH 的酸性土每亩所需石灰量见表 4-1。

表 4-1　酸性土改良的石灰施用量

单位：千克/亩，10 厘米深

pH（H_2O）	砂土	砂壤土	壤土	黏壤土	黏土	施用时期
4.9 以下	40	80	133	173	227	一般在 1～2 月施春肥前半个月施入
5.0～5.4	27	53	80	107	133	
5.5～5.9	13	33	40	53	67	
6.0～6.4	7	13	20	27	33	

注：表中数值为碳酸氢钙用量，如用生石灰，将表中数值乘上 0.56；用熟石灰则乘上 0.75 即可。

引自《怎样栽培柑橘》，1984。

（四）黏重土柑橘园土壤改良

黏重土壤由于含黏粒高，孔隙度小，透水、透气性差，但保水保肥力较强。重黏土（含黏粒 90%以上）收缩大，干旱易龟裂，使根断裂，并暴露于空气中。湿时不易排水，易引起根腐。因此不利柑橘生长发育。此类土壤应掺砂改土，深沟排水，深埋有机物，多施有机肥，经常中耕松土，改善土壤结构，增强土壤透水、透气能力。

（五）柑橘园土壤老化及防止措施

柑橘园土壤老化，主要是柑橘园坡度倾斜大，耕作不当，水土流失严重，使耕作层浅化；长期大量施用生理酸性肥料，如硫酸铵等引起土壤酸化；长期栽培柑橘，土壤中积聚了某些有害离子和侵害柑橘的病虫害，因而使土壤肥力及生态环境严重衰退恶化，不适宜柑橘生长。

防止柑橘园土壤老化措施：一是做好水土保持。在柑橘园上方修筑拦水沟，拦截柑橘园外天然水源。柑橘园内修建背沟、沉砂凼、蓄水池等排灌系统。保护梯壁，梯壁可自然生草，也可人工栽培绿肥，梯壁的生草和绿肥宜割不宜铲。柑橘园间作绿肥和树盘覆盖等，都有利于减少土壤水土流失。二是多施有机肥，合理使用化肥。特别是要针对不同土壤，合理施用酸性肥料，以免造成土壤酸化。三是深翻。加强土壤通气，可消除部分有毒有害离子，还可消除某些病虫害对柑橘的侵害。

第二节　柑橘的肥料管理技术

一、柑橘所需的各种营养元素

柑橘果树生长结果需要 30 多种营养元素，其中大量元素有氮、磷、钾、钙、镁、硫 6 种，其含量为叶片干重的 0.2%～0.4%左右。柑橘还需多种微量元素，常见的有硼、锌、锰、铁、铜、钼，其含量范围在 0.12～100 毫克/千克左右。柑橘需要的大量元素和微量元素在数量上有多有少，但都是不可缺少和相互代替。如果某一种元素缺少或过量，都会引起柑橘营养失调。栽培柑橘就是调节树体营养平衡，达到树势健壮，高产优质的目的。

二、柑橘营养元素缺乏及矫治

(一) 氮

1. 缺氮症状　缺氮会使叶片变黄，缺氮程度与叶片变黄程度基本一致。当氮素供应不足时，首先出现叶片均匀失绿、变黄、无光泽。这一症状可与其他缺素症相区别。但因缺氮所出现的时期和程度不同，也会有不同的表现。如在叶片转绿后缺氮，

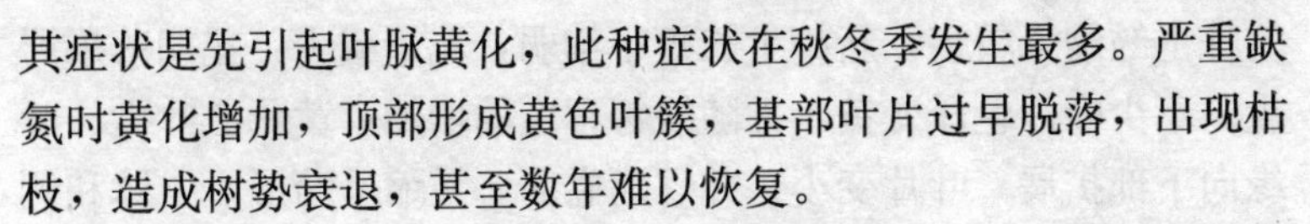

其症状是先引起叶脉黄化，此种症状在秋冬季发生最多。严重缺氮时黄化增加，顶部形成黄色叶簇，基部叶片过早脱落，出现枯枝，造成树势衰退，甚至数年难以恢复。

2. 缺氮矫治　矫治措施除土施尿素等外，还可进行根外追肥，如柑橘新叶出现黄化，可叶面喷施0.3%～0.5%的尿素溶液，5～7天1次，连续喷施2～3次即可，也可用0.3%的硫酸铵或硝酸铵溶液喷施。

（二）磷

1. 缺磷症状　通常发生在柑橘花芽分化和果实形成期。缺磷植株根系生长不良，叶片稀少，叶片氮、钾含量高，呈青铜绿色，老叶呈古铜色，无光泽，春季开花期和开花后，老叶大量脱落，花少。新抽的春梢纤弱，小枝有枯梢现象。当下部老叶趋向紫色时树体缺磷严重。严重缺磷的植株，树势极度衰弱，新梢停止生长，小叶密生，并出现继发性轻度缺锰症状；果实果面粗糙，果皮增厚，果心大，果汁少，果渣多，酸高糖少，常发生严重的采前落果。

2. 缺磷矫治　磷在土壤中易被固定，有效性低，因此，矫治应采取土壤施肥和根外追肥相结合。土壤施肥应与有机肥配合施用；钙质土使用硫酸铵等可提高磷肥施用的有效性；酸性土施磷肥应与施石灰和有机肥结合；难溶性磷如磷矿粉用前宜与有机肥一起堆制，待其腐熟后再施用；根外追肥可用0.5%～1%的过磷酸钙（浸泡24小时，过滤喷施）或用1%的磷铵叶面喷施，7～10天1次，连喷2～3次即可。柑橘土施磷肥，通常株施0.5～1千克的过磷酸钙或钙镁磷肥。

（三）钾

1. 缺钾症状　柑橘缺钾在果实上表现果实小，果皮薄而光滑，着色快，裂果多，汁多酸少，果实贮藏性变差。钾含量低的植株上皱缩果较多，新梢生长短小细弱，花量减少，花期落果严重。不少叶片色泽变黄，并随缺钾程度的增加，黄化由叶尖、叶缘向下部扩展，叶片变小，并逐渐卷曲、皱缩呈畸形，中脉和侧脉可能变黄，叶片出现枯斑或褐斑，抗逆性降低。

2. 缺钾矫治 可采用叶面喷施的办法进行矫治，常用0.5%～1%的硫酸钾或硝酸钾进行叶面喷施，5～7天1次，连续喷2～3次即可。此外，柑橘园旱季灌溉和雨季排涝是提高钾的有效性，防止柑橘缺钾的又一措施。通常每年春、夏两季施用钾肥效果好，成年柑橘树一般株施钾肥0.5～1千克或灰肥10千克。

（四）钙

1. 缺钙症状 柑橘缺钙出现植株矮小，树冠圆钝，新梢短，长势弱，严重时树根易发生腐烂，并造成叶脉褪绿，叶片狭小而薄，变黄；病叶提前脱落，使树冠上部常出现落叶枯枝。缺钙常导致生理落果严重，坐果率低，果实变小，产量锐减。

2. 缺钙矫治 柑橘缺钙时可用0.3%～0.5%的硝酸钙或0.3%的磷酸二氢钙液进行叶面喷施；也可喷施2%的熟石灰液。我国柑橘缺钙多发生在酸性土壤，可采用土壤施石灰的方法矫治。通常每亩土壤施石灰60～120千克，石灰最好与有机肥配合施用。这样既可以调节土壤酸度，改良土壤，又可防止柑橘缺钙。土壤施石灰石或过磷酸钙，或二者混合施用，石灰石与石膏混合施用效果也好。

（五）镁

1. 缺镁症状 缺镁在结果多的枝条上表现更重，病叶通常在叶脉间或沿主脉两侧显现黄色斑块或黄点，从叶缘向内褪色，严重的在叶基残留界限明显的倒V字形绿色区，在老叶侧脉或主脉往往出现类似缺硼症状的肿大和木栓化，果实变小，隔年结

果严重。

2. 缺镁矫治　缺镁通常采用土壤施氧化镁、白云石粉或钙镁磷肥等，以补充土壤中镁的不足和降低土壤的酸性，可每亩施50～60千克；叶面可喷施1%硝酸镁，每月1次，连喷施3次。也可用0.2%的硫酸镁和0.2%硝酸镁混合液喷施，10天1次，连续2次即可。喷施加铁、锰、锌等微量元素或尿素，可增加喷施镁的效果。缺镁柑橘园钾含量较高，可停施钾肥。同样含钾丰富的柑橘园，使用镁肥有好的效果。另外，施氮可部分矫治缺镁症。

（六）铁

1. 缺铁症状　柑橘缺铁典型的症状是失绿。失绿首先发生在新梢上，在淡绿色的叶片上呈绿色的网状叶脉。失绿严重的叶片，除主脉呈绿色外全部发黄。缺铁植株常出现新梢黄化严重，老叶叶色正常。不同枝梢的叶片表现黄化的程度不一，春梢黄化较轻，秋梢和晚秋梢表现较为严重。受害叶片提早脱落，枯枝也时有发生。缺铁植株的果实变得小而光滑，果实色泽较健果更显柠檬黄。

2. 缺铁矫治　由于铁在树体内不易移动，在土壤中又易被固定。因此，矫治缺铁较难。目前，较为理想的办法：一是选择适宜的砧木品种进行靠接，如枳砧柑橘出现黄化，可用枸头橙砧或香橙砧或红橘砧靠接。二是叶面喷施0.2%柠檬酸铁或硫酸亚铁可取得局部效果。三是土壤施螯合铁（Fe-EDTA）矫治柑橘缺铁效果较好，酸性土壤施螯合铁20克/株，中性土或石灰性土壤施螯合铁15～20克/株，效果良好。四是用15%的尿素铁埋瓶或用0.8%尿素铁加0.05%黏着剂叶面喷施，也有一定效果。五是用柠檬铁或硫酸亚铁注射的办法，或在主干挖孔，将药剂（栓）放入孔中对矫治黄化也有效果。六是土壤施酸性肥料，如硫酸铵等加硫黄粉和有机肥，既可改良土壤，又可提高土壤铁的有效性。七是施用专用铁肥，在4月中、下旬和7月下旬分别施1次叶绿灵或其他专用铁肥，先将铁肥溶解在水中，然后把水浇在树冠的滴水线下。1年生树每次施叶绿灵1～2克，2年生树每次施2～3克，3年生树每次施3～5克，大树施药量随之增加。用叶绿灵矫治缺铁效果较好。

（七）锰

1. 缺锰症状 柑橘缺锰时，幼叶和老叶均出现花叶，典型的缺锰叶片症状是在浅绿色的基底上显现绿色的网状叶脉，但花纹不像缺铁、缺锌那样清楚，且叶色较深，随着叶片的成熟，叶花纹自动消失。严重缺锰时，叶片中脉区常出现浅黄色和白色的小斑点，症状在叶背阴面更明显，缺锰还会使部分小枝枯死。缺锰常发生在春季低温、干旱而又是新梢转绿时期。

2. 缺锰矫治 酸性土壤柑橘缺锰，可采用土壤施硫酸锰和叶面喷施0.3%硫酸锰加少量石灰水矫治，10天喷施1次，连续2～3次即可。此外，酸性土壤施用磷肥和腐熟的有机肥，可提高土壤锰的有效性。碱性或中性土壤柑橘缺锰，叶面喷施0.3%硫酸锰，效果比土施更好，但必须每年春季喷施数次。

（八）锌

1. 缺锌症状 缺锌会破坏生长点和顶芽，使枝叶萎缩或生长停止，形成典型的斑驳小叶，叶片的症状：主脉和侧脉呈绿色，其余组织为浅绿色至黄白色，有光泽，严重缺锌时仅主脉或粗大叶脉为绿色，故有称缺锌症状为“绿肋黄化病”。

2. 缺锌矫治 常采用叶面喷施0.2%～0.5%的硫酸锌液，或加0.1%～0.25%的熟石灰水，10天1次，连续喷施2～3次即可。酸性土壤施硫酸锌，一般株施100克左右。

（九）铜

1. 缺铜症状　缺铜初期叶片大，叶色暗绿，新梢长软，略带弯曲，呈S形，严重时嫩叶先端形成茶褐色坏死，后沿叶缘向下发展成整叶枯死，在其下发生短弱丛枝，并易干枯，早落叶和爆皮流胶，到枝条老熟时，伤口呈现红褐色。缺铜症在果实上的表现是出现以果梗为中心的红褐色锈斑，有时布满全果，果实变小，果心及种子附近有胶，果汁少。

2. 缺铜矫治　缺铜症较少见，出现缺铜症时可用0.01%～0.02%的硫酸铜液喷施叶片，10天1次，连续喷施1～2次即可。注意在高温季节喷施浓度和用量不要过大，以防灼伤叶片。用等量式或倍量式波尔多液喷施效果也很好。注意夏季使用浓度不能过高而伤及叶片。

（十）硼

1. 缺硼症状　缺硼会影响分生组织活动，其主要症状是幼梢枯萎。轻微缺硼时，会使叶片变厚、变脆，叶脉肿大、木栓化或破裂，使叶片发生扭曲。严重缺硼时，顶芽和附近嫩叶（尤其是叶片基部）变黑坏死，花多而弱，果实小，畸形，皮厚而硬，果心、果肉及白皮层均有褐色的树脂沉积。此外，老叶变厚，失去光泽，发生向内反卷症状。酸性土、碱性土和低硼的土壤，特别是有机质含量低的土壤最易发生缺硼。干旱和施石灰过量，也会引起缺硼，缺硼还会引起缺钙。

2. 缺硼矫治　缺硼可用0.1%～0.2%的硼砂液进行叶面喷施和根部浇施。叶面喷施7～10天1次，连续喷施2～3次即可。喷施硼加等摩尔浓度的石灰，可提高附着力，防止药害，提高喷施的效果。也可与波尔多液混合使用。根际浇施硼肥可用0.1%～0.2%的硼砂液，也可与人粪尿等混合浇施，效果更好。土施硼肥，一般每亩施硼酸0.25～0.5千克。根际施硼过量会造成毒害，且施用的量不易掌握，加之缺硼严重的柑橘植株的根系已开始腐烂，吸肥力弱，效果不明显，故很少用。花期喷施硼是矫治缺硼的关键，可根据缺硼程度适当调节喷施硼的次数。

（十一）钼

1. 缺钼症状 缺钼易产生黄斑病。叶片最初在早春出现水渍状，随后在夏季发展成较大的脉间黄斑，叶片背面流胶，并很快变黑。缺钼严重时叶片变薄，叶缘焦枯，病树叶片脱落。缺钼初期脉间先受害，且阳面叶片症状较明显。缺钼新叶呈现一片淡黄，且多纵卷向内抱合（常称新叶黄化抱合症状），结果少，部分越冬老叶中脉间隐约可见油渍状小斑点。

2. 缺钼矫治 矫治缺钼最有效的方法是喷施0.01%～0.05%的钼酸铵溶液，为防止新梢受药害，可在幼果期喷施。对缺钼严重的柑橘植株，可加大喷药浓度和次数，可在5、7、10月各喷施1次浓度0.1%～0.2%的钼酸铵溶液，叶色可望恢复正常。对酸性土壤的柑橘园可采用施石灰矫治缺钼。若用土施矫治缺钼，通常每亩施用钼酸铵25～40克，且最好与磷肥混合施用。

（十二）硫

1. 缺硫症状 新叶黄化（与缺铁相似），尤其是小叶的叶脉较黄，并在叶肉和叶脉间出现部分干枯，而老叶仍保持绿色。症状严重时，新生叶更加变黄、变小，且易早落，新梢短弱丛生，易干枯和着生丛芽。小果皮厚，并出现畸形。

2. 缺硫矫治 可喷施0.05%～0.1%的硫酸钾溶液，或在土壤中施硫酸钾加以矫治。

三、柑橘所需肥料的种类

柑橘栽培需要多种肥料，常用的肥料种类见表 4－2。

表 4－2　柑橘常用肥料种类

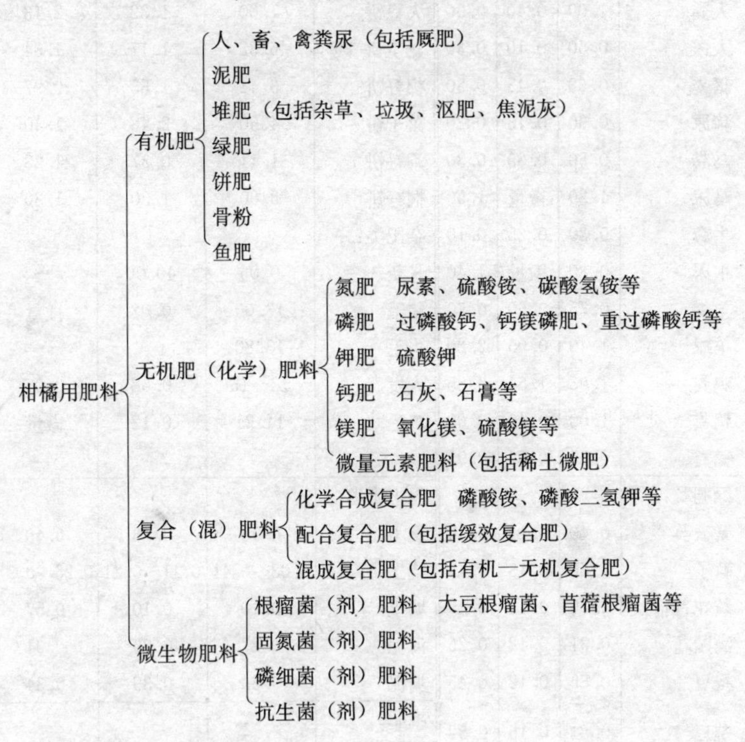

	大类	种类	举例
柑橘用肥料	有机肥	人、畜、禽粪尿（包括厩肥）	
		泥肥	
		堆肥（包括杂草、垃圾、沤肥、焦泥灰）	
		绿肥	
		饼肥	
		骨粉	
		鱼肥	
	无机肥（化学）肥料	氮肥	尿素、硫酸铵、碳酸氢铵等
		磷肥	过磷酸钙、钙镁磷肥、重过磷酸钙等
		钾肥	硫酸钾
		钙肥	石灰、石膏等
		镁肥	氧化镁、硫酸镁等
		微量元素肥料（包括稀土微肥）	
	复合（混）肥料	化学合成复合肥	磷酸铵、磷酸二氢钾等
		配合复合肥（包括缓效复合肥）	
		混成复合肥（包括有机—无机复合肥）	
	微生物肥料	根瘤菌（剂）肥料	大豆根瘤菌、苜蓿根瘤菌等
		固氮菌（剂）肥料	
		磷细菌（剂）肥料	
		抗生菌（剂）肥料	

（一）常用的有机肥料

有机肥又称农家肥，其主要特点不易溶于水，分解缓慢，是迟效肥。养分全面，既含大量元素，又含微量元素，使柑橘不易缺素。但养料成分含量低。柑橘常用的有机肥料成分见表 4－3。

表 4-3　常用各种有机肥料成分

肥料种类 \ 肥分含量（%）	氮素	磷酸	氧化钾	肥料种类 \ 肥分含量（%）	氮素	磷酸	氧化钾
粪尿：				油饼类：			
人粪	1.00	0.40	0.30	大豆饼	7.00	1.32	2.13
人尿	0.50	0.10	0.30	花生饼	6.32	1.17	1.34
猪粪	0.60	0.45	0.50	棉籽饼	3.41	1.63	0.97
猪尿	0.30	0.13	0.20	菜子饼	4.60	2.48	1.40
马粪	0.50	0.35	0.30	茶籽饼	1.11	0.37	1.23
马尿	1.20	微量	1.50	桐籽饼	3.60	1.30	1.30
牛粪	0.30	0.25	0.10	杂肥类：			
牛尿	0.80	微量	1.40	骨灰	0.06	40.00	—
羊粪	0.75	0.60	0.30	猪毛	13.00	0.02	微量
羊尿	1.40	0.05	2.20	牛毛	13.80	—	—
鸡粪	1.63	1.54	0.85	人发	13～15	0.08	0.07
鸭粪	1.00	0.40	0.60	鸡毛	14.21	0.12	微量
鹅粪	0.55	0.54	0.95				
绿肥类：				泥土肥类：			
紫云英	0.40	0.11	0.35	熏土	0.18	0.13	0.40
苕子	0.56	0.13	0.43	炕土	0.08～0.41	0.11～0.21	0.26～0.97
黄花苜蓿	0.55	0.11	0.40	墙土	0.10	0.10	0.57
满园花	0.31	0.18	0.26	河泥	0.27	0.59	0.91
蚕豆	0.55	0.12	0.45	塘泥	0.33	0.39	0.34
豌豆	0.51	0.15	0.52	堆肥、沤肥类：			
猪屎豆	0.59	0.26	0.70	厩肥	0.48	0.24	0.63
田菁	0.52	0.07	0.15	土粪	0.12～0.94	0.14～0.60	0.30～1.84
饭豆	0.50	—	—	堆肥	0.40～0.50	0.18～0.26	0.45～0.70
绿豆	0.52	0.12	0.93	沤肥	0.32	0.06	0.29
紫花苜蓿	0.56	0.18	0.31	粪干	1.02	1.34	1.11
草木樨	0.52	0.04	0.19				

（二）常用的化肥

化学肥料又称无机肥料，其主要特点是易溶于水，根系易于吸收，肥效快。所含养分单一，但养分含量高，见表4-4。

表4-4　常用各种无机肥料成分

肥料种类		氮素	磷酸	氧化钾
氮肥	硫酸铵	20.80	—	—
	硝酸铵	34.00	—	—
	氯化铵	25.00	—	—
	石灰氮	20.00	—	—
	尿素	46.00	—	—
	氨水	17.00	—	—
	碳酸氢铵	17.00	—	—

肥料种类		氮素	磷酸	氧化钾
磷肥	过磷酸钙	—	20.00	—
	重过磷酸钙	—	45.00	—
	磷矿粉	—	20.00	—
	钙镁磷肥		18.00～22.00	
钾肥	硫酸钾			48.00
	氯化钾	—	—	50.00～60.00
	木灰	—	4.00	10.00
	草灰	—	1.00～2.00	5.00

（三）微肥

随着化肥工业的发展，柑橘大量元素的施用量越来越高，使产量不断增加的同时，越来越显示出了微肥的重要作用。

有的柑橘园，微肥成了生产上的限制因子，严重影响柑橘的树势、产量和品质。如柑橘花而不实，主要缺硼。红壤土柑橘，从幼苗直至成年结果树，普遍不同程度缺锌，严重者树势衰弱，落叶、落果，果实偏小。紫色土丘陵山地柑橘园，普遍缺铁，春、夏、秋梢均发生缺铁褪绿症，严重者整株黄化落叶，枯枝直至死亡。

目前我国柑橘园主要缺铁、锌、硼、镁，极少缺铜或钼。

四、柑橘吸收养分的影响因子

主要有温度、土壤湿度和降雨、土壤通透性、土壤酸碱度等。

1. 温度 柑橘根系从土温 12℃左右开始生长并吸收养分，随土温升高，根系伸长和养分的吸收增加。

2. 土壤湿度和降雨 适量的降雨并保持土壤一定的湿度有利于根系和叶片对养分的吸收，但降雨也容易引起地上部养分的损失。

3. 土壤通气性 柑橘根系具有好气性，通气性差，氧气不足，根系的呼吸作用会受到抑制，根系吸收养分会降低。同时土壤通透性还会影响土壤微生物的活动和土壤有机质的矿化作用，影响养分的释放使有效养分减少而吸收减少。

4. 土壤酸碱度 土壤和溶液中的酸碱度均会影响养分的有

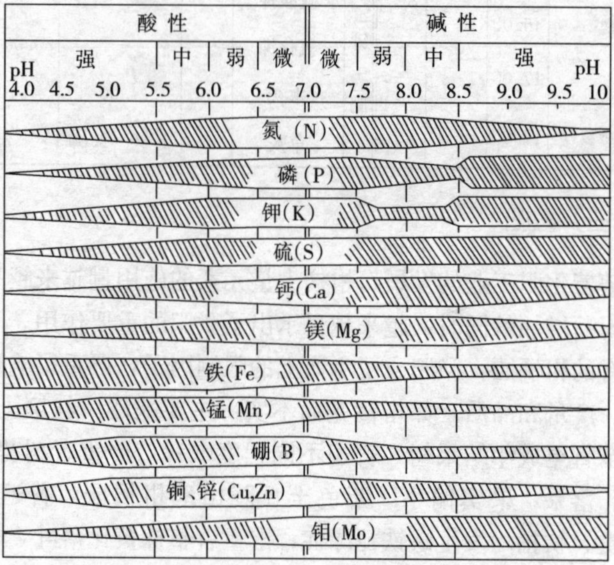

图 4-3 土壤 pH 与养分有效性的关系

（注：幅的宽窄表示养分有效性的高低）

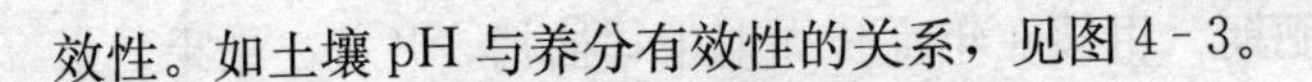

效性。如土壤 pH 与养分有效性的关系，见图 4－3。

五、柑橘施肥技术

（一）幼树施肥

未进入结果期的幼树，其栽培目的在于促进枝梢速生快长，培养坚实的树干和良好的骨架枝，迅速扩大树冠，为早结丰产打下基础。所以幼树施肥应以氮肥为主，配合施磷、钾肥。氮肥的施用着重促春、夏、秋 3 次梢，特别是促夏梢快速、健壮生长，夏梢对扩大树冠起很大作用。因此幼树施肥的要点如下：

1. 增加氮肥施用量　因为幼树阶段主要是进行营养生长，要迅速扩大树冠，故需施大量氮肥。1～3 年生幼树全年施肥量，平均每株施氮 0.18～0.3 千克，合尿素 0.35～0.6 千克，随树龄增加从少到多，逐年提高。氮、磷、钾的比例为 1∶0.5∶0.9。

2. 施肥期　着重在各次抽生新梢的时期施肥，特别是 5～6 月份促生夏梢，应作为重点施肥期。7～8 月份促进秋梢生长，也是重要施肥期。

3. 施肥次数　幼树根系吸收力弱，分布范围小而且浅，又无果实负担，因此，一次施肥量不能过多，应采取勤施、薄施的办法。每年施肥 4～6 次或 7～8 次。

4. 间作绿肥，培肥土壤　幼龄柑橘园株间行间空地较多，为了改良土壤，增加土壤有机质，提高土壤肥力，防止杂草生长，应在冬季和夏季种植豆科绿肥，深翻入土，不断改良土壤，熟化土壤。

（二）结果树施肥

柑橘进入结果期后其栽培目的主要是继续扩大树冠，同时获得丰产和优质。这时施肥目的是调节营养生长和生殖生长的平衡，即既有健壮的树势，又能丰产、优质。为此应按照柑橘生育特点和吸肥规律，采用合理的施肥技术，科学施肥。

1. 施肥期 柑橘在年生长周期中，抽梢、开花、结果、果实成熟、花芽分化和根系生长等都有一定的规律，确定施肥时期应予考虑。还应考虑土壤、气候、品种、砧木、树势、产量和肥源等因素。通常施花期肥、稳果肥、壮果肥和采后肥。

花期肥：花期是柑橘生长发育的重要时期，这时既要开花，又要抽春梢,花质好坏影响当年产量,春梢质量好坏既影响当年产量也影响翌年产量。因此,花前施肥是柑橘施肥的一个重点时期。为了确保花质和春梢质量良好,必须以施速效化肥为主,配合施有机肥,一般2月下旬至3月上旬施肥,施肥量占全年的30%左右。

稳果肥：稳果期正值柑橘生理落果和夏梢抽发期，这时施肥的主要目的在于提高坐果率，控制夏梢大量抽发。故避免在5～6月大量施用氮肥，否则会刺激夏梢大量抽发，引起大量的生理落果，严重影响当年的产量。因此，一般不采用土壤施肥的方法。为了保果，多采用叶面喷施肥料，可喷0.3%尿素加0.3%磷酸二氢钾，每15天左右1次，喷施2～3次便能取得良好效果，施肥量占全年的5%左右。

壮果肥：壮果期（或果实膨大期）是柑橘施肥的又一重点时期。为了使果实大，秋梢质量好、花芽分化良好，必须以施速效肥为主，配合施有机肥。施肥时间一般为7～8月上旬，施肥量占全年的35%左右。

采后肥：柑橘挂果时间很长，一般为6～12个月，因此，消耗水分、养分很多，采果后树势衰弱。为了恢复树势，继续促进花芽分化，充实结果母枝，提高抗寒越冬能力，为翌年结果打下基础，必须采果后及时施肥。此时（11～12月份）因气温下降，根系活动差，吸肥力弱，应以施有机肥为主，配合施适量化肥。时间一般为10月下旬至11月下旬。施肥量占全年的30%左右。除果实挂树贮藏、晚熟品种在采前施肥外，其余一般多在采收后施肥，也可提早在采前施肥，但施氮肥会严重影响果实的贮藏质量。一般贮藏1～2个月腐烂率高达15%～20%。

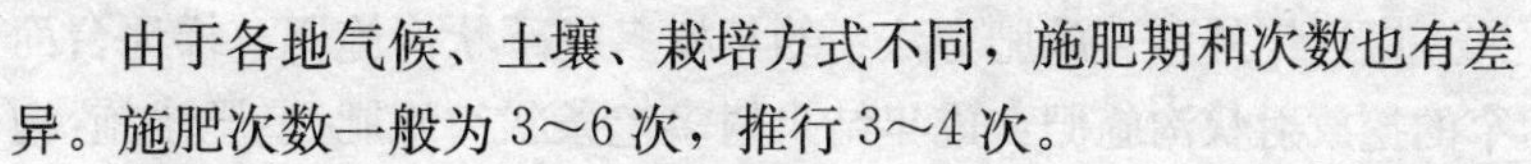

由于各地气候、土壤、栽培方式不同，施肥期和次数也有差异。施肥次数一般为 3～6 次，推行 3～4 次。

施肥期和次数要因时因地制宜。如有些柑橘产区，柑橘密植、墩小、根浅、气温高、蒸发量大，多采用勤施、薄施。花多、果多、梢弱、叶黄和遭受灾害的植株，可随时补施肥料；结果很少而新梢生长很好的植株，可以少施 1～2 次，以抑制营养生长过旺，防止翌年花量过多或花而不实。早熟品种应提早施肥，晚熟品种适当延迟施肥，以适合柑橘生长发育对营养的需求。夏、秋干旱时，可以配合抗旱施肥。

2. 施肥量及比例　施肥量的多少，受品种、树龄、结果量、树势强弱、根系吸肥力、土壤供肥状况、肥料特性及气候条件的综合影响。一般瘠土多施，肥土少施；大树多施，小树少施；丰产树、衰弱树多施，低产树、强树少施；甜橙耐肥多施，橘类较耐瘠略少施。从理论上讲，可用下列公式计算施肥量。

施肥量＝（吸收量－土壤自然供肥量）÷肥料利用率（%）

如柑橘亩产 3 500 千克，需要吸收氮素 21 千克，一般土壤可供果树吸收的肥约占 1/3（即 7 千克），氮素的利用率一般为 50%，则施肥量＝（21－7）÷50%＝28 千克。

肥料利用率，氮素为 40%～50%，五氧化二磷为 10%～25%，氧化钾为 40%。

丰产园的实际施肥量比理论值大 1～1.5 倍。由此说明施肥量受许多综合因素的影响。

3. 施肥方法　施肥方法不当，不仅浪费肥料，甚至会伤害果树，造成减产。施肥方法归纳起来有两种，即土壤施肥和根外追肥（叶面施肥），以土壤施肥为主，根外追肥配合。

土壤施肥：柑橘是深根系作物，根系通常分布在 60～100 厘米深处。施肥的位置应在树冠外围滴水线的土壤内。因吸收根多分布在树冠外缘的土层中，施肥时还应注意东西南北对称轮换位置施肥。施肥深度一般为 20～40 厘米较好，随着树冠扩大，施肥穴还应逐年外移。施肥方法：幼年树多挖环状沟施肥，梯地台面窄的挖放射状沟施肥，成年结果树多挖条状沟施肥，追肥浅施，沟深20厘米左右；基肥宜深施，沟深30～40厘米，长度依树冠大小而定(一般1米左右)，沟底要平。肥料施入穴中，待粪水干后盖土。

柑橘施肥位置见图4-4。

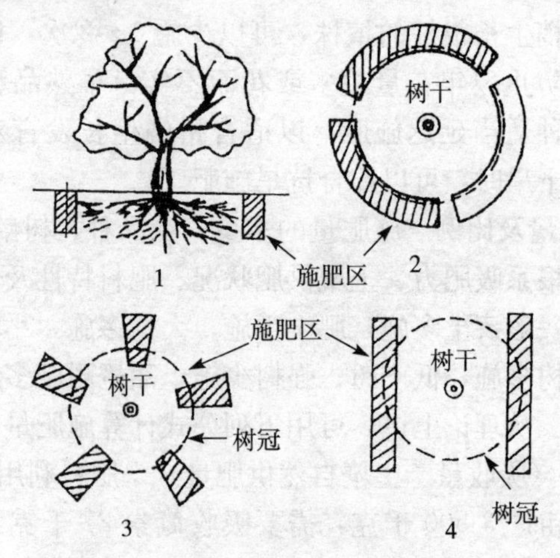

图4-4 柑橘施肥位置示意

1. 施于滴水线下的土内 2. 环状沟施
3. 放射状沟施 4. 条状沟施

在做好柑橘园排灌和水土保持的基础上，施肥要看天气，大雨前不宜施肥，雨后初晴抢施肥；雨季干施，旱季液施，旱涝灾害后多施速效肥或根外追肥。

砂性土保土、保水、保肥力差，应勤施、薄施或浅施；黏土可重施，深浅结合，但需保持表层土壤疏松。红壤山地土层深厚应深施、沟施，既改良土壤，又引深根系，有利于抗旱、抗寒。

柑橘1年发根2～3次，以6～7月发根量最多，施肥配合发根期，吸肥最多，但也易损伤新根。因此，发根期施肥宜稀、宜浅，冬、春深施、重施，以诱根入土。

柑橘抽梢、开花结果等生长发育旺盛时期，对氮、磷、钾的

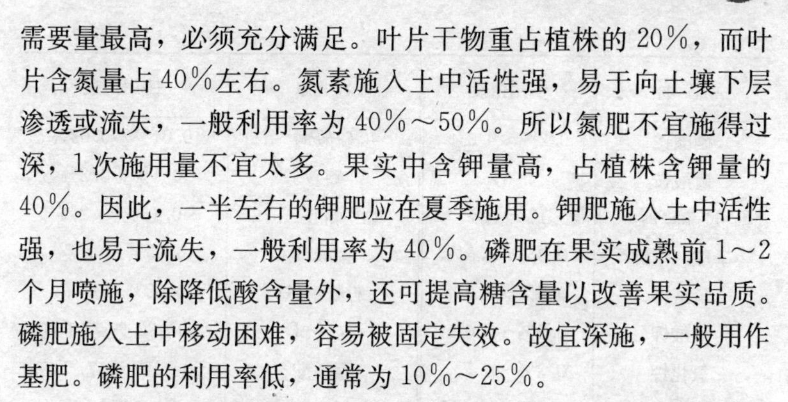

需要量最高，必须充分满足。叶片干物重占植株的 20%，而叶片含氮量占 40%左右。氮素施入土中活性强，易于向土壤下层渗透或流失，一般利用率为 40%～50%。所以氮肥不宜施得过深，1 次施用量不宜太多。果实中含钾量高，占植株含钾量的 40%。因此，一半左右的钾肥应在夏季施用。钾肥施入土中活性强，也易于流失，一般利用率为 40%。磷肥在果实成熟前 1～2 个月喷施，除降低酸含量外，还可提高糖含量以改善果实品质。磷肥施入土中移动困难，容易被固定失效。故宜深施，一般用作基肥。磷肥的利用率低，通常为 10%～25%。

根外追肥：柑橘枝、叶和果皮表面的气孔或皮孔通过渗透作用，能直接吸收溶解在水中的某些营养离子或分子，这就是根外追肥的原理。人工喷施适当的营养液于植物茎、叶等地上部位，称根外追肥或叶面施肥。根外追肥用量最省、运输距离短、养分吸收快、利用率高、见效快，一般喷施后 15 分钟至 24 小时即可吸收利用。特别是叶片背面，因气孔多吸收力更强。如喷施尿素 24 小时后叶片上 80%的尿素被吸收。磷肥和其他微量元素采用根外追肥，可减少肥料被固定的损失，但不能代替土壤施肥。

柑橘保花保果、微量元素缺乏症矫治、根系生长不良引起叶色褪绿、结果太多导致暂时脱肥、树势太弱等都可以采用根外追肥，以补充根部施肥不足。根据柑橘在不同生育时期对养分的需要，常以土壤施肥为主配合根外追肥。

根外追肥和喷施生长素，应掌握适应浓度和用量，过浓过多都会引起肥（药）害或其他副作用，过低、过少效果不好。目前生产上肥料和生长素使用的浓度参见表 4-5。

表 4-5　肥料和生长素使用的浓度

名　称	使用浓度	名　称	使用浓度
尿素	0.3%～0.5%	硫酸锌	0.2%
尿水	20%～30%	硫酸锰	0.2%

（续）

名　称	使用浓度	名　称	使用浓度
硝酸铵	0.2%～0.3%	硫酸铜	0.01%～0.02%
硫酸铵	0.3%	硼砂	0.1%～0.2%
过磷酸钙	1%～3%	硼酸	0.1%～0.2%
磷酸二氢钾	0.3%～0.5%	钼酸铵	0.05%～0.1%
硫酸钾	0.5%～1.0%	柠檬酸铁	0.05%～0.1%
硝酸钾	0.5%～1.0%	2，4-D	10～20 毫克/千克
氯化钾	0.3%～0.5%	萘乙酸	50～100 毫克/千克
硫酸镁	0.2%	2，4，5-T	20 毫克/千克
硫酸亚铁	0.2%	赤霉素（GA_3）	50～100 毫克/千克

（三）肥料配合施用

柑橘施肥应按土壤类型和肥料特性配合施用。即大量元素和微量元素配合，有机和无机肥料配合。为了充分发挥肥效和不损失肥料，应按肥料特性合理配合施用。

1. 大量元素和微量元素配合　大量元素和微量元素的生理功能相互不可代替，缺少某一种元素就会产生营养失调，出现缺素症，影响树势、产量、品质。因此，大量元素和微量元素必须配合使用。

2. 有机和无机肥配合施用　有机肥与化肥配合施用，长短结合，充分发挥肥效。同时有机肥分解产生的腐殖酸，有吸收铵、钾、镁、钙和铁等离子的能力，可减少化肥的损失。果园大量施用有机肥，可改良土壤物理特性，提高土壤肥力，改善土壤深层结构，有利根系生长，不易出现缺素症。特别是磷肥应和有机肥混合深施，使根群易于吸收，防止土壤固定或流失。植株生长旺盛季节，对营养要求高，应以施化肥为主，配合施有机肥料，及时供给植株需要的养分，保证柑橘正常生长发育。

3. 可以混合的肥料　肥料可以单施，也可混合施用。为使肥料发挥最大效果，生产上常将几种肥料混合施用，既可同时供

给植株所需的几种养分，又可使几种肥料互相取长补短，或经过转化更有利于利用和提高肥效，还可减少操作次数，提高劳动效率，节省经费开支。

可以混合的肥料，是指两种以上的肥料混合后，不但养分没有损失，而且还能改善物理性质，加速养分转化，防止养分损失或减少对植株的副作用，从而提高肥效。如硫酸铵与过磷酸钙混合，其化学反应生成的磷酸二氢铵，施入土中后，遇水解离成 NH_4^+ 和 $H_2PO_4^-$ 植物能同时吸收，对土壤不会产生不良影响。硫酸铵是生理酸性，过磷酸钙是化学酸性，单独施用会增加土壤酸性，对植物生长不利，二者混合施用就比分别施用好。硝酸铵和氯化钾混合施用，可改善化肥的物理性状，因混合生成的氯化铵比硝酸铵的物理性状好，减少吸湿性，施用方便。

4. 可以暂时混合的肥料　可以暂时混合的肥料，是指有些肥料混合后，立即施用尚无不良影响，若长期放置，会引起养分减少或使物理性状恶化，增加施用困难。

过磷酸钙和硝态氮混合，不但会引起肥料的潮解，使物理性状恶化，而且使硝态氮渐次分解，造成氮素损失。如事先用10%～20%的磷矿粉或5%的草木灰中和过磷酸钙的游离酸，然后混合就不会引起以上的化学变化，所以这两种肥料可以暂时混合，但不能久放。

尿素和氯化钾混合后，营养成分虽没减少，但增加了吸湿性，易于结块。如尿素和氯化钾分别保存，5天吸湿为8%，而混合在同一条件下达到36%。又如石灰氮与氯化钾，尿素与过磷酸钙混合，也会增加吸湿性。因此这种肥料混合的不宜长期放存。

为了减少硝态氮肥与其他肥料混合后的结块现象，一般可加少量的有机物，每1 000千克混合肥料中加入100千克的有机物即可。这种混合肥料应随配随用。

5. 不可以混合的肥料　不可混合的肥料，主要指有些肥料混合后，会引起肥料的损失，降低肥效，或使肥料的物理性质变坏，不便施用。

铵态氮不能与碱性肥料混合，如硫酸铵、硝酸铵、碳酸氢铵、腐熟的粪尿不能和草木灰、石灰、钙镁磷肥、窑灰钾肥等碱性物质混合，以免引起氮素的损失。

过磷酸钙和碱性肥料不能混合。过磷酸钙和草木灰、石灰质肥料、石灰氮、窑灰钾肥等碱性物质混合，会引起磷肥的退化，降低可溶性磷酸的含量。

各种肥料混合情况见图4-5。

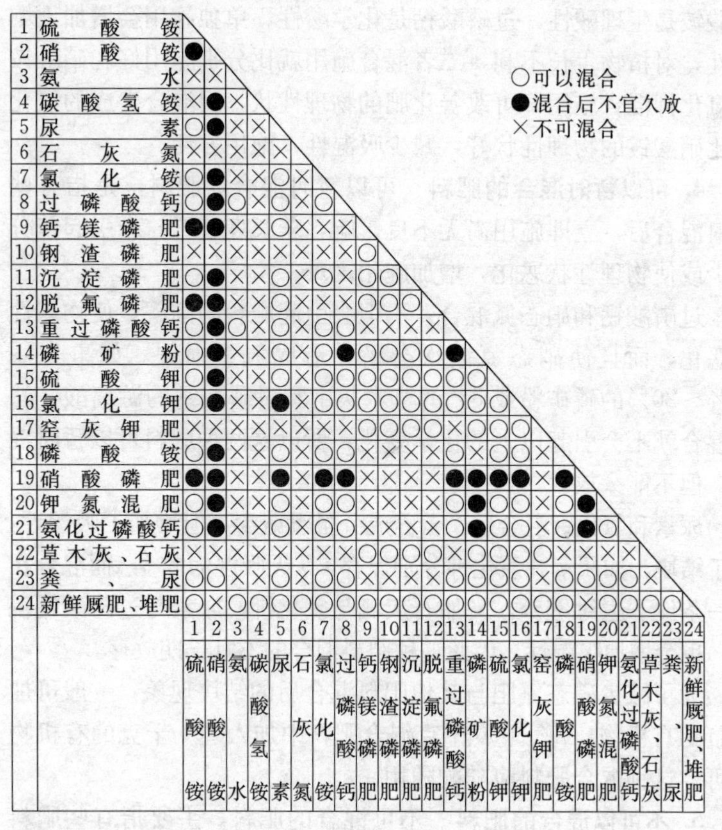

○可以混合
●混合后不宜久放
×不可混合

		1	2	3	4	5	6	7	8	9	10	11	12	13	14	15	16	17	18	19	20	21	22	23	24
		硫酸铵	硝酸铵	氨水	碳酸氢铵	尿素	石灰氮	氯化铵	过磷酸钙	钙镁磷肥	钢渣磷肥	沉淀磷肥	脱氟磷肥	重过磷酸钙	磷矿粉	硫酸钾	氯化钾	窑灰钾肥	磷酸铵	硝酸磷肥	钾氮混肥	氨化过磷酸钙	草木灰、石灰	粪、尿	新鲜厩肥、堆肥
1	硫酸铵																								
2	硝酸铵	●																							
3	氨水	×	×																						
4	碳酸氢铵	×	●	×																					
5	尿素	○	●	×	×																				
6	石灰氮	×	×	×	×	×																			
7	氯化铵	○	●	×	×	○	×																		
8	过磷酸钙	○	●	○	×	○	×	○																	
9	钙镁磷肥	●	●	×	×	○	×	×	×																
10	钢渣磷肥	×	×	×	×	×	×	×	×	○															
11	沉淀磷肥	○	●	×	×	○	×	○	×	○	○														
12	脱氟磷肥	●	●	×	×	○	×	×	×	○	○	○													
13	重过磷酸钙	○	●	○	×	○	×	○	○	×	×	×	×												
14	磷矿粉	○	●	×	×	○	×	○	●	○	○	○	○	●											
15	硫酸钾	○	●	×	×	○	×	○	○	○	○	○	○	○	○										
16	氯化钾	○	●	×	×	●	×	○	○	○	○	○	○	○	○	○									
17	窑灰钾肥	×	×	×	×	×	×	×	×	○	○	○	○	×	○	○	○								
18	磷酸铵	○	●	×	×	○	×	○	○	×	×	×	×	○	×	○	○	×							
19	硝酸磷肥	●	●	×	×	●	×	●	●	×	×	×	×	●	●	●	●	×	●						
20	钾氮混肥	○	●	×	×	○	×	○	○	×	×	×	×	○	●	○	○	×	○	●					
21	氨化过磷酸钙	○	●	×	×	○	×	○	○	×	×	×	×	○	●	○	○	×	○	●	○				
22	草木灰、石灰	×	×	×	×	×	×	×	×	○	○	○	○	×	○	○	○	○	×	×	×	×			
23	粪、尿	○	○	×	×	○	×	○	○	×	×	×	×	○	○	○	○	×	○	○	○	○	×		
24	新鲜厩肥、堆肥	○	×	○	○	○	○	○	○	○	○	○	○	○	○	○	○	○	○	×	○	○	○	○	

图4-5 各种肥料混合情况

第三节　柑橘园水分管理技术

一、柑橘园灌溉技术

（一）缺水诊断

如何确定是否需要灌溉，不能凭叶片外部萎蔫卷曲来判断，因为这时柑橘已受旱害，灌溉已晚。而且这种干旱的严重影响，对柑橘植株是不可逆的，将影响柑橘正常生长发育，因此，必须采用科学的方法测定。目前诊断柑橘缺水的方法主要有以下两种。

1. 测定蒸腾量　因叶片蒸腾量和根系吸水量大体一致。在干旱季节用尼龙袋套住一定量的叶片，收集蒸腾水量，再和正常情况比较，如蒸腾量为 1.0 克，干旱季节套住同一小枝 10 片叶，12 小时后取下，称得水的蒸腾量为 0.5 克，恰好比正常情况下降一半，即应灌溉。

2. 测定土壤水分　柑橘对土壤水分有一最适宜范围。土壤最大含水量称上限，最低含水量称下限，上、下限之间的含水量，称土壤有效持水量。灌溉适宜期就是土壤有效水分消耗一半的时候，有效水分量的一半正好是田间持水量 60％的含水量，所以土壤含水量下降到田间持水量的 60％时，就是灌溉的适宜期。

柑橘植株是否需要灌溉，还可用简单的方法目测，即凭眼睛看。在阴天叶片出现卷曲，表明土壤已较干燥，需要灌溉。高温干旱天气，卷曲的叶片在傍晚不能恢复正常，说明土壤已较干燥，应立即灌溉。

（二）测定灌溉水定额

柑橘园的 1 次灌溉定额，可按下式计算：

灌水量(毫米)=1/100(田间持水量-灌水前土壤含水量)×土壤容重(克/厘米^3)×根系深度(毫米)

上面提到灌水前土壤含水量是60%的田间持水量时为灌水适宜期，所以上式可简化成：灌水量（毫米）=1/100×0.4×田间持水量×土壤容重（克/厘米^3）×根系深度（毫米）

式中灌水量（毫米）×2/3可以换算成每亩灌水立方米数。

从上式看出，不同土壤类型和不同根系分布深度，就有不同的灌水定额。对某一柑橘园，灌水前必须测定土壤的田间持水量，土壤容重和柑橘根系密集层的深度，在一定时间内测1次即可。

不同土壤质地容重和田间持水量参见表4-6。

表4-6 土壤容重和田间持水量

土壤类别	土壤容重（克/厘米^3）	田间持水量（%）
砂土	1.45～1.60	16～22
砂壤土	1.36～1.54	22～30
轻壤土	1.40～1.52	22～28
中壤土	1.40～1.55	22～28
重壤土	1.38～1.54	22～28
轻黏土	1.35～1.44	28～32
中黏土	1.30～1.45	25～35
重黏土	1.32～1.40	30～35

确定第二次灌水时间，可用灌水定额÷日耗水量，求出灌水间隔天数。土壤湿度以田间持水量60%～80%为宜。也可按表4-7确定灌水时间。

表 4-7　土壤需排灌水的标准

土壤质地	需灌水（%）	需排水（%）
砂质土	<5	>40
壤质土	<15	>42
黏质土	<25	>45

（三）灌溉方法

1. 浇灌　在水源不足或幼龄柑橘园，以及零星栽植的果园，可以挑水浇灌。方法简便易行，但费时、费工。为了提高抗旱效果，每 50 千克水加 4～5 千克人畜粪尿；为了防止蒸发，盖土后加草覆盖。浇水宜在早、晚时进行。

2. 沟灌　利用自然水源或机电提水，开沟引水灌溉。这种方法适用于平坝及丘陵台地柑橘园。沿树冠滴水线开环状沟，在果树行间开一大沟，水从大沟流入环沟，逐株浸灌。台地可用背沟输水，灌后应适时覆土或松土，以减少地面蒸发。

3. 穴灌　是一部分根系灌溉，一部分根系不灌溉的一种节水灌溉方法。由于未灌溉（干旱）区域内根系的吸收受限制后，会诱导产生干旱信号—脱落酸（ABA），脱落酸传输到叶片，使叶片的气孔开度变小或关闭，从而减少水分蒸腾、消耗，达到节水目的。

方法是：先在树冠滴水线附近挖灌水穴，小树 1～2 个，大树 3～4 个，穴深 15～30 厘米（砂质土浅，黏质土稍深），大小为每穴可灌水 15～30 升为宜，然后在穴内灌满水，待水渗入土壤后，往穴内填满杂草或作物秸秆；或将土壤回填到穴内，但不填满穴，并保持土壤疏松。多余土壤在穴四周筑一矮土墙，最好在其上覆盖一层杂草等，下次灌水可直接往穴内灌。穴灌，即使在干旱时，5～7 天灌一次即可。穴灌注意：挖穴时尽量避开大根，以免伤及；凌晨或傍晚灌溉，结合其他抗旱措施效果更好；穴灌结合施肥，浓度不超过0.2%。

4. 喷灌 利用专门设施，将水送到柑橘园，喷到空中散成小雨滴，然后均匀地落下来，达到供水的目的。喷灌的优点是省工、省水，不破坏土壤团粒结构，增产幅度大，不受地形限制。

喷灌的形式有3种：即固定式、半固定式和移动式，都可用作柑橘园喷灌。喷灌抗旱时，强度不宜过大，不能超过柑橘园土壤的水分渗吸速度，否则会造成水的径流损失和土壤流失。在背靠高山，上有水源可以利用的柑橘园，采用自压喷灌，可以大大节省投资及机械运行费。

5. 滴灌 滴灌又称滴水灌溉。利用低压管道系统，使灌溉水成滴地、缓慢地、经常不断地湿润根系的一种供水技术。

滴灌的优点是省水，可有效防止表面蒸发和深层渗漏，不破坏土壤结构，节约能源，省工，增产效果好。尤以保水差的砂土效果更好。

使用滴灌时，应在管道的首部安装过滤装置，或建立沉淀池，以免杂质堵塞管道。在山坡地为达到均匀滴水的目的，毛细管一定要沿等高线铺设。现将现代节水灌溉系统的组成、主要技术参数和使用注意事项简介于后。

现代节水灌溉系统由水泵、过滤系统、网管系统、施肥设备、网管安全保护设备、计算机系统、电磁阀和控制线、滴头与微喷头以及附属设施等组成。

水泵数量和分级扬程：根据水源分布、柑橘果园的面积相对高差与地形、地貌来确定和设置。一般单个系统控制面积为33.33公顷以下。

过滤系统：通常分设3级，第一级为30目自动冲洗阀网式过滤器，第二级为自动反冲洗沙石过滤器，第三级为200目自动冲洗网式过滤器。经过三级过滤，可充分滤除水中的杂质。

网管系统：由干管、支管和毛细管组成。干管为输水主管道；支管连接干管将水送到各片区和小区；毛细管系统树下铺设的小管道；滴头和微喷头安插在毛细管上，将水送到根系区。

施肥设备：需具备流量控制和可编程序功能。

网管安全保护设备：首部需要设置能自动泄压、进气和排气的三功能阀。干管和支管在适度处设置自动进气、排气阀，并在适宜的位置安装大型调压阀，以消除地形落差引起的过高压力。在电磁阀和某些支管和适当位置，安装小型调压阀。

计算机系统：每套控制面积为133.33公顷以上。它应自带灌溉程序、可编程序，具有中文界面，并且有温度传感器、湿度传感器和自动气象站的配套设备。

电磁阀：最大流量为40米^3/小时，能承受的压力在1.3兆帕以上，控制方式为线控。

滴头和微喷头：全为压力补偿滴头或压力补偿微喷头，能使各滴头和微喷头在一定压力范围内的出水量大致相同。

自动节水灌溉系统的附属设施：包括逆止阀、防波涌阀、水控蝶阀、水表和机房等。

自动节水灌溉系统的主要技术参数如下：

滴灌：灌水周期1天；最大允许灌水时间20小时/天；毛细管数每行树1根；滴头间距0.75米，随树龄增大滴头可每树可由1个增加至4个；滴头流量≥3升/小时，土壤湿润比≥30%，工程适用率90%以上；灌溉水利用系数90%以上，灌溉均匀系数90%以上；最大灌溉量：4毫米/天。

微喷：灌溉周期1天；毛细管数每行树1根，每株树1个微喷头，最好为调式喷头；喷头流量≥3升/分，土壤湿润比≥50%；工程适用率90%以上；灌溉水利用系数95%以上，灌溉均匀系数95%以上；最大灌水量5毫米/天。

二、柑橘园排水技术

（一）平地柑橘园排水

河谷、水田、江边等地区地势低平，建园时必须建立完整的排水系统，开筑大小沟渠。园内隔行开深沟，小沟通大沟，大沟通河流。深沟有利于降低水位和加速雨天排水，隔行深沟深度为60～80厘米，围沟深1米，每年需要进行维修，以防倒塌或淤塞。

（二）山地柑橘园排水

一般不存在涝害，只有山洪暴发才有短暂的土壤积水过多，甚至冲毁果园台地。因此，应在柑橘园上方坡地开筑深、宽各1米的拦水沟，使洪水流入山洞峡谷。

三、柑橘园灌溉水质

水源不同，水的质量也不一样。如地面径流水，常含有有机质和植物可利用的矿质元素，雨水含有较多的二氧化碳、氨和硝酸，雪水中也含有较多的硝酸。据报道，在1升溶解的雪水中，硝酸的含量可达到2～7毫克，因此，这一类灌溉水对果树是十分有利的。河水，特别是山区河流，常携带大量悬浮物和泥沙，仍不失为一种好的灌溉水。来自高山的冰雪水和地下泉水水温一般较低，需增温后使用。但灌溉水中，不应含有较多的有害盐类，一般认为，在灌水中所含有害可溶性盐类不应超过1～1.5克/千克。

灌溉水中各项污染物的浓度限值参见表4-8。

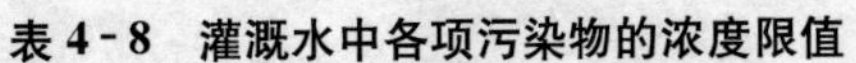

表 4-8　灌溉水中各项污染物的浓度限值

项　　目		指　　标
pH	≤	5.5～8.5
总汞（毫克/升）	≤	0.001
总镉（毫克/升）	≤	0.005
总砷（毫克/升）	≤	0.1
总铅（毫克/升）	≤	0.1
铬（六价）（毫克/升）	≤	0.1
氟化物（毫克/升）	≤	3
氰比物（毫克/升）	≤	0.5
石油类（毫克/升）	≤	10
氯化物（毫克/升）	≤	250

第五章 柑橘枝叶花果管理技术指南

第一节 柑橘枝叶管理技术

一、柑橘整形修剪的主要方法

（一）短截（短切、短剪）

将枝条剪去一部分，保留基部1段，称短截。短截能促进分枝，刺激剪口以下2～3个芽萌发壮枝，有利于树体营养生长。整形修剪中主要用来控制主干、大枝的长度，并通过选择剪口顶芽调节枝梢的抽生方位和强弱。短截枝条2/3以上为重度短截，抽发的新梢少，长势较强，成枝率也高。短截枝条1/2的为中度短截，萌发新梢量稍多，长势和成枝率中等。短截1/3的为轻度短截，抽生的新梢较多，但长势较弱。短截见图5-1。

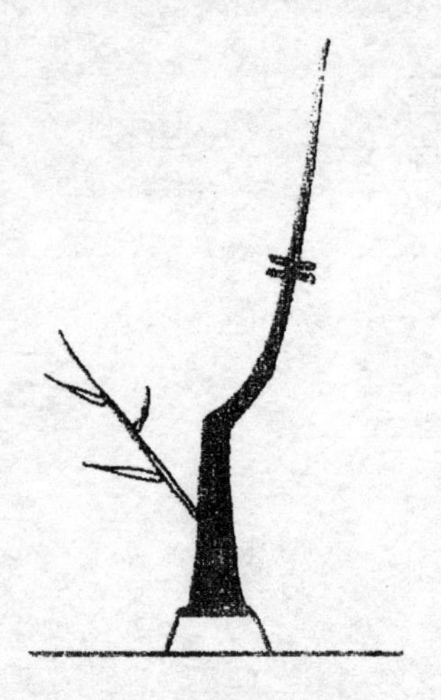

图5-1 短 截

（二）疏剪（疏删）

将枝条从基部全部剪除，称为

疏剪。通常用于剪除多余的密弱枝、丛生枝、徒长枝等。疏剪可改善留树枝梢的光照和营养分配，使其生长健壮，有利于开花结果。疏剪见图5-2。

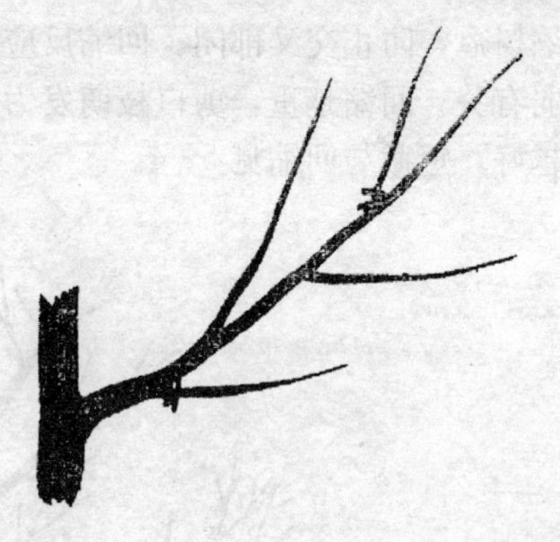

图5-2　疏　剪

（三）摘心

新梢抽生至停止生长前，摘除其先端部分，保留需要长度的称摘心。作用相似于短截。摘心能限制新梢伸长生长，促进增粗生长，使枝梢组织发育充实。摘心后的新梢，先端芽也具顶端优势，可以抽生健壮分枝，并降低分枝高度。摘心见图5-3。

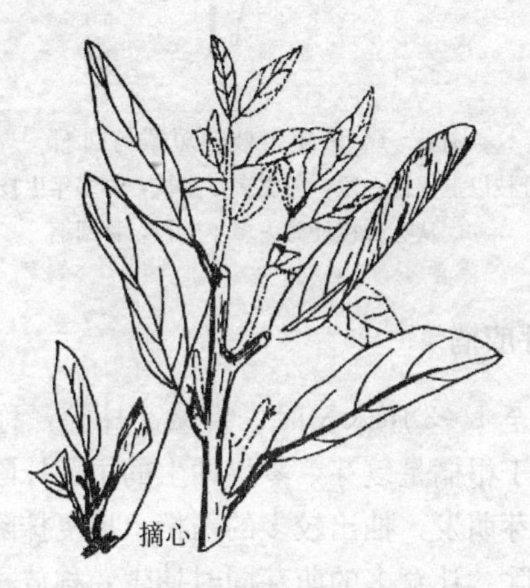

图5-3　摘　心

（四）回缩

回缩即剪去多年生枝组先端部分。常用于更新树冠大枝或压缩树冠，防止交叉郁闭。回缩反应常与剪口处留下的剪口枝的强弱有关。回缩越重，剪口枝萌发力和生长量越强，更新复壮效果越好。短截与回缩见 5－4。

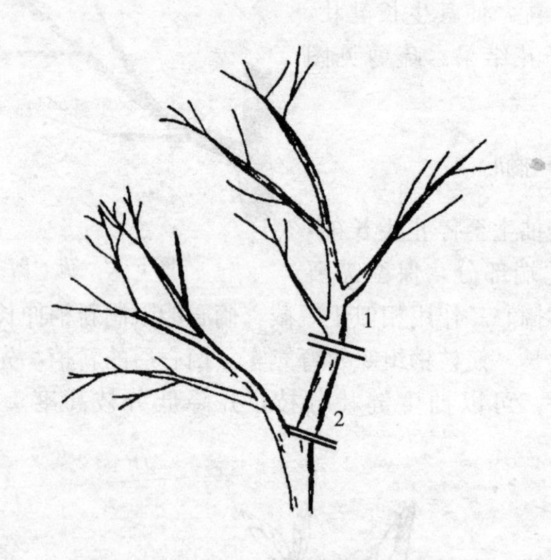

图 5－4　多年生枝的短截与回缩

1. 从分枝以上保留一段，剪去多年生枝，称多年生枝的短截

2. 从有分枝处剪去多年生枝，称回缩

（五）抹芽放梢

新梢萌发至 1～3 厘米长时，将嫩芽抹除，称抹芽，作用与疏剪相似。由于柑橘是复芽，零星抽生的主芽抹除后，可刺激副芽和附近其他芽萌发，抽出较多的新梢。反复抹除几次，到一定的时间不再抹除，让众多的萌芽同时抽生，称放梢。抹除结果树的夏芽可减少梢果矛盾，达到保果的目的，放出秋梢可培育成优良的结果母枝。抹芽放梢见图 5－5。

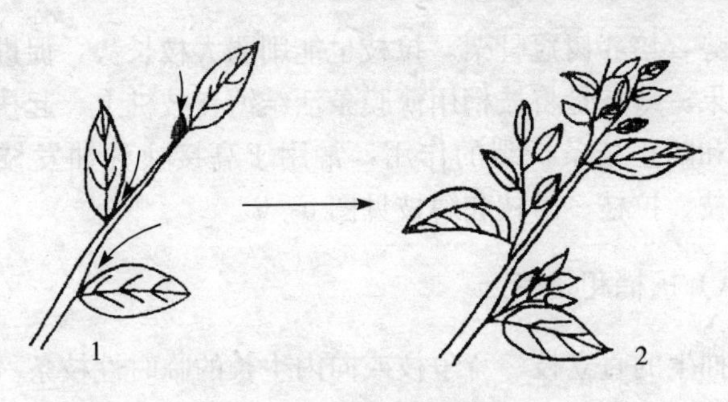

图 5-5　抹芽放梢

1. 抹芽　2. 放梢抽生的梢

（六）疏梢

新梢抽生后，疏去位置不当的、过多的、密弱的或生长过强的嫩梢，称疏梢。疏梢能调节树冠生长和结果的矛盾，提高坐果率。

（七）撑枝、拉枝、吊枝和缚枝

幼树整形期，可采用绳索牵引拉枝、竹竿撑枝和石块等重物吊枝等方法，将植株主枝、侧枝改变生长方向，调节骨干枝的分

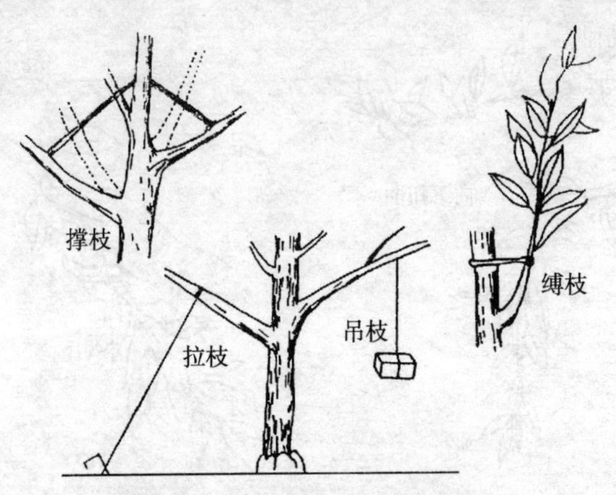

图 5-6　撑枝、拉枝、吊枝和缚枝

布和长势，培养树冠骨架。拉枝也能削弱大枝长势，促进花芽分化和结果。缚枝是将枝梢用薄膜条活结缚在枝桩上，起扶正、促梢生长和防止枝条折裂的作用，常用于高接换种抽发枝梢的保护。撑枝、拉枝、吊枝和缚枝见图 5-6。

（八）扭梢和揉梢

新抽生的直立枝、竞争枝或向内生长的临时性枝条，在半木质化时，于基部 3～5 厘米处，用手指捏紧，旋转 180°，伤及木质部及皮层的称扭梢。用手将新梢从基部至顶部进行揉搓，只伤形成层，不伤木质部的称揉梢。扭梢、揉梢都是损伤枝梢，其作用是阻碍养分运输，缓和生长，促进花芽分化，提高坐果率。扭梢、揉梢，全年可进行，以生长季最宜，寒冬盛夏不宜进行。扭梢、揉梢用于柑橘不同品种，以温州蜜柑的效果最明显。此外，扭梢、揉梢之时间不同，效果也不同：春季可保花保果；夏季可促发早秋梢，缓和营养生长，促进开花结果；秋季可削弱植株的营养生长，积累养分，促进花芽分化，有利翌年丰产。扭梢、揉梢见图 5-7、图 5-8。

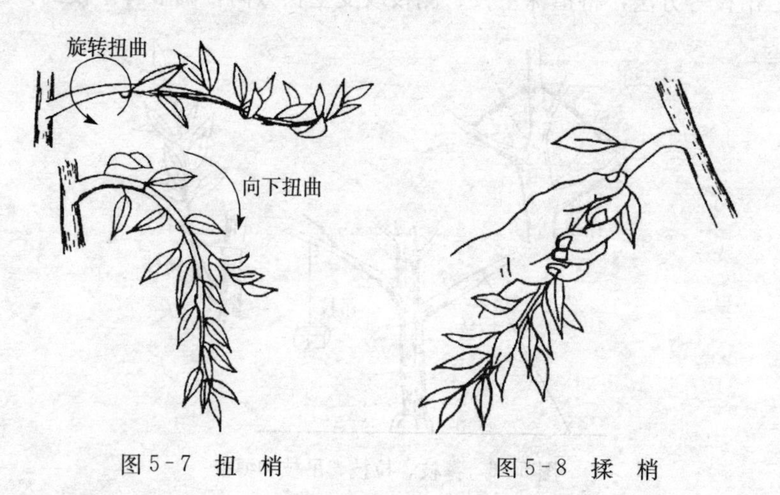

图 5-7 扭 梢　　图 5-8 揉 梢

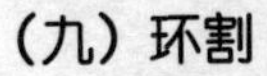

（九）环割

用利刀割断大枝或侧枝韧皮部（树皮部分）一圈或几圈称环割。环割只割断韧皮部，不伤木质部，起暂时阻止养分下流，使碳水化合物在枝、叶中高浓度积累，以改变上部枝叶养分和激素平衡，促使花芽分化或保证幼果的发育，提高坐果率。

环割促花主要用于幼树或适龄不开花的壮树，也可用于徒长性枝条。用于促进花芽分化：中亚热带在9月中旬至10月下旬，南亚热带在12月下旬前后，在较强的大枝、侧枝基部环割1～2圈。用于保果则在谢花后，在结果较多的小枝群上进行环割。

（十）断根

秋季断根前，将生长旺盛的强树，挖开树冠滴水线处土层，切断1～2厘米粗的大根或侧根，削平伤口，施肥覆土称断根。断根能暂时减少根系吸收能力，从而限制地上部生长势，有利于促进开花结果。断根也可用于根系衰退的树更新根系。

（十一）刻伤

幼树整形，树冠空缺处缺少主枝时，可在春季芽萌动前于空缺处选择1个隐芽，在芽的上方横刻1刀，深达木质部，有促进隐芽萌发的效果。在小老树（树未长大即衰老的树），或衰弱树主干或大枝上纵刻1～3刀，深达木质部，可促弱树长势增强。

（十二）疏花疏果

春、夏季对过多的花蕾和幼果，分期摘除，以节省树体养分，壮果促梢和提高果实质量。

二、柑橘整形修剪的时期

柑橘整形通常从苗圃开始，逐年造型，并在以后不断维持和调整树冠骨架形态。

修剪在1年中均可进行，但不同时期的生态条件和树体营养代谢以及器官生理状态不同，修剪的反应（效果）也有异。通常修剪分冬季修剪和生长期修剪（春季、夏季和秋季修剪）。

（一）冬季修剪

采果后到春季萌芽前进行。这时柑橘果树相对休眠，生长量少，生理活动减弱，修剪养分损失较少。冬季无冻害的柑橘产区，修剪越早，效果越好。有冻害的产区，可在春季气温回升转暖后至春梢抽生前进行。更新复壮的老树、弱树和重剪促梢的树，也可在春梢萌动抽发时回缩修剪，以达新梢抽生多而壮的复壮效果。

（二）生长期修剪

指春梢抽生后至采果前整个生长期的各项修剪处理。这时树体生长旺盛，修剪反应快，生长量大，对促进结果母枝生长，提高坐果率，促进花芽分化，延长丰产年限，复壮更新树势等效果均明显。

生长期不同季节的修剪又可分为：

1. 春季修剪 即在春梢抽生现蕾后进行复剪、疏梢、疏蕾等，以调节春梢和花蕾、幼果的数量比例，防止春梢过旺生长而增加落花落果。此外，疏去部分强旺春梢，也可减少高温异常落果。

2. 夏季修剪 指初夏第二次生理落果前后的修剪。包括幼树抹芽放梢培育骨干枝；结果树抹夏梢保果，长梢摘心；老树更新以及拉枝、扭梢、揉梢等促花和疏果措施，达到保果、复壮和维持长势等。

3. 秋季修剪 指定果后的修剪，主要是适时放梢、夏梢秋

短等培育成花母枝以及环割、断根等促花芽分化和继续疏除多余果实，调整大小年产量，提高果实品质。

三、柑橘适宜树形

柑橘的各种树形都是由树体骨干枝的配置和调整形成的。树形必须适应品种、砧木的生长特性和栽培管理方式等的要求，并长期培育、保持其树形。

柑橘的树形可分为：有中心主干和无中心主干两类。有中心主干形多在主干上按树形规范培育若干主枝、副主枝，如变则主干形；无中心主干形，一般在主干或中心主枝上培育几个主枝，主枝之间没有从属关系，比较集中，显得中心主干不甚明显，如自然开心形，多主枝放射形。

1. 变则主干形　干高 30～50 厘米，选留中心主干（类中央

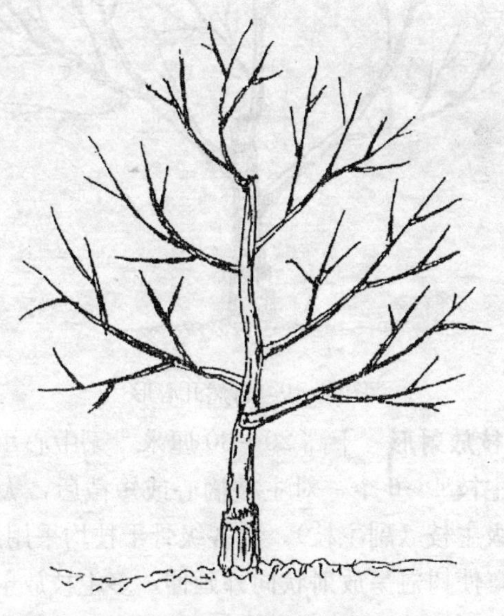

图 5-9　变则主干形

干），配置主枝5～6个，主枝间距30～50厘米，分枝角45°左右，主枝间分布均匀或有层次。各主枝上配置副主枝或侧枝3～4个，分枝角40°左右。变则主干形适宜于橙类、柚类、柠檬等。变则主干形见图5-9。

2. 自然开心形 干高20～40厘米，主枝3～4个，在主干上的分布错落有致。主枝分枝角30°～50°，各主枝上配置副主枝2～3个，一般在第三主枝形成后，即将中心主干剪除或扭向一边做结果枝组。自然开心形适宜于温州蜜柑等。自然开心形见图5-10。

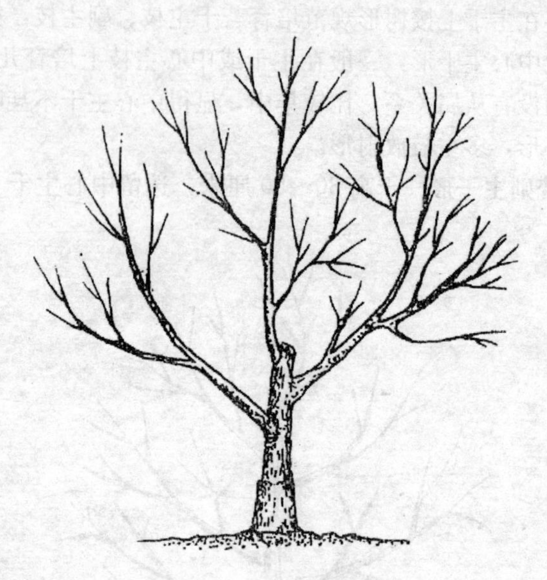

图5-10 自然开心形

3. 多主枝放射形 干高20～30厘米，无中心主干。在主干上直接配置主枝4～6个，对主枝摘心或短截后，大多发生双叉分枝成为次级主枝（副主枝）。对各级骨干枝均采用短截、摘心、拉枝等方法，使树冠呈放射状向外延伸，多主枝放射形，适宜于丛生性较强的椪柑等。多主枝放射形见图5-11。

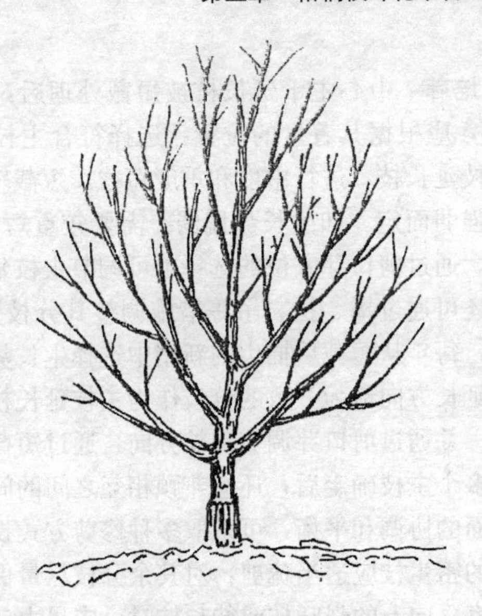

图 5-11　多主枝放射形

四、柑橘树形培养

（一）变则主干形

变则主干形的整形，主要是通过对中心主干和各级主枝的选择和剪截处理而完成。

1. 主干的培养　在嫁接苗夏梢停止生长时，自 30～50 厘米处短截，扶正苗木，这是定干。

2. 中心主干的培养　定干后，通常在其上部可抽发 5～6 个分枝，其中顶端 1 枝较为直立和强旺，可选作中心主干的延长枝，冬剪时对延长枝进行中度或重度短截，以保持延长枝的生长势。由于柑橘新梢自剪的特性，中心主干延长枝的生长很易歪向一边。因此，在短截延长枝时应通过剪口芽来调整其延伸的方向和角度，必要时可用支柱将中心主干延长枝固定扶正，若中心主干延长枝短截后分枝过多，应将密弱枝、徒长枝疏除，以集中养分供延长枝。

3. 主枝培养 中心主干延长枝被短截处理后，一般会抽生5～6个分枝，应根据其着生的位置，选择符合主枝配置条件的分枝作为主枝延长枝，进行中度和重度短截。短截轻重应根据该枝生长势的强弱而定。如生长势偏弱，需要较重短截；如偏旺，则轻度短截。通过剪口芽方位的选择也可调节主枝延长枝的方向或分枝角。还可通过撑、拉、吊等措施调整其分枝角和生长势。主枝选定后，每年从短截后抽生的新梢中选择生长势旺盛，生长方向与主枝延长方向最为一致的分枝作为主枝延长枝，进行中度至重度短截。并通过剪口芽调节延长方向，通过短截轻重调节其生长势。当多个主枝确定后，还应兼顾相互之间的间距、方位和生长势等方面的协调和平衡，可采取多种修剪方式扶弱抑强。对延长枝附近的密生枝应适当疏剪，对其余分枝尽量保留，长放不剪。若出现直立向上的强旺枝或徒长枝时，应尽力剪除。

4. 副主枝的培养 在第一主枝距中心主干40～50厘米处配置第一个副主枝。以后各主枝的第一副主枝距中心主干的距离应酌情减小。每主枝上可配置3～4个副主枝，分枝角40°左右，交叉排列在主枝的两侧。副主枝之间的间距30厘米左右。

5. 枝组的培养和内膛辅养枝的蓄留 对着生的副主枝、主枝及中心主干上的各分枝进行摘心或轻度短截，会促发一些分枝，再进行摘心和轻度短截，即可形成枝组。并使其尽快缓和长势，以利其开花结果。枝组结果后再及时回缩处理，更新复壮。在主枝或副主枝上，甚至在中心主干上还会有一些弱枝，应尽量保留，使其自然生长和分枝。如光照充足，这些内膛枝或枝组也可开花结果，而且是幼树最早的结果部位。此外，对骨干枝上萌生的直立旺枝，如能培养成枝组填补内膛空间，可进行扭梢、摘心和环割处理，使其缓和生长势，通过几次分枝形成枝组。

6. 延迟开心 在培养成5～6个主枝后，应对中心主干延长枝进行回缩和疏剪，使植株上部开心，将光照引入内膛，同时树体向上的生长也得到缓解和控制。随着树冠的不断扩大，当相邻植株互相交叉时，也应对主枝延长枝回缩或疏剪，以免树冠交叉郁闭。变则主干形整形见图5-12。

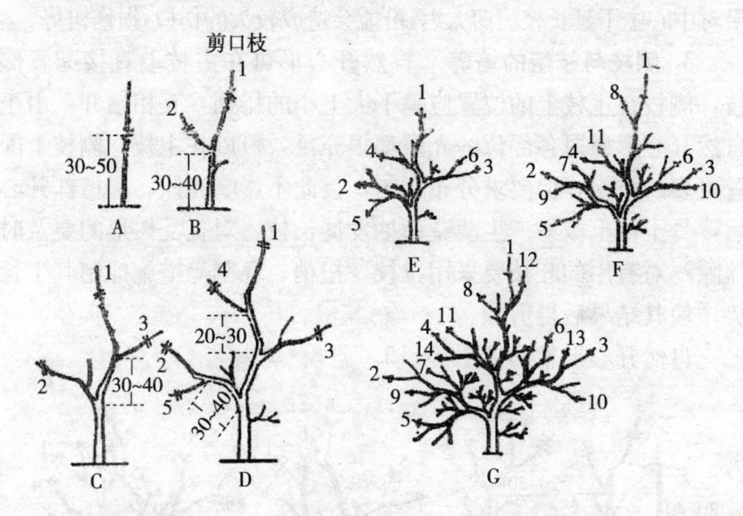

图5-12　变则主干形整形（单位：厘米）

A～G分别为变则主干形整形步骤

1. 类中央干延长枝　2. 第一主枝延长枝　3. 第二主枝延长枝　4. 第三主枝延长枝　5. 第一主枝的第一副主枝延长枝　6. 第二主枝的第一副主枝延长枝　7. 第一主枝的第二副主枝延长枝　8. 第四主枝延长枝　9. 第一主枝的第三副主枝延长枝　10. 第二主枝的第二副主枝延长枝　11. 第三主枝的第一副主枝延长枝　12. 第五主枝延长枝　13. 第二主枝的第三副主枝延长枝　14. 第三主枝的第二副主枝延长枝

（二）自然开心形

前面已叙述了变则主干形树形培养，有了变则主干形的基础，自然开心形的培养变得较易，其培养过程与变则主干形第三主枝以下部位的配置基本一致，只是定干稍矮。

1. 主干与主枝培养　嫁接苗定干高度20～40厘米，以后按变则主干形的培养方法，配置3个主枝，主枝间的间距20～30厘米。

2. 及时开心 在第三主枝形成后，及时将原有的中心主干延长枝从第三主枝处剪除，或做扭梢处理后倒向一边，留作结果母枝，如果对中心主干延长枝疏剪太迟，可能会造成较大的伤口，损伤树势。

3. 侧枝与枝组的培养 自然开心形可在主枝上直接配置侧枝，侧枝在主枝上的位置应呈下大上小的排列，互相错开。由于自然开心形树冠各部位的光照都很充足，可以在主枝、侧枝上配置更多的枝组，但要求分布均匀，彼此不影响光照。当植株开心后，骨干枝上极易产生萌蘖而抽发徒长枝，对扰乱树形的要及时疏除，对有用的旺枝要采用拉枝、扭梢、环割等措施抑制其生长势，使其结果后再剪除。

自然开心形整形见图5-13。

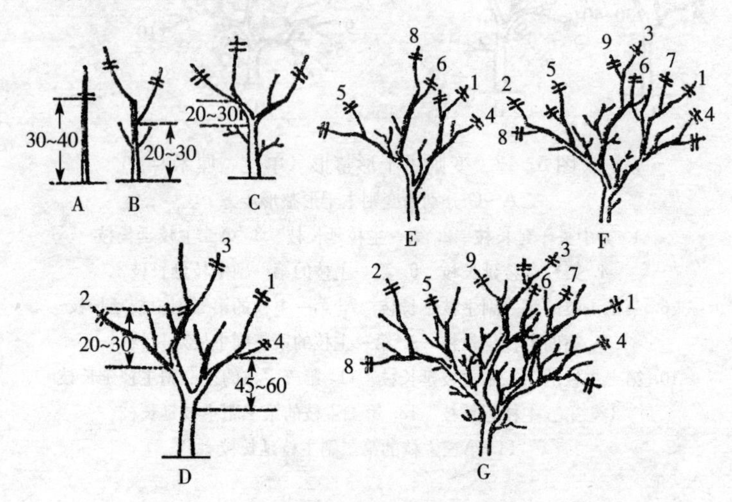

图5-13 自然开心形第二年整形（单位：厘米）

A～G分别为自然开心形整形步骤

1. 第一主枝延长枝 2. 第二主枝延长枝 3. 第三主枝延长枝
4. 第一主枝的第一副主枝延长枝 5. 第二主枝的第一副主枝延长枝
6. 第三主枝的第一副主枝延长枝 7. 第一主枝的第二副主枝延长枝
8. 第二主枝的第二副主枝延长枝 9. 第三主枝的第二副主枝延长枝

（三）多主枝放射形

1. 主干的培养　主干高度定为20～30厘米，当嫁接苗抽发夏梢后，从离地30～40厘米处短截，便可促发4～6个晚夏梢或早秋梢，这些枝梢即是多主枝放射形的第一级主枝。

2. 主枝的培养　定干后连续对抽发的新梢及时摘心，冬季修剪时首先疏剪顶部分枝角度小的丛状分枝（又称“掏心”），保留下部几个较强壮分枝，并对其进行中度短截。摘心或短截后一般会发生两个或多个分枝。由于连续对夏、秋梢及时摘心，冬季在“掏心”基础上短截强壮分枝等，可加速分枝，降低分枝高度，经2～4年处理，就形成12～20个次级主枝。

3. 拉枝　由于主枝不断分枝和外延，大枝越来越多，树冠中上部的新梢密集，叶幕层上移，树冠内膛和下部的光照条件变差，骨干枝上难以形成小枝或枝组，造成内膛和下部秃裸。因此，每年要将骨干枝拉开，使其开张角度。使树冠内部和中下部光照条件改善。拉枝也有利于抑制主枝的生长势，纠正树形易出现的上强下弱的弊端。拉枝后树冠中心部位出现的徒长枝，适宜于培养作主枝的，可以摘心并拉大其角度，多余的徒长枝则应及时疏除。

4. 调节树冠上下生长势的平衡　树冠顶部或上部的枝梢一般会较早抽出强夏梢，从而抑制或削弱下部枝梢的萌发和抽梢，使树冠出现上强下弱现象。因此，应该将上部先萌发的夏梢抹除，连续多次抹芽，直到下部春梢萌出夏芽并抽梢后，才停止抹芽，让其抽梢。冬季修剪时还可对中下部的枝梢重点短截，刺激营养生长，防止其早期开花结果。在幼树初结果时期，也要尽量让树冠中上部先开花结果，使树冠下部的枝梢延迟挂果。通过各种修剪方法抑强扶弱，抑上扶下，才能形成生长较平衡的树冠，达到立体结果、优质、丰产稳产之目的。

五、柑橘幼树修剪

柑橘定植后至结果（投产）前这段时期称幼树。幼树生长势较强，以抽梢扩大树冠，培育骨干枝，增加树冠枝梢和叶片为主要目的。修剪，在整形的基础上，适当进行轻剪，主要是对主枝、副主枝的延长枝短截和疏剪，尽可能保留所有枝梢作辅养枝。在投产前 1 年进行抹芽放梢，培育秋梢母枝，促花结果。

1. 疏剪无用枝　剪去病虫枝和徒长枝，以节省树体养分，减少病虫害传播。

2. 夏、秋长梢摘心　未投产的幼树，可利用夏、秋梢培育为骨干枝，加速扩大树冠。对生长过长的夏、秋梢在幼嫩时，即留 8～10 片叶摘心，促进增粗生长，尽快分枝。但投产前 1 年放出的秋梢不能摘心，以免减少翌年花量。已长成的长夏梢，不易再抽生秋梢，也不易分化花芽，可在 7 月下旬进行夏梢秋短，将老熟夏梢短截 1/3～1/2，8 月中、下旬，即可抽生数条秋梢，翌年也能开花结果。

3. 短截延长枝　结合整形，对主枝、副主枝、侧枝的延长枝短截 1/3～1/2，使剪口 1～2 芽抽生健壮枝梢，延伸生长。其他枝梢宜少短截。

4. 抹芽放梢　幼树定植后，可在夏季进行抹芽放梢 1～2 次，可促使多抽生一二批整齐的夏、秋梢以充实树冠，加快生长。放梢宜在伏旱之前，以免新梢因缺水而生长不良。柑橘中的宽皮柑橘类因花芽生理分化期稍晚，放梢可晚或多放 1 次梢。树冠上部生长旺盛的树，抹芽时可对上部和顶部的芽多抹 1～2 次，先放下部的梢，待生长到一定长度，再放上部梢，促使树冠下大上小，以求光照好，内外结果多。

5. 疏除花蕾　树体小，养分积累不足，开花结果后会抑制树体生长，进而影响今后产量，故对不该投产的幼小树应及时摘

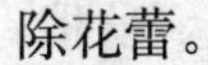

除花蕾。

六、柑橘初结果树修剪

从柑橘幼树结果至盛果期前的树称初结果树。此时，树冠仍在扩大，生长势仍较强，修剪反应也较明显，为尽快培育树冠，提高产量，修剪仍以结合整形的轻剪为主。主要是及时回缩衰退枝组，防止枝梢未老先衰。注意培育优良的结果母枝，保持每年有足够花量。随着树龄、产量的增加，修剪量也逐年增加。

1. 抹芽放梢　多次抹除全部夏梢，以减少梢、果争夺养分，提高坐果率，适时放出秋梢，培育优良的结果母枝。注意在放梢前应重施秋肥，以保证秋梢健壮生长。

2. 继续对延长枝短截结合培育树形，继续短截培育延长枝，直至树冠达到计划大时为止，让其结果后再回缩修剪。同时，继续配置侧枝和枝组。

3. 继续对夏、秋梢摘心　摘心方法同幼树。并对已长成的夏梢进行秋季短截，促进抽生秋梢母枝。

4. 短截结果枝与落花落果枝　结果枝与落花果枝若不修剪，翌年会抽生较多更纤细的枝梢而衰退，冬季应短截 1/3～2/3，强枝轻短，弱枝重短或疏剪，使翌年抽生强壮的春梢和秋梢，成为翌年良好的结果母枝。

5. 疏剪郁闭枝　结果初期，树冠顶部抽生直立大枝较多，相互竞争，长势较强，应作控制：树势强的疏剪强枝，长势相似的疏剪直立枝，以缓和树势，防止树冠出现上强下弱。植株进入丰产期时，外围大枝较密，可适当疏剪部分 2～3 年生大枝，以改善树冠内膛光照。树冠内部和下部纤弱枝多，应疏去部分弱枝，短截部分壮枝。

6. 夏、秋梢母枝的处理　树体抽生夏、秋梢过多，翌年花量很多，会浪费树体营养，而形成大、小年结果。冬季修剪时，可采用“短强、留中、疏弱”的方法，短截1/3的强夏、秋梢，保留春段或基部2～3芽，使抽生营养枝；保留约1/3的生长势中等的夏、秋梢，供开花结果；剪除1/3左右较弱的夏、秋梢，以减少母枝数量和花量，节省树体的营养。

7. 环割与断根控水促花 幼树树势强旺，成花很少或不开花，成为适龄不结果树，应在投产前1年或旺盛生长结果很少的年份，以及结果梢多，预计翌年花量不足的健壮树进行大枝或侧枝环割，或进行断根控水处理，以促进花芽分化。

七、柑橘盛果期树修剪

进入盛果期，树体营养生长与生殖生长趋于平衡，树冠内外上下能结果，且产量逐年增加。经数年丰产后，树势较弱，较少抽生夏、秋梢，结果母枝转为以春梢为主。枝组也大量结果后而逐渐衰退，且已形成大小年结果现象。

盛果期树体修剪的主要目的是及时更新枝组，培育结果母枝，保持营养枝与花枝的一定比例，延长丰产年限。因此，夏季采取抹芽、摘心，冬季采取疏剪。回缩相结合等措施，逐年增大修剪量，及时更新衰退枝组，并保持梢、果生长相对平衡，以防大小年结果的出现。

1. 枝组轮换压缩修剪 柑橘植株丰产后，其结果枝容易衰退，每年可选1/3左右的结果枝从枝段下部短截，剪口保留1条当年生枝，并短截1/3～1/2，防止其开花结果，使其抽生较强的春梢和夏、秋梢，形成强壮的更新枝组。也可在春梢萌动时，将衰退枝组自基部短截回缩，留7～8厘米枝桩，待翌年抽生春梢，其中较强的春梢陆续抽生夏、秋梢使枝组得以更新，2～3年即可开花结果。结果后再回缩，全树每年轮流交替回缩一批枝组复壮，保留一批枝组结果，使树冠紧凑，且能缓慢扩大。

2. 培育结果母枝 抽生较长的春、夏梢留8～10片叶尽早

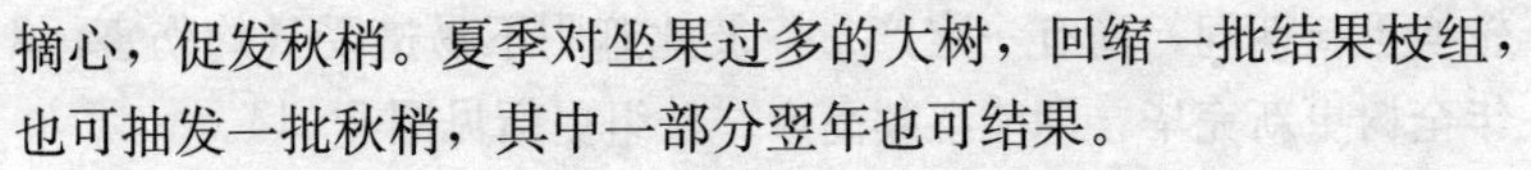

摘心，促发秋梢。夏季对坐果过多的大树，回缩一批结果枝组，也可抽发一批秋梢，其中一部分翌年也可结果。

3. 结果枝组的修剪　采果后对一些分枝较多的结果枝组，应适当疏剪弱枝，并缩剪先端衰退部分。较强壮的枝组，只缩剪先端和下垂衰弱部分。已衰退纤弱无结果价值的枝组，可缩剪至有健壮分枝处。所有剪口枝的延长枝均要短剪，不使开花，只抽营养枝，以更新复壮枝组。

柑橘中的温州蜜柑、椪柑等夏、秋梢结果较多的母枝，采果后母枝较弱时，冬季可在有健壮分枝处短截，或全部疏剪。若全树结果较多，也可在夏季留5～7厘米长桩短截，促使剪口处隐芽抽发秋梢，多数也能转化为结果母枝，形成交替轮换结果。

结果枝衰弱，不能再抽枝的全部疏除。叶片健全，生长充实可以再抽梢的只剪去果把，促使继续抽生强壮枝，复壮枝组。

4. 下垂枝和辅养枝的修剪　树冠扩大后，植株内部、下部留下的辅养枝光照不足，结果后枝条衰退，可逐年剪除或更新。结果枝群中的下垂枝，结果后下垂部分更易衰弱，可逐年剪去先端下垂部分以抬高枝群位置，使其继续结果，直至整个大枝衰退至无利用价值，自基部剪除。

八、柑橘衰老树更新修剪

结果多年的老树，树势衰弱，若主干、大枝尚好，具有继续结果能力的，可在树冠更新前一年7～8月份进行断根，压埋绿肥、有机肥，先更新根系；于春芽萌动时，视树势衰退情况，进行不同程度的更新修剪，促发隐芽抽生，恢复树势，延长结果年限。

1. 局部更新（枝组更新）　结果树开始衰老时，部分枝群衰退，尚有部分结果的可在3年内每年轮换1/3侧枝和小枝组，剪去先端2/3～3/4，保留基部一段，促抽新的侧枝，更新树冠。

轮换更新期间，尚有一定产量，彼此遮阴不易遭受日灼伤害。3年全树更新完毕，即能继续高产。枝组更新见图 5-14。

图 5-14　枝组更新示意图

图 5-15　露骨更新示意图

2. 中度更新（露骨更新）　树势中度衰弱的老树，结合整形，在5～6级枝上，距分枝点20厘米处缩剪或锯除，剪除全部侧枝和3～5年生小枝组，调整骨架枝，维持中心主干、主枝和副主枝等的从属关系，删去多余的主枝，重叠枝、交叉枝干。这种更新方法当年能恢复树冠，第二年即可投产。露骨更新见图5-15。

3. 重度更新（主枝更新）　树势严重衰退的老树，可在距地面80～100厘米高处3～5级骨干大枝上选主枝完好、角度适中的部位锯除，使各主枝分布均匀，协调平衡。剪口要削平并涂接蜡保护。枝干用石灰水刷白，防止日灼。新梢萌发后抹芽1～2次放梢，逐年疏除过密和位置不当的枝条，每段枝留2～3条新梢，过长的应摘心，促使长粗，重新培育成树冠骨架，第三年即可恢复结果。

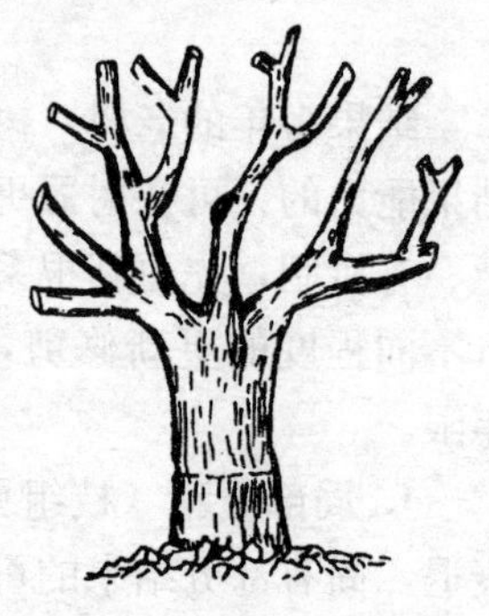

图 5-16　主枝更新示意图

主枝更新见图5-16。

第二节　柑橘花果管理技术

柑橘的花果管理主要包括：促花控花、保花保果、疏花疏果和果实套袋等。

一、柑橘促花控花

（一）促花

柑橘是易成花、开花多的品种，但有时也会因受砧木、接穗品种、生态条件和栽培管理等的影响，而迟迟不开花或成花很少。对出现的此类现象常采用：控水、环割、扭枝、圈枝与摘心，合理施肥和药剂喷施等措施促花。

1. 控水　对长势旺盛或其他原因不易成花的柑橘树，采用控水促花的措施。具体方法是在9月下旬至12月将树盘周围的上层土壤扒开，挖土露根，使土层水平根外露，且视降雨和气温的情况露根1～2个月后覆土。春芽萌芽前15～20天，每株施尿素200～300克加腐熟厩肥或人畜粪水肥50～100千克。上述控水方法仅适用于暖冬的南亚热带柑橘产区。冬季气温较低的中、北亚热带柑橘产区，可利用秋冬少雨、空气湿度低的特点，不灌水使柑橘园保持适度干燥，至中午叶片微卷及部分老叶脱落。控水时间一般1～2个月，气温低，时间宜短；反之气温高，时间宜长。

2. 环割　见枝叶管理。

3. 扭梢与摘心　见枝叶管理。

4. 合理施肥　施肥是影响花芽分化的重要因子，进入结果期未开花或开花不多的柑橘园，多半与施肥不当有关。柑橘花芽分化需要氮、磷、钾等营养元素，但氮过多会抑制花芽分化，尤其是大量施用尿素，导致植株生长过旺，营养生长与生殖生长失去平衡，使花芽分化受阻。氮肥缺乏也影响花芽分化。在柑橘花芽生理分化期（果实采收前后不久）施磷肥，能促进花芽分化和开花，尤其对壮旺的柑橘树效果明显。钾对花芽分化影响不像氮、磷明显，轻度缺乏时花量稍减，过量缺乏时也会减少花量。可见合理施肥，特别是秋季 9～10 月施肥比 11～12 月施肥对花芽分化、促花效果明显。

5. 药剂促花 目前多效唑（PP_{333}）是应用最广泛的柑橘促花剂。在柑橘树体内，多效唑能有效抑制赤霉素的生物合成，降低树体内赤霉素的浓度，从而达到促进花芽分化的目的。

多效唑的使用时间在柑橘花芽开始生理分化至生理分化后 3 个月内。一般连续喷施 2～4 次，每次间隔 15～25 天，使用浓度 500～1 000 毫克/千克。近年，中国农业科学院柑橘研究所研制的多效唑多元促花剂，促花效果比单用多效唑更好。

（二）控花

柑橘花量过大，消耗树体大量养分，结果过多使果实变小，降低果品等级，且翌年开花不足而出现大小年。控花主要用修剪，也可用药剂控花。

1. 修剪 常在冬季修剪时，对翌年花量过大的植株，如当年的小年树、历年开花偏大的树等，修剪时剪除部分结果母枝或短截部分结果母枝，使之翌年萌发营养枝。

2. 药剂 用药剂控花，常在花芽生理分化期喷施 20～50 毫克/千克浓度的赤霉素 1～3 次，每次间隔 20～30 天能抑制花芽的生理分化，明显减少花量，增加有叶花枝，减少无叶花枝。还可在花芽生理分化结束后喷施赤霉素，如 1～2 月喷施也可减少花量。赤霉素控花效果明显，但用量较难掌握，有时会出现抑花过量而导致减产，用时应慎重，大面积用时应先做试验。

二、柑橘保花保果

柑橘尤其是脐橙花量大，落花落果严重，坐果率低。在空气相对湿度较高的地域栽培华盛顿脐橙，如不采取保果措施，常会出现“花开满树喜盈盈，遍地落果一场空”的惨景。

柑橘落果是由营养不良，内源激素失调，气温、水分、湿度等的影响和果实的生理障碍所致。

柑橘保花保果的关键是增强树势，培养健壮的树体和良好的枝组。为防止柑橘的落果，常采用春季施追肥、环剥、环割和药剂保果等措施。

（一）春季追肥

春季柑橘处于萌芽、开花、幼果细胞旺盛分裂和新老叶片交替阶段，会消耗大量的贮藏养分，加之此时多半土温较低，根系吸收能力弱。追施速效肥，常施腐熟的人尿加尿素、磷酸二氢钾、硝酸钾等补充树体营养之不足。研究表明，速效氮肥土施12天才能运转到幼果，而叶面喷施仅需3小时。花期叶面喷施后，花中含氮量显著增加，幼果干物质和幼果果径明显增加，坐果率提高。用叶面肥保花保果，常用浓度0.3%～0.5%的尿素，或浓度0.3%尿素加0.3%磷酸二氢钾在花期喷施，谢花后15～20天再喷施1次。

（二）环剥、环割

花期，幼果期环割是减少柑橘落果的一种有效方法，可阻止营养物质转运，提高幼果的营养水平。环割较环剥安全，简单易行，但韧皮部输导组织易接通，环割1次常达不到应有的效果。对主干或主枝环剥1～2毫米宽1圈的方法，可取得保花保果的良好效果，且环剥1个月左右可愈合，树势越强，愈合越快。

此外，春季抹除春梢营养枝，节省营养消耗也可有效提高坐果率。

（三）药剂保果

1. 防止幼果脱落 目前使用的主要保果剂有细胞分裂素类（如人工合成的 6-苄腺嘌呤）和赤霉素。6-苄基腺嘌呤（BA）是柑橘有效的保果剂，尤其是脐橙第一次生理落果防止剂，效果较赤霉素好，但 BA 对防止第二次生理落果无效。赤霉素（GA）则对第一、第二次生理落果均有良好作用。

增效液化 BA+GA，保果效果显著且稳定。生产上的花期和幼果期喷施浓度为 20～40 毫克/千克的 BA+浓度为 30～70 毫克/千克的 GA，有良好的保果作用。

用增效液化 BA+GA 涂果时间：幼果横径 0.4～0.6 厘米（约蚕豆大）时即开始涂果，最迟不能超过第二次生理落果开始时期，错过涂果时间达不到保果效果。涂果方法：先配涂液，将 1 支瓶装（10 毫升）的增效液化 BA+GA 加普通洁净水 750 克，充分搅匀配成稀释液，用毛笔或棉签蘸液均匀涂于幼果整个果面至湿润为宜，但切忌药液流滴。药液现配现涂，当日用完。增效液化 BA+GA（喷施型）10 毫升/瓶，每亩用量 3～6 瓶；增效液化 BA+GA（涂果型）10 毫升/瓶，每亩用量约 1 瓶。

2. 防止裂果 柑橘，尤其是脐橙的裂果落果带来损失不小，控制裂果除用栽培措施外，目前尚无特效的药剂。生产上使用的，如中国农业科学院柑橘研究所推出的“绿赛特”等，其防效也只有 50%～60%。

生产上防止柑橘裂果的综合措施：一是及早去除畸形果、裂果，如脐橙顶端扁平，大的开脐果易裂果，宜尽早去除。二是喷涂植物生长调节剂，喷涂赤霉素，促进细胞分裂与生长，减轻裂果，但使用要适当，不然会使果实粗皮、味淡、成熟推迟。如分别于第二次生理落果前后的 6 月上旬和下旬用赤霉素 200～250

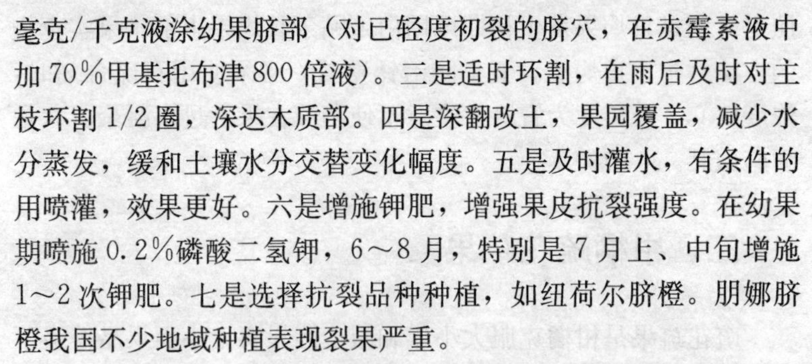

毫克/千克液涂幼果脐部（对已轻度初裂的脐穴，在赤霉素液中加 70%甲基托布津 800 倍液）。三是适时环割，在雨后及时对主枝环割 1/2 圈，深达木质部。四是深翻改土，果园覆盖，减少水分蒸发，缓和土壤水分交替变化幅度。五是及时灌水，有条件的用喷灌，效果更好。六是增施钾肥，增强果皮抗裂强度。在幼果期喷施 0.2%磷酸二氢钾，6～8 月，特别是 7 月上、中旬增施 1～2 次钾肥。七是选择抗裂品种种植，如纽荷尔脐橙。朋娜脐橙我国不少地域种植表现裂果严重。

3. 防止脐黄　脐黄是脐橙果实脐部黄化脱落的病害。这种病害是病原性脐黄、虫害脐黄和生理性脐黄的综合表现。病原性脐黄由致病微生物在脐部侵染所致；虫害脐黄则由害虫引起，生产上使用杀菌剂、杀虫剂即可防止；生理性脐黄是一种与代谢有关的病害。用中国农业科学院柑橘研究所研制的脐黄抑制剂“抑黄酯”（FOWS）10 毫升/瓶，每亩用量 1～2 瓶，在第二次生理落果刚开始时涂脐部，可显著减少脐黄落果。

此外，加强栽培管理，增强树势，增加叶幕层厚度，形成立体结果，减少树冠顶部与外部挂果，也是减少脐黄落果的有效方法。

4. 防止日灼落果　日灼又称日烧，是脐橙、温州蜜柑等果实开始或接近成熟时的一种生理障碍。其症状的出现是因为夏秋高温酷热和强烈日光暴晒，使果面温度达 40℃以上而出现的灼伤。开始为小褐斑，后逐渐扩大，呈现凹陷，进而果皮质地变硬，果肉木质化而失去食用价值。

防止脐橙、温州蜜柑等的日灼，可采取综合措施：一是深翻土壤，促使柑橘植株的根系健壮发达，以增加根系的吸收范围和能力，保持地上部与地下部生长平衡。有条件的还可覆盖树盘保墒。二是及时灌水、喷雾，不使树体发生干旱。三是树干涂白，在易发生日灼的树冠上、中部，东南侧喷施 1%～2%的熟石灰水，并在柑橘园西南侧种植防护林，以遮挡强日光和强紫外线的照射。四是日灼果发生初期可用白纸贴于日灼果患部，果实套袋的方法可防止日灼病。五是防治锈壁虱，必须使用石硫合剂时，浓度以0.2波美度为宜，并注意不使药液在果上过多凝聚。六是喷施微肥。

三、柑橘疏花疏果

疏花疏果是柑橘克服大小年和减少因果实太小而果品等级下降的有效方法。

大年树通过冬、春修剪增加营养枝，减少结果枝，控制花量。疏果时间在能分清正常果、畸形果、小次果的情况下越早越好，以尽量减少养分损失。通常对大年树可在春季萌芽前适当短截部分结果母枝，使其抽生营养枝，增加花量。为保证小年能正常结果，还需结合保果。对畸形果、伤残果、病虫果、小果等应尽早摘除。在第二次生理落果结束后，大年树还需疏去部分生长正常但偏小的果实。疏果根据枝梢生长情况、叶片的多少而定。在同一生长点上有多个果时，常采用“三疏一，五疏二或五疏三”的方法。

柑橘一般在第二次生理落果结束后即可根据叶果比确定留果数，但对裂果严重的朋娜等脐橙要加大留果量。叶果比通常50～60∶1，大果型的可为60～70∶1。

目前，疏果的方法主要用人工疏果，人工疏果分全株均匀疏果和局部疏果两种。全株均衡疏果是按叶果比疏去多余的果，使植株各枝组挂果均匀；局部疏果系指按大致适宜的叶果比标准，将局部枝全部疏果或仅留少量果，部分枝全部不疏，或只疏少量果，使植株轮流结果。

四、柑橘果实套袋

柑橘果实可行套袋，套袋适期在6月下旬至7月中旬（生理落果结束）。套袋前应根据当地病虫害发生的情况对柑橘全面喷药1～2次，喷药后及时选择正常、健壮的果实进行套袋。果袋应选抗风吹雨淋、透气性好的柑橘专用纸袋，且以单层袋为适，采果前15～20天摘袋，果实套袋着色均匀，无伤痕，但糖含量略有下降，酸含量略有提高。

柑橘中的柠檬果实套袋效果好，售价倍增，大果形的柚、胡柚的果实套袋也较多，脐橙果实也有套袋效果好的报道。柑橘的小果形品种，套袋费工，成本高，一般不套袋。

第六章 柑橘有害生物绿色防控技术指南

柑橘安全生产，对柑橘的有害生物，即柑橘的病害、虫害和草害进行落实防控。

柑橘有害生物即柑橘病害、虫害和草害。绿色防控技术体系就是按照“绿色植保”的理念，采用农业防治技术、物理防治技术、生物防治技术、生态调控技术以及科学、合理、安全使用农药技术，达到有效控制柑橘病虫草害，确保柑橘生产安全、质量安全和柑橘生态环境所适应的技术体系，最终达到柑橘优质、丰产、高效的目的。

第一节　柑橘病虫害绿色防控要求

柑橘病虫害绿色防控应积极贯彻“预防为主，综合防治”的植保方针。以农业和物理防治为基础，生物防治为核心，按照病虫害发生规律和经济阈值，科学使用化学防治技术，有效控制病虫危害。

柑橘病虫害的绿色防控要严禁检疫性病虫害从疫区传入保护区，保护区不得从疫区调运苗木、接穗、果实和种子，一经发现立即烧毁。

柑橘病虫害绿色防控要以农业防治和物理防治为基础。

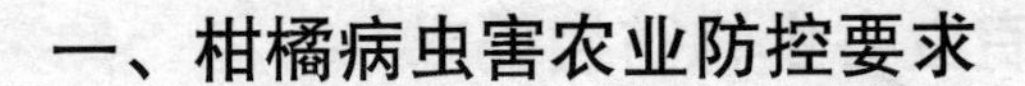

一、柑橘病虫害农业防控要求

一是种植防护林。二是选用抗病品种和砧木。品种应根据柑橘的生态指标，在最适宜区和适宜区，选择市场需要的优良品种种植，尤其应选择抗病性、抗逆性较强的品种发展。我国柑橘产区，采用的砧木主要是枳，也有采用红橘、酸橘、枳橙、红檬檬和酸柚作砧木的。盐碱土和石灰性紫色土，宜选用红橘砧，对已感染裂皮病、碎叶病的品种，不能用枳和枳橙作砧木，要选红橘作砧木。三是园内间作和生草栽培，种植的间作物或草类应是与柑橘无共生性病虫、浅根、矮秆，以豆科作物和禾本科牧草为宜，且适时刈割，翻埋于土壤中或覆盖于树盘或用于饲料。四是实施翻土、修剪、清洁果园、排水、控梢等农业措施，疏松土壤，改善树冠通风透光，减少病虫源，增强树势，提高树体自身的抗病虫能力。提高采果质量，减少果实伤口，降低果实腐烂率。

二、柑橘病虫害物理机械防控要求

一是应用灯光防治害虫，如用灯光引诱或驱避吸果夜蛾、金龟子、卷叶蛾等。二是应用趋化性防治害虫，如大实蝇、拟小黄卷叶蛾等害虫，对糖、酒、醋液有趋性，可利用其特性，在糖、酒、醋液中加入农药诱杀。三是应用色彩防治害虫，如用黄板诱杀蚜虫。可土法可自制：在木板上涂上黄油漆，油漆干后将其固定在比柑橘植株高的显眼处，涂上机油即可诱捕；也可用黄色颜料涂上，用薄膜包后再涂上机油。诱捕中注意检查机油的干燥和被雨水冲刷，以达到捕杀效果。四是人工捕捉害虫、集中种植害虫中间寄主诱杀害虫，如人工捕捉天牛、蚱蝉、金龟子等害虫；在吸果夜蛾发生严重的柑橘产区人工种植中间寄主，引诱成虫产卵，再用药剂杀灭幼虫。

三、柑橘病虫害生物防控要求

柑橘病虫害绿色防控要以生物防治为核心。一是人工引移、繁殖释放天敌，如用尼氏钝绥螨防治螨类；用日本方头甲和湖北红点唇瓢虫等防治矢尖蚧；用松毛虫、赤眼蜂防治卷叶蛾等。二是应用生物农药和矿物源农药，如使用苏云金杆菌、苦·烟水剂等生物农药和王铜、氢氧化铜、矿物油乳剂等矿物源农药。三是利用性诱剂，如在田间放置性诱剂和少量农药，诱杀实蝇雄虫，以减少与雌虫的交配机会，而达到降低害虫虫口。

四、柑橘病虫害生态控制要求

柑橘病虫害绿色防控要有效地进行生态控制。如科学规划园地，种植防护林，改善生态环境，果园间作或生草栽培等抑制病虫为害。

五、柑橘病虫害化学防治要求

柑橘病虫害无公害防治要科学使用化学防治。一是不得使用高毒、高残留的农药。柑橘生产中禁止使用的农药见表 6-1。

表 6-1　柑橘生产中禁止使用的农药

种　类	农药名称	禁用原因
有机氯杀虫、杀螨剂	六六六、滴滴涕、林丹、硫丹、三氯杀螨醇	高残毒
有机磷杀虫剂	久效磷、对硫磷、甲基对硫磷、治螟磷、地虫硫磷、蝇毒磷、丙线磷（益收宝）、苯线磷、甲基硫环磷、甲拌磷、乙拌磷、甲胺磷、甲基乙柳磷、氧化乐果、磷胺	剧毒高毒

（续）

种　类	农药名称	禁用原因
氨基甲酸酯类杀虫剂	涕灭威(铁灭克)、克百威(呋喃丹)	高毒
有机氮杀虫、杀螨剂	杀虫脒	慢性毒性、致癌
有机锡杀螨剂杀菌剂	三环锡、薯瘟锡、毒菌锡等	致畸
有机砷杀菌剂	福美砷、福美甲砷等	高残毒
杂环类杀菌剂	敌枯双	致畸
有机氮杀菌剂	双胍辛胺（培福朗）	毒性高、有慢性毒性
有机汞杀菌剂	富力散、西力生	高残毒
有机氟杀虫剂	氟乙酰胺、氟硅酸钠	剧毒
熏蒸剂	二溴乙烷、二溴氯丙烷	致癌、致畸、致突变
二苯醚类除草剂	除草醚、草枯醚	慢性毒性

柑橘生产中限制使用的农药见表6-2。

表6-2　柑橘生产中限制使用的农药

通用名	剂型及含量	稀释倍数	施用方法	最后一次施药距采果的天数（安全间隔期）	实施要点及其说明
苄螨醚	5%乳油	1 000～2 000倍	喷雾	30	
克螨特	73%乳油	2 000～3 000倍	喷雾	30	对嫩梢有药害，7月份以后使用不超过2 500倍
唑螨酯	5%悬浮剂	1000～2000倍	喷雾	21	
三唑锡	25%可湿性粉剂 20%悬浮剂	1 500～2 000倍 1 000～2 000倍	喷雾 喷雾	30	对嫩梢有药害
双甲脒	20%乳油	1 000～1 500倍	喷雾	21	20℃以下药效低，作用慢
单甲脒	25%水剂	800～1 200倍	喷雾	21	22℃以上药效好
水胺硫磷*	40%乳油	800～1 000倍	喷雾	21	
杀扑磷*	40%乳油	800～1 000倍	喷雾	30	

（续）

通用名	剂型及含量	稀释倍数	施用方法	最后一次施药距采果的天数（安全间隔期）	实施要点及其说明
敌敌畏	80%乳油	800～1 000 倍 5～10 倍	喷雾 注射天牛虫孔	21	
喹硫磷	25%乳油	600～1 000 倍	喷雾	28	
乐果	40%乳油	800～1 000 倍	喷雾	21	
乐斯本（毒死蜱）	40.7%乳油	800～1 500 倍	喷雾	21	
杀螟丹	98%可湿性粉剂	1 800～2 000 倍	喷雾	21	
抗蚜威	50%可湿性粉剂	1 000～2 000 倍	喷雾	21	
灭多威	24%水剂	1 000～2 000 倍	喷雾	30	
丁硫克百威	20%乳油	1 000～2 000 倍	喷雾	21	
氯氟氰菊酯	2.5%乳油	1 500～2 000 倍	喷雾	21	
甲氰菊酯	20%乳油	1 500～2 000 倍	喷雾	30	低温时使用效果更好
氰戊菊酯	20%乳油	1 500～2 000 倍	喷雾	21	
溴氰菊酯	2.5%乳油	1 500～2 000 倍	喷雾	28	
顺式氰戊菊酯	5%乳油	2 000～2 500 倍	喷雾	21	
氟氰菊酯	30%乳油	3 000～4 000 倍	喷雾	21	
顺式氯氰菊酯	10%乳油	3 000～4 000 倍	喷雾	21	
氯氰菊酯	10%乳油	1 000～1 200 倍	喷雾	30	
福美双	50%可湿性粉剂	500～800 倍	喷雾	21	
抑霉唑	22.2%乳油	1 000～1 500 倍	浸果		浸湿后取出贮藏

（续）

通用名	剂型及含量	稀释倍数	施用方法	最后一次施药距采果的天数（安全间隔期）	实施要点及其说明
硫线磷	10%颗粒剂	3～4千克/（亩·次）	撒于土中	120	树盘内3～5厘米表土疏松撒药后覆土
百草枯	20%水剂	200～300毫升/（亩·次）	低压喷雾		杂草生长旺盛期低压喷雾

*为高毒农药，有其他低毒或中毒农药代替品种时，优先选用低毒、中毒农药。

柑橘生产中允许使用的主要农药见表6-3。

表6-3　柑橘生产中允许使用的农药

通用名	剂型及含量	稀释倍数	施用方法	最后一次施药距采果的天数	实施要点及其说明
浏阳霉素*	10%乳油	1 000～2 000倍	喷雾	15	
华光霉素*	2.5%可湿性粉剂	400～600倍	喷雾	15	发生早期使用
苦参*	0.36%水剂	400～600倍	喷雾	15	
硫黄*	50%悬浮剂	200～400倍	喷雾	15	不能与矿物油混用也不能在其后施用
机油乳剂*	95%乳油	50～200倍	喷雾	15	花蕾期至第二次生理落果期和成熟前45天不用药，有冻害的地区冬季不用药

（续）

通用名	剂型及含量	稀释倍数	施用方法	最后一次施药距采果的天数	实施要点及其说明
哒螨灵	15%乳油	1 500～2 000 倍	喷雾	30	
四螨嗪	20%悬乳剂	1 500～2 000 倍	喷雾	30	
噻螨酮	5%乳油、5%可湿性粉剂	1 500～2 000 倍	喷雾	30	
氟虫脲	5%乳油	600～2 000 倍	喷雾	30	
苯丁锡	50%可湿性粉剂	2 000～3 000 倍	喷雾	21	
苯螨特	10%乳油	1 500～2 000 倍	喷雾	21	
溴螨酯	50%乳油	1 000～3 000 倍	喷雾	21	
吡螨胺	10%可湿性粉剂	2 000～3 000 倍	喷雾	21	
阿维菌素	1.8%乳油	2 500～3 000 倍	喷雾	21	
苏云金杆菌*	100 亿个/毫升悬浮剂	500～1 000 倍	喷雾	15	
烟碱*	10%乳油	500～800 倍	喷雾	15	
鱼藤酮*	2.5%乳油	200～500 倍	喷雾	15	
辛硫磷*	50%乳油	500～800 倍	喷雾	15	傍晚进行
敌百虫	90%晶体	800～1 000 倍	喷雾	28	
噻嗪酮	25%可湿性粉剂	1 000～1 500 倍	喷雾	35	2 龄期喷药，对成虫无效
定虫隆	5%乳油	1 000～2 000 倍	喷雾	35	
除虫脲	20%悬浮剂	1 500～3 000 倍	喷雾	35	
伏虫隆	5%乳油	1 000～2 000 倍	喷雾	30	
灭幼脲	25%悬浮剂	1 000～1 500 倍	喷雾	30	
啶虫脒	3%乳油	1 500～2 500 倍	喷雾	21	
吡虫啉	10%可湿性粉剂	1 200～1 500 倍	喷雾	21	
抗霉菌素 120*	2%水剂	200 倍	喷雾	15	

（续）

通用名	剂型及含量	稀释倍数	施用方法	最后一次施药距采果的天数	实施要点及其说明
多氧霉素*	10%可湿性粉剂	1 000～1 500倍	喷雾	15	
石硫合剂*	45%结晶	早春180～300倍 晚秋300～500倍	喷雾	15	30℃以上降低浓度和施药次数
波尔多液*	0.5%等量式	0.5%等量式	喷雾	15	
王铜*	30%悬浮剂	600～800倍	喷雾	15	
氢氧化铜*	77%可湿性粉剂	400～600倍	喷雾	15	
络胺铜	14%水剂	300～500倍	喷雾	15	
链霉素*	72%可湿性粉剂	600～700毫升/千克	喷雾	15	弱树易发生喷药后落叶（笔者加注）
春蕾霉素*	4%可湿性粉剂	15～50毫克/千克用于治疗树脂病	喷雾	15	
代森锌	80%可湿性粉剂	600～800倍	喷雾	21	
代森铵	50%水剂	500～800倍	喷雾	21	
代森锰锌	80%可湿性粉剂	600～800倍	喷雾	21	
三乙磷酸铝	80%可湿性粉剂		喷雾、涂抹	21	
甲基硫菌灵	70%可湿性粉剂	1 000～1 500倍	喷雾	30	
异菌脲	50%可湿性粉剂	1 000毫升/千克	浸果		浸湿后取出贮藏
多菌灵	50%可湿性粉剂	500～1 000倍	喷雾	21	
甲霜灵	25%可湿性粉剂	100～400倍	喷雾、涂抹		

（续）

通用名	剂型及含量	稀释倍数	施用方法	最后一次施药距采果的天数	实施要点及其说明
百菌清	75%可湿性粉剂	500～800	喷雾	21	
溴菌腈	25%乳油或可湿性粉剂	500～800	喷雾	21	
咪鲜胺	25%乳油	500～1000	浸果		浸湿后取出贮藏
噻菌灵	45%悬浮剂	300～450	浸果		
噻枯唑	25%可湿性粉剂	500～800	喷雾	21	
棉隆	75%可湿性粉剂或95%原粉	线虫 3.2～4.8 千克加水 75 升，30～50 克/米^2	沟施毒土撒施	120	
草甘膦	10%水剂	750～1 000 毫升	喷雾		
莠去津	50%可湿性粉剂	150～250 克（砂壤土）300～400 克（壤土），400～500 克（黏土）	喷雾	豆科和十字花科敏感	
氟乐灵	45%乳油	125～200 毫升	喷雾	药后 5～7 天间作物播种	
二甲戊乐灵	33%乳油	200～300 毫升	喷洒表土	芽前	
乙草胺	50%乳油	40～90 毫升	喷雾		以下果园除草较不多用（笔者注）
氟草烟	20%乳油	75～150 毫升	喷雾		
喹禾灵	10%乳油	75～200 毫升	喷雾		
吡氟乙草	12.5%乳油	50～160 毫升	喷雾		
茅草枯	60%钠盐	500～1 500 毫升	喷雾		施药以早晚皆宜，不能与激素类除草剂和百草枯等混用
稀禾定	20%乳油	85～200 毫升	喷雾		
吡氟禾草灵	35%乳油	67～160 毫升	喷雾		

* 为生物源农药和矿物农药。

为省时省工，有的农药叶面肥可混用，有的混用会降效，甚至出现药害。柑橘常用农药、叶面肥混用，见表6-4。

表6-4　柑橘常用农药叶面肥混用表

（徐建国）

	多菌灵	苯丁锡	克螨特	溴氰菊酯	机油乳剂	三氟氯氰菊酯	甲氰菊酯	噻螨酮	除虫菊酯	松碱合剂	石硫合剂	波尔多液	代森锰锌	苏云金杆菌	九二〇	硫酸铵	尿素	过磷酸钙	磷酸二氢钾
多菌灵		+	+	+	+	+	+	+	+	×	×	×	+	+	—	+	+	+	+
苯丁锡	+		+	+	+	+	+	+	+	×	×	×	+	+	+	+	+	+	+
克螨特	+	+		+	+	+	+	+	+	×	×	×	+	+	—	+	+	—	+
溴氰菊酯	+	+	+		+	—	—	+	—	×	×	×	+	+	—	+	+	+	+
机油乳剂	+	+	+	+		+	+	+	+	×	×	×	+	+	—	+	+	+	+
三氟氯氰菊酯	+	+	+	—	+		—	+	—	×	×	×	+	+	—	+	+	+	+
甲氰菊酯	+	+	+	—	+	—		+	—	×	×	×	+	+	—	+	+	+	+
噻螨酮	+	+	+	+	+	+	+		+	+	+	+	+	+	+	+	+	+	+
除虫菊酯	+	+	+	—	+	—	—	+		×	×	×	+	+	+	+	+	+	+
松碱合剂	×	×	×	×	×	×	×	+	×		×	×	×	×	×	×	×	×	×
石硫合剂	×	×	×	×	×	×	×	+	×	×			×	×	×	×	×	×	×
波尔多液	×	×	×	×	×	×	×	+	×	×	×		×	×	×	×	×	×	×
代森锰锌	+	+	+	+	+	+	+	+	×	×	×	×		×		+	+	+	+
苏云金杆菌	+	+	+	+	+	+	+	+	+	×	×	×	×		+	+	+	×	+
九二〇	—	+	—	—	—	—	—	+	+	×	×	×	×	+		+	+	+	+
硫酸铵	+	+	+	+	+	+	+	+	+	×	×	×	+	+	+		+	+	+
尿素	+	+	+	+	+	+	+	+	+	×	×	×	+	+	+	+		+	+
过磷酸钙	+	+	+	+	+	+	+	+	+	×	×	×	+	×	+	+	+		+
磷酸二氢钾	+	+	+	+	+	+	+	+	+	×	×	×	+	+	+	+	+	+	

+表示可混用；×表示不可混用；—表示不必混用。

第二节 柑橘病虫害生物防治

柑橘园的生物防治，是实现无公害生产的重要组成部分。尤其是利用天敌防治害虫生产上已在应用。通过对天敌昆虫的保护、引移、人工繁殖和释放，科学用药，创造有利于天敌昆虫繁殖的生态环境，使天敌昆虫在柑橘果树的生物防治中发挥应有的作用。

一、柑橘害虫的天敌昆虫

我国的柑橘天敌昆虫已发现很多，主要有以下几种：

1. 异色瓢虫 异色瓢虫捕食橘蚜、木虱、红蜘蛛等。

2. 龟纹瓢虫 龟纹瓢虫捕食橘蚜、棉蚜、麦蚜和玉米蚜等。

3. 深点食螨瓢虫 该虫又名小黑瓢虫，其成虫和幼虫均捕食红蜘蛛和四斑黄蜘蛛，捕食量比塔六点蓟马、钝绥螨大，是四川、重庆柑橘园螨类天敌的优势种。

此外，还有腹管食螨瓢虫、整胸寡节瓢虫、湖北红唇瓢虫、红点唇瓢虫、拟小食螨瓢虫、黑囊食螨瓢虫、七星瓢虫等，限于篇幅此略。

4. 日本方头甲 该虫捕食矢尖蚧、糠片蚧、黑点蚧、褐圆蚧、白轮蚧、桑盾蚧、米兰白轮蚧、琉璃圆蚧、柿绵蚧和樟囊蚧等。

5. 大草蛉 该虫捕食蚜虫、红蜘蛛。

6. 中华草蛉 该虫捕食蚜虫和红蜘蛛。

7. 塔六点蓟马 该虫捕食红蜘蛛、四斑黄蜘蛛等螨类，尤其以早春其他天敌少时较多，且具较强的抗药性。

8. 尼氏钝绥螨 该螨捕食红蜘蛛和四斑黄蜘蛛等。

9. 德氏钝绥螨 该螨捕食红蜘蛛和跗线螨。

10. 矢尖蚧蚜小蜂 该虫寄生于矢尖蚧未产卵的雌成虫。

11. 矢尖蚧花角蚜小蜂 该虫寄生于矢尖蚧的产卵雌成虫。

12. 黄金蚜小蜂 该虫寄生于褐圆蚧、红圆蚧、糠片蚧、黑点蚧、矢尖蚧、黄圆蚧和黑刺粉虱等害虫。

此外，还有盾蚧长缨蚜小蜂、双带巨角跳小蜂、红蜡蚧扁角跳小蜂等天敌。

13. 粉虱细蜂 该虫寄生于黑刺粉虱、吴氏刺粉虱和柑橘黑刺粉虱。

14. 白星姬小蜂 寄生于潜叶蛾的2龄及3龄幼虫，对潜叶蛾的发生有显著的抑制作用。

15. 广大腿小蜂 该虫寄生于拟小黄卷叶蛾、小黄卷蛾等。

16. 汤普逊多毛菌 寄生于锈壁虱。

17. 粉虱座壳孢 该菌除寄生于柑橘粉虱外，还寄生于双刺姬粉虱、绵粉虱、桑粉虱、烟粉虱和温室白粉虱等。

18. 褐带长卷叶蛾颗粒体病毒 寄生于褐带长卷叶蛾幼虫。

二点螳螂、海南蝽、蟾蜍等也是柑橘害虫的天敌。

二、柑橘园天敌昆虫保护利用

1. 人工饲养和释放天敌控制害虫 如室内用青杠和玉米等花粉来繁殖钝绥螨等防治红蜘蛛，用马铃薯饲养桑盾蚧来繁殖日本方头甲和湖北红点唇瓢虫等防治矢尖蚧等；用夹竹桃叶饲养褐圆蚧，用马铃薯饲养桑盾蚧来繁殖蚜小蜂防治褐圆蚧等；用蚜虫或米蛾卵饲养大草蛉防治木虱、蚜虫；用柞蚕或蓖麻蚕卵繁殖松毛虫赤眼蜂防治柑橘卷叶蛾等。

2. 人工助迁天敌 如将尼氏钝绥螨多的柑橘园中带天敌的柑橘叶片摘下，挂于红蜘蛛多而天敌少的柑橘园内，防治柑橘叶螨；将被粉虱细蜂寄生的黑刺粉虱蛹多的柑橘叶摘下，挂于黑刺粉虱严重而天敌少的柑橘园中，让寄生蜂羽化后寄生于黑刺粉虱若虫；将被寄生蜂寄生的矢尖蚧多的柑橘叶片采下，放于寄于蜂保护器中，挂在矢尖蚧严重而天敌少的柑橘园中防治矢尖蚧等。

3. 改善果园环境条件 创造有利于天敌生存和繁殖的生态环境，使天敌在柑橘园中长期保持一定的数量，将害虫控制在经济受害水平之下。如在柑橘园内种植某些豆科作物或藿香蓟，以利用其花粉或间作物上的红蜘蛛繁殖捕食螨，再转而控制柑橘上的红蜘蛛等。在柑橘园周围种植泡桐和榆树等植物，来繁殖桑盾蚧等，作为日本方头甲、整胸寡节瓢虫和湖北红点唇瓢虫等的食料和中间宿主。又如在柑橘园套种多年生的草本植物薄荷、留兰香，可在此类植物的叶片、茎秆上匿藏不少捕食螨、瓢虫、蜘蛛、蓟马、草蛉等天敌而防治红蜘蛛的为害。间种近年从澳大利亚引进的固氮牧草，有利于不少捕食螨、瓢虫、蓟马和草蛉等天敌匿藏和繁殖，可减少柑橘园红蜘蛛的为害。此外，增加柑橘园的湿度，有利于汤普逊多毛菌、粉虱座壳孢和红霉菌的传播、侵染和繁殖。

4. 使用选择性农药 使用选择性农药是最重要的保护天敌的措施之一。如在红蜘蛛等叶螨发生时，应少喷或不喷有机磷等广谱性杀虫剂，主要喷施机油乳剂、克螨特、四螨嗪、速螨酮和三唑锡等，以减少对食螨瓢虫和捕食螨的杀害作用；防治矢尖蚧应喷施机油乳剂和噻嗪铜等对天敌低毒的药剂，少喷施或不喷施有机磷等农药，以保护矢尖蚧等的捕食和寄生天敌；在锈壁虱发生和危害较重的柑橘产区和季节，应尽量少喷施或不喷施波尔多液等杀真菌药剂，以免杀死汤普逊多毛菌，导致锈壁虱的大量发生。

5. 改变施药时间和施药方式 选择天敌少的时候喷施药。如对红蜘蛛和四斑黄蜘蛛应在早春发芽时进行化学防治，因此时天敌很少。开花后气温逐渐升高，天敌逐渐增多，一般不宜全园喷药，必要时可用一些选择性药剂进行挑治少数虫口多的柑橘植

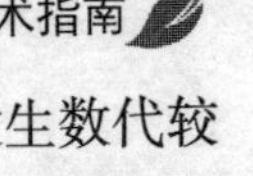

株，尤其是不应用广谱性杀虫、杀螨剂。对矢尖蚧等发生数代较多的蚧类害虫，应提倡在第一代的1～2龄若虫盛发期时进行化学防治，以减少对天敌的杀伤。

第三节　柑橘主要病虫害防治

一、裂皮病

1. 症状　病树通常表现为砧木部树皮纵裂，严重的树皮剥落，有时树皮下有少量胶质，植株矮化，有的出现落叶枯枝，新梢短而少。裂皮病见图6-1。

图6-1　裂皮病

2. 病原　由病毒引起，是一种没有蛋白质外壳的游离低分子核酸。

3. 发病规律　病原通过汁液传播。除通过带病接穗或苗木传播外，在柑橘园主要通过工具（枝剪、果剪、嫁接刀、锯等）所带病树汁液与健康株接触而传播。此外，田间植株枝梢、叶片互相接触也可由伤口传播。

4. 防治方法　一是用指示植物——伊特洛香橼亚利桑那861品系鉴定出无病母树进行采穗嫁接。二是用茎尖嫁接培育脱毒苗。三是将枝剪、果剪、嫁接刀等工具，用10%的漂白粉消毒（浸泡1分钟）后，用清水冲洗后再用。四是选用耐病砧木，如红橘。五是一旦园内发现有个别病株，应及时挖除、烧毁。

二、黄龙病

1. 症状 黄龙病又名黄梢病，系国内、外植物检疫对象。

黄龙病的典型症状有黄梢型和黄斑型，其次是缺素型，见图6－2。

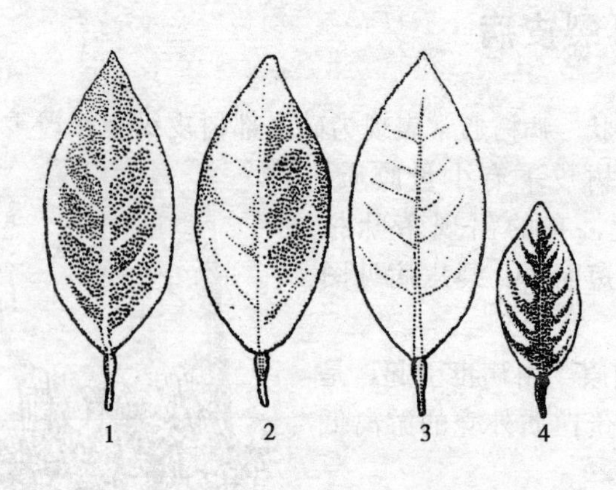

图6－2 黄龙病3种类型的黄化叶

1、2. 斑驳黄化叶 3. 均匀黄化叶 4. 缺素型黄化叶

该病发病之初，病树顶部或外围1～2枝或多枝新梢叶片不转绿而呈均匀的黄化，称为黄梢型。多出现在初发病树和夏秋梢上，叶片呈均匀的淡黄绿色，且极易脱落。有的叶片转绿后从主、侧脉附近或叶片基部沿叶缘出现黄绿相间的不均匀斑块，称黄斑型。黄斑型在春、夏、秋梢病枝上均有。病树进入中、后期，叶片均匀黄化，先失去光泽，叶脉凸出，木栓化，硬脆而脱落。重病树开花多，结果少，且小而畸形，病叶少，叶片主、侧脉绿色，其脉间叶肉呈淡黄或黄色，类似缺锌、锰、铁等微量元素的症状，称为缺素型。病树严重时根系腐烂，直至整株死亡。

果实上表现为：不完全着色，仅在果蒂部与部分果顶部着

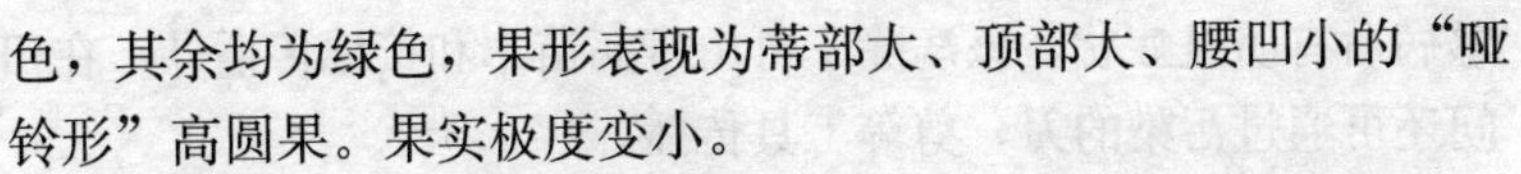

色，其余均为绿色，果形表现为蒂部大、顶部大、腰凹小的“哑铃形”高圆果。果实极度变小。

2. 病原　黄龙病为类细菌为害所致，它对四环素和青霉素等抗生素以及湿热处理较为敏感。

3. 发病规律　病原通过带病接穗和苗木进行远距离传播。柑橘园内传播系柑橘木虱所为。幼树感病，成年树较耐病，春梢发病轻，夏、秋梢发病重。

4. 防治方法　一是严格实行检疫，严禁从病区引苗木、接穗和果实到无病区（或保护区）。二是一旦发现病株，及时挖除、烧毁，以防蔓延。三是通过指示植物鉴定或茎尖嫁接脱除病原后建立无病母本园。四是砧木种子和接穗要用49℃热湿空气处理50分钟或用1 000毫克/千克浓度盐酸四环素或盐酸土霉素处理2小时，或500毫克/千克浓度浸泡3小时后取出用清水冲洗。五是隔离种植，选隔离条件好的地域建立苗圃或柑橘园，严防柑橘木虱。六是对初发病的结果树，用1 000毫克/千克盐酸四环素或青霉素注射树干，有一定的防治效果。

三、碎叶病

1. 症状　病树砧穗结合处环缢，接口以上的接穗肿大。叶脉黄化，植株矮化，剥开结合部树皮，可见砧穗木质部间有一圈缢缩线，此处易断裂，裂面光滑。严重时叶片黄化，类似环剥过重出现的黄叶症状。碎叶病见图6-3。

图6-3　碎叶病

2. 病原　由碎叶病毒引起，是一种短线状病毒。

3. 发病规律　枳橙砧上

感病后有明显症状。该病除了可由带病苗木和接穗传播外，在田间还可通过污染的刀、剪等工具传播。

4. 防治方法 一是严格实行植物检疫，严禁带病苗木、接穗、果实进入无病区，一旦发现，立即烧毁。二是建立无病苗圃，培育无病毒苗。无病毒母株（苗）可通过：①利用指示植物鉴定，选择无病毒母树；②热处理消毒，获得无病毒母株，在人工气候箱或生长箱中，每天白天16小时，40℃，光照：夜间8小时，30℃，黑暗；处理带病柑橘苗3个月以上可获得无病毒苗。③热处理和茎尖嫁接相结合进行母株脱毒。在生长箱中处理，每天光照和黑暗各12小时，35℃处理19～32天，或昼40℃，夜30℃处理9天加昼35℃、夜30℃处理13～20天，接着取0.2毫米长的茎尖进行茎尖嫁接，可获得无病毒苗。三是对刀、剪等工具，用10%的漂白粉液进行消毒后，用清水冲洗后再用。四是对枳砧已受碎叶病侵染，嫁接部出现障碍的植株，采用靠接耐病的红橘砧，可恢复树势，但此法在该病零星发生时不宜采用。五是一旦发现零星病株，挖除、烧毁。

四、温州蜜柑萎缩病

1. 症状 温州蜜柑萎缩病，又名温州蜜柑矮缩病。我国从日本引进的有些特早熟温州蜜柑带有此病。此病主要危害温州蜜柑，也危害脐橙、夏橙、伊予柑等，但多数寄主为隐症状带毒者。

病株春梢新芽黄化，新叶变小皱缩，叶片两侧明显向叶背面反卷成船形或匙形，全株矮化，枝叶丛生。一般仅在春梢上出现症状，夏秋梢上症状不明显。严重时开花多结果少，果实小而畸形，蒂部果皮变厚。

2. 病原 系由温州蜜柑萎缩病毒引起的一种病毒性病害。

3. 发病规律 病害最初是散点性发病，以后以发病树为中

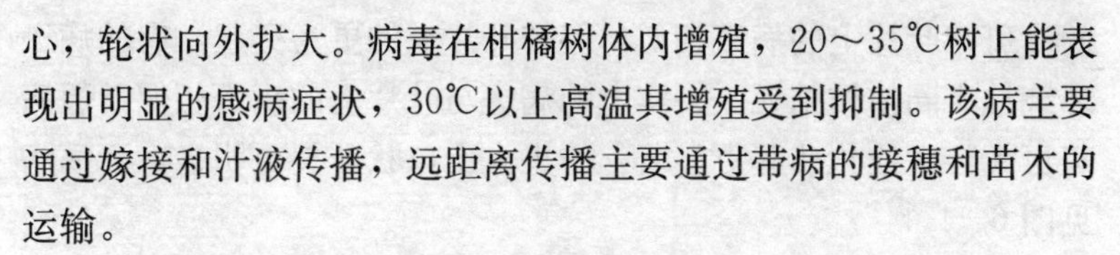

心，轮状向外扩大。病毒在柑橘树体内增殖，20～35℃树上能表现出明显的感病症状，30℃以上高温其增殖受到抑制。该病主要通过嫁接和汁液传播，远距离传播主要通过带病的接穗和苗木的运输。

4. 防治方法　一是从无病的树上采穗。将带毒母树置于白天40℃，夜间30℃（各12小时）的高温环境热处理42～49天后采穗嫁接，或用上述温度热处理7天后取其嫩芽作茎尖嫁接可脱除该病毒。二是及时砍伐重症的中心病株，并加强肥水管理，增加轻病树的树势。三是病树园更新时进行深翻。

五、溃疡病

1. 症状　溃疡病是柑橘的细菌性病害，为国内、外植物检疫对象。该病为害柑橘嫩梢、嫩叶和幼果。叶片发病开始在叶背出现针尖大的淡黄色或暗绿色油渍状斑点，后扩大成灰褐色近圆形病斑。病斑穿透叶片正反两面并隆起，且叶背隆起较叶面明显，中央呈火山口状开裂，木栓化，周围有黄褐色晕圈。枝梢上

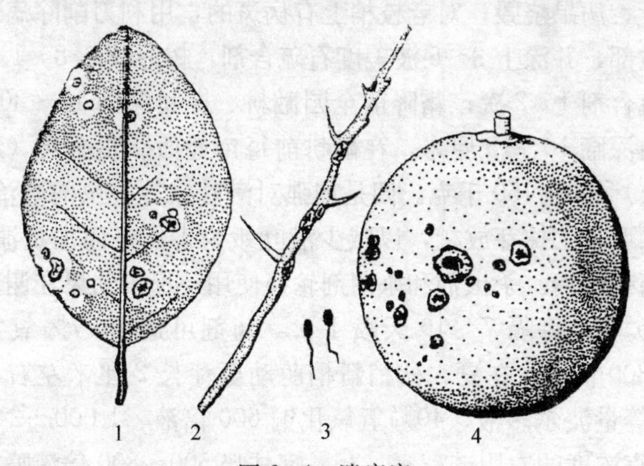

图6-4　溃疡病

1. 病叶　2. 病枝　3. 病原细菌　4. 病果

的病斑与叶片上的病斑相似，但较叶片上的更为突起，有的病斑环绕枝1圈使枝枯死。果实上的病斑与叶片上的病斑相似，但病斑更大，木栓化凸起更显著，中央火山口状开裂更明显。溃疡病见图6-4。

2. 病原 该病由野油菜黄单胞杆菌柑橘致病变种引起，已明确有A、B、C 3个菌系存在。我国的柑橘溃疡病均属A菌系，即致病性强的亚洲菌系。

3. 发病规律 病菌在病组织上越冬，借风、雨、昆虫和枝叶接触作近距离传播，远距离传播由苗木、接穗和果实引起。病菌从伤口、气孔和皮孔等处侵入。夏梢和幼果受害严重，秋梢次之，春梢轻。气温25～30℃和多雨、大风条件会使溃疡病盛发，感染7～10天即发病。苗木和幼树受害重，甜橙和幼嫩组织易感病，老熟和成熟的果实不易感病。

4. 防治方法 一是严格实行植物检疫，严禁带病苗、接穗、果实进入无病区，一旦发现，立即彻底烧毁。二是建立无病苗圃，培育无病苗。三是加强栽培管理，彻底清除病原。增施有机肥、钾肥，搞好树盘覆盖；在采果后及时剪除溃疡病枝，清除地面落叶、病果烧毁；对老枝梢上有病斑的，用利刀削除病班，深达木质部，并涂上3～5波美度石硫合剂，树冠喷0.8～1.0波美度石硫合剂1～2次；霜降前全园翻耕、株间深翻15～30厘米，树盘内深翻10～15厘米，在翻耕前每亩地面撒熟石灰（红黄壤酸性土）100～150千克。四是加强对潜叶蛾等害虫的防治。夏、秋梢采取人工抹芽放梢，以减少潜叶蛾为害伤口而加重溃疡病。五是药剂防治。杀虫剂和杀菌剂轮换使用，保护幼果在谢花后喷2～3次药，每隔7～10天喷1次，药剂可选用77%氧氯化铜500～800倍液；在夏、秋梢新梢萌动至芽长2厘米左右，选用0.5%等量波尔多液、40%氢氧化铜600倍液、1 000～2 000毫克/千克浓度的农用链霉素、25%噻枯唑500～800倍液喷施。注意药剂每年最多使用次数和安全间隔期，如氢氧化铜和氧氯化

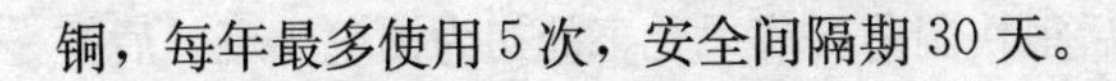

铜，每年最多使用5次，安全间隔期30天。

六、疮痂病

1. 症状　主要为害嫩叶、嫩梢，花器和幼果等。其症状表现：叶片上的病斑，初期为水渍状褐色小圆点，后扩大为黄色木栓化病斑。病斑多在叶背呈圆锥形凸起，正面凹下。病斑相连后使叶片扭曲畸形。新梢上的病斑与叶片上相似，但凸起不如叶片

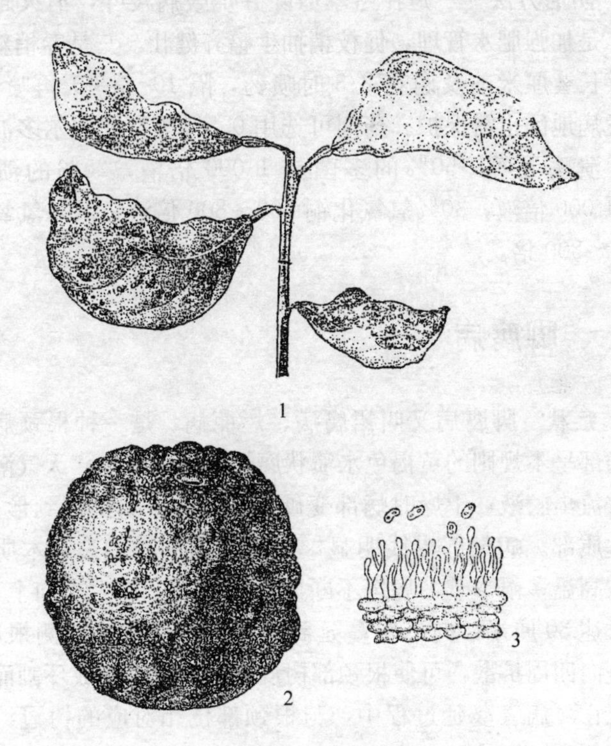

图6-5　疮痂病

1. 新梢被害状　2. 病果　3. 病原菌

（引自《柑橘栽培》）

上明显。花瓣受害后很快凋落。病果受害处初为褐色小斑，后扩大为黄褐色圆锥形木栓化瘤状凸起，呈散生或聚生状。严重时果实小，果皮厚，果味酸而且出现畸形和早落现象。疮痂病见图6-5。

2. 病原 疮痂病菌属半知亚门痂圆孢属的柑橘疮痂圆孢菌。

3. 发病规律 以菌丝体在病组织中越冬。翌年春，阴雨潮湿，气温达15℃以上产生分生孢子，借风、雨和昆虫传播。为害幼嫩组织，尤以未展开的嫩叶和幼果最易感染。

4. 防治方法 一是在冬季剪除并烧毁病枝叶，消灭越冬病原。二是加强肥水管理，促枝梢抽生整齐健壮。三是春梢新芽萌动至芽长2厘米前及谢花2/3时喷药，隔10～15天再喷1次，秋梢发病地区也需保护。药剂可选用0.5％等量式波尔多波、多菌灵、溃疡灵等。50％的多菌灵1 000倍液，25％的溃疡灵800～1 000倍液，30％氧氯化铜600～800倍液，77％氢氧化铜用500～800倍。

七、脚腐病

1. 症状 脚腐病又叫裙腐病、烂蔸病，是一种根颈病。其症状病部呈不规则的黄褐色水渍状腐烂，有酒精味，天气潮湿时病部常流出胶液；干燥时病部变硬结成块，以后扩展到形成层，甚至木质部。病健部界线明显，最后皮层干燥翘裂，木质部裸露。在高温多雨季节，病斑不断向纵横扩展，沿主干向上蔓延，可延长达30厘米，向下可蔓延到根系，引起主根、侧根腐烂；当病斑向四周扩散，可使根颈部树皮全部腐烂，形成环割而导致植株死亡。病害蔓延过程中，与根颈部位相对应的树冠，叶片小，叶片中、侧脉呈深黄色，以后全叶变黄脱落，且使落叶枝干枯，病树死亡。当年或前一年开花结果多，但果小，提前转黄，且味酸易脱落。脚腐病见图6-6。

图 6-6　脚腐病

1. 病状　2. 病原菌（寄生疫霉菌的孢子囊及游动孢子）

2. 病原　已明确系由疫霉菌引起，也有认为是疫霉和镰刀菌复合染传。

3. 发病规律　病菌以菌丝体在病组织中越冬，也可随病残体在土中越冬。靠雨水传播，田间 4～9 月份均可发病，但以7～8 月份最盛。高温、高湿，土壤排水不良，园内间种高秆作物，种植密度过大，树冠郁闭，树皮损伤和嫁接口过低等均利于发病。甜橙砧感病，枳砧耐病，幼树发病轻，大树尤其是衰老树发病重。

4. 防治方法　一是选用枳、红橘等耐病的砧木。二是栽植时，苗木的嫁接口要露出土面，可减少、减轻发病。三是加强栽培管理，做好土壤改良，开沟排水，改善土壤通透性，注意间作物及柑橘的栽植密度，保持园地通风，光照良好等。四是对已发病的植株，选用枳砧进行靠接，重病树进行适当的修剪，以减少养分损失。五是药物治疗。病部浅刮深纵刻后涂药，药物可选择：20%甲霜灵 100～200 倍液、80%乙膦铝 100 倍液、77%氢氧化铜（可杀得）10 倍液和 1∶1∶10 的波尔多浆等。六是用大蒜、人尿等涂刮病斑后的患处，也有良好防效。方法是：将病树腐烂部位的组织及周围 0.5 厘米的健皮全部刮除，沿刮除区外缘将树皮削成 60°左右的斜面，然后用大蒜涂抹患处，注意涂时均匀，使其附着1层蒜液，1周后再涂1次，治愈率98%以上。人尿治疗具体做法是：在离病斑0.5厘米的周围健部用利刀刻划，然后在病斑上以0.5厘米（小更好）的间隔，纵横刻划多道切口，深达木质部，刷上人尿即可，也可刮皮刷治。

八、炭疽病

1. 症状 为害枝梢、叶片、果实和苗木，有时花、枝干和果梗也受为害，严重时引起落叶枯梢，树皮开裂，果实腐烂。叶片上的叶斑分叶斑型和叶枝型两种。病枝上的病斑也是两种：一种多从叶柄基部腋芽处开始，为椭圆形至长菱形，稍下凹，病斑环绕枝条时，枝梢枯死，呈灰白色，叶片干挂枝上；另一种在晚秋梢上发生，病梢枯死部呈灰白色，上有许多黑点，嫩梢遇阴雨

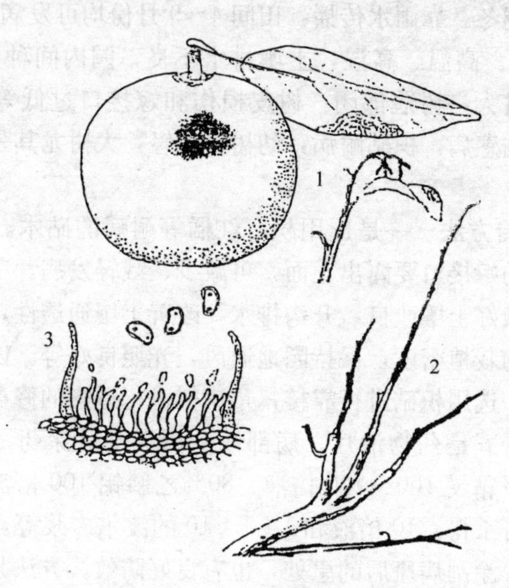

图6-7 炭疽病
1. 病叶、病果 2. 病枝 3. 病原菌

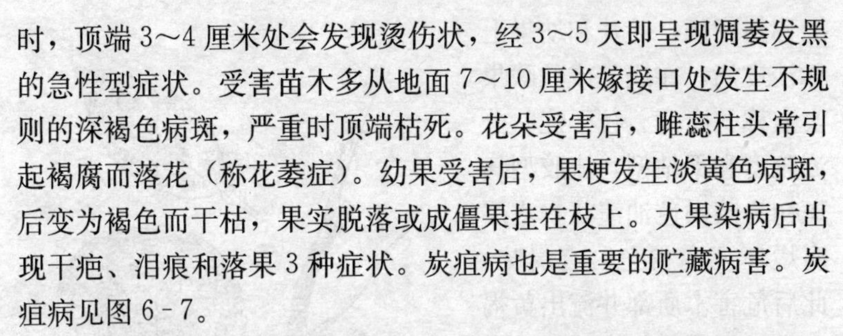

时，顶端3～4厘米处会发现烫伤状，经3～5天即呈现凋萎发黑的急性型症状。受害苗木多从地面7～10厘米嫁接口处发生不规则的深褐色病斑，严重时顶端枯死。花朵受害后，雌蕊柱头常引起褐腐而落花（称花萎症）。幼果受害后，果梗发生淡黄色病斑，后变为褐色而干枯，果实脱落或成僵果挂在枝上。大果染病后出现干疤、泪痕和落果3种症状。炭疽病也是重要的贮藏病害。炭疽病见图6-7。

2. 病原　病菌属半知菌亚门的有刺炭疽孢属的胶孢炭疽菌。

3. 发病规律　病菌在组织内越冬，分生孢子借风、雨、昆虫传播，从植株伤口、气孔和皮孔侵入。通常在春梢后期开始发病，以夏、秋梢发病多。

4. 防治方法　一是加强栽培管理，深翻土壤改土，增施有机肥，并避免偏施氮肥、忽视磷肥、钾肥的倾向，特别是多施钾肥（如草木灰）。做好防冻、抗旱、防涝和其他病虫害的防治，以增强树势，提高树体的抗性。二是彻底清除病源，剪除病枝梢、叶和病果梗集中烧毁，并随时注意清除落叶落果。三是药剂防治，在春、夏、秋梢嫩梢期各喷1次，着重在幼果期喷1～2次，7月下旬至9月上、中旬果实生长发育期15～20天喷1次，连续2～3次。药剂选择0.5%等量式波尔多液、30%氧氯化铜（王铜）600～800倍液、77%氢氧化铜（可杀得）500～800倍液、80%代森锰锌可湿性粉剂（大生M-45）400～600倍液、25%溴菌腈（炭特灵）500～800倍液。

防治苗木炭疽病应选择有机质丰富、排水良好的砂壤土作苗床，并实行轮作。发病苗木要及时剪除病枝叶或拔除烧毁。尤其要注意春、秋季节晴雨交替时期的喷药，药剂同上。

九、树脂病

1. 症状　树脂病在因发病部位不同而有多个名称：在主干

上称树指病，叶片和幼果上称沙皮病，在成熟或贮藏果实上称蒂腐病。枝干症状分流胶型和干枯型。流胶型病斑初为暗褐色油渍状，皮层腐烂坏死变褐色，有臭味，此后危害木质部并流出黄褐色半透明胶液，当天气干燥时病部逐渐干枯下陷，皮层开裂剥落，木质部外露。干枯型的病部皮层红褐色，干枯略下陷，有裂纹，无明显流胶。但两种类型病斑木质部均为浅褐色，病健交界处有一黄褐色或黑褐色痕带，病斑上有许多黑色小点。病菌侵染嫩叶和幼果后使叶表面和果皮产生许多深褐色散生或密集小点，使表皮粗糙似沙粒，故称沙皮病；衰弱或受冻害枝的顶端呈明显褐色病斑，病健交界处有少量流胶，严重时枝条枯死，表面生出许多黑色小点称为枯枝型；病菌危害成熟果实在贮藏中会发生蒂腐病（见贮藏病害）。树脂病见图 6-8。

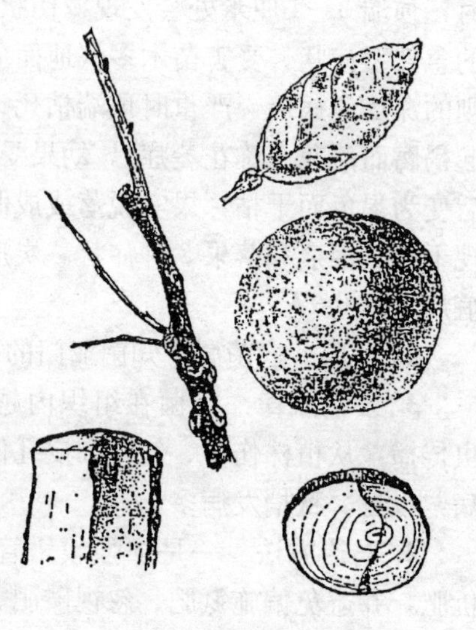

图 6-8　树脂病

（引自《柑橘栽培》）

2. 病原　真菌引起，其有性阶段称柑橘间座壳菌，属子囊菌亚门，无性阶段属半知菌亚门。

3. 发病规律　以菌丝体或分生孢子器生存在病组织中，分生孢子借风、雨、昆虫和鸟类传播，10℃时分生孢子开始萌发，20℃和高湿最适于生长繁殖。春、秋季易发病，冬、夏梢发病缓慢。病菌在生长衰弱、有伤口、冻害时才侵染，故冬季低温冻害有利病菌侵入，木质部、韧皮部皮层易感病。大枝和老树易感病，发病的关键是湿度。

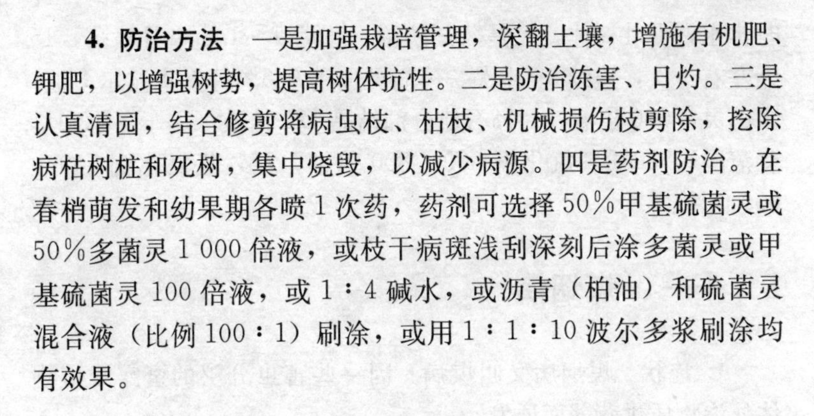

4. 防治方法　一是加强栽培管理，深翻土壤，增施有机肥、钾肥，以增强树势，提高树体抗性。二是防治冻害、日灼。三是认真清园，结合修剪将病虫枝、枯枝、机械损伤枝剪除，挖除病枯树桩和死树，集中烧毁，以减少病源。四是药剂防治。在春梢萌发和幼果期各喷1次药，药剂可选择50%甲基硫菌灵或50%多菌灵1 000倍液，或枝干病斑浅刮深刻后涂多菌灵或甲基硫菌灵100倍液，或1∶4碱水，或沥青（柏油）和硫菌灵混合液（比例100∶1）刷涂，或用1∶1∶10波尔多浆刷涂均有效果。

十、黑斑病

1. 症状　黑斑病又叫黑星病，主要为害果实，叶片受害较轻。症状分黑星型和黑斑型两类。黑星型发生在近成熟的果实上，病斑初为褐色小圆点，后扩大成直径2～3毫米的圆形黑褐色斑，周围稍隆起，中央凹陷呈灰褐色，其上有许多小黑点，一般只为害果皮。果实上病斑多时可引起落果。黑斑型初为淡黄色斑点，后扩大为圆形或不规则形，直径1～3厘米的大黑斑，病斑中央稍凹陷，上生许多黑色小粒点，严重时病斑覆盖大部分果面。在贮藏期间果实腐烂，僵缩如炭状。

2. 病原　该病由半知菌亚门茎点属所致，其无性阶段为柑橘茎点霉菌，其有性阶段称柑橘球座菌。

3. 发病规律　主要以未成熟子囊壳和分生孢子器落在叶上越冬，也可以分生孢子器在病部越冬。病菌发育温度15～38℃，最适25℃，高湿有利于发病。大树比幼树发病重，衰弱树比健壮树发病重。田间7～8月份开始发病，8～10月份为发病高峰。

4. 防治方法　一是冬季剪除病枝、病叶，清除园内病枝、叶烧毁，以减少越冬病源。二是加强栽培管理，增施有机肥，及时排水，促壮树体。三是药剂防治。花后1～1.5个月喷药，15天左右1次，连续3～4次。药剂可选用0.5%等量式波尔多液，多菌灵1 000倍液，45%石硫合剂结晶120倍液（用于冬季和早春清园），30%氧氯化铜600～800倍液，77%氢氧化铜500～800倍液。

十一、煤烟病

1. 症状 煤烟病又叫煤病。因一些害虫分泌的蜜露或植物体外渗物质供营养而诱发。

该病发生在枝梢、叶片和果实上。发病初期表面出现暗褐色点状小霉斑，后继续扩大成绒毛状黑色或灰黑色霉层，后期霉层上散落许多黑色小点或刚毛状突起物霉层，遮盖枝叶和果面阻碍柑橘正常光合作用，导致树势衰退，严重受害时开花少、果实小，品质下降。

不同病原引起的症状也有异：煤炱属煤层为黑色薄纸状，易撕下和自然脱落；刺盾属的煤层如锅底灰，用手擦时即可脱落，多发生于叶面；小煤炱属的煤层则呈辐射状、黑色或暗褐色的小霉斑，分散在叶片正、背面和果实表面。霉斑可相连成大霉斑，菌丝产生细胞，能紧附于寄主的表面，不易脱落。

2. 病原 有30种真菌病原菌，主要有煤炱属、刺盾属、小煤炱属等病原菌所致。

3. 发生规律 煤烟病由多种真菌引起，除小煤炱属是纯寄生菌外，其他均为表面附生菌。以菌丝体及闭囊壳或分生孢子器在病部越冬，次年春季由霉层分散孢子，借风雨传播。果园郁闭，管理不良，湿度大易发生煤烟病。煤烟病常以粉虱类、蚧类或蚜虫类害虫的分泌物为营养而发病。

4. 防治方法 一是抓好粉虱类、蚧类或蚜虫类的防治。二是加强栽培管理，合理修剪，改善果园通风适光条件，完善排

灌设施。三是采后清园，清除已发生的煤烟病，喷施45%石硫合剂结晶200倍液+敌百虫600～800倍液。四是小炱煤属应在发病初期开始防治，药剂采用70%甲基硫菌灵600～800倍液。

十二、白粉病

1. 症状　白粉病主要为害柑橘新梢、嫩叶及幼果。嫩叶上病斑为白色霉斑，呈绒毛状。霉斑在嫩叶正反面均可产生，大多近圆形。霉层下面的叶肉组织开始呈水浸状，以后逐渐失绿，呈褐色，叶肉组织背面呈黄色，严重时霉层覆盖整个叶片，造成叶片皱缩、畸形、落叶。叶片老熟后，病部白色霉层为浅灰褐色。嫩枝受害后无明显黄斑，严重时霉层覆盖整个枝条，导致枝条萎缩，扭曲，甚至枯死。幼果受害与嫩枝相似，果皮皱缩，后期形成僵果。

2. 病原　白粉病病原菌的无性阶段属半知菌类，丛梗孢目，粉孢属。

3. 发生规律　主要以分生孢子借助气流传播，在三峡库区4月中旬气温达到18℃时开始发病，6月中、下旬达到发病高峰，最适合发病的温度为24～30℃。在多雨潮湿的条件下该病易流行。果园偏施氮肥，种植过密，病原下方的果园发病较重，山地果园发病北坡比南坡重，树冠内部枝叶、幼果发病较树冠四周重，近地面枝叶发病较重。

4. 防治方法　一是冬季结合清园喷施45%石硫合剂结晶200倍液或喷施50%甲基硫菌灵800～1 000倍液或77%氢氧化铜（可杀得）可湿性粉剂500～800倍液。二是冬季剪除病枝叶，其他时间剪除受害的徒长枝，集中烧毁，减少病原。三是加强栽培管理，增施磷钾肥及有机肥，控制氮肥用量，提高树体抗病力。

十三、灰霉病

1. 症状 该病主要危害花瓣，也可为害嫩叶、幼果及枝梢。我国柑橘产区均有不同程度发生。开花时遇阴雨天花瓣首先受害。开始有水渍状小点，以后扩大为黄褐色病斑，使花瓣腐烂，并长出灰黄色霉层。如遇干燥天气，变为褐色干枯状。也可使有伤口的幼果、小枝受害。潮湿时嫩叶上有斑点，呈渍水状软腐；干燥时，病斑呈淡黄褐色，半透明。果实上病斑带木栓化，或稍隆起，形状不规则，受害幼果易脱落，小枝受害后常枯萎。

2. 病原 由真菌引起。

3. 发病规律 该病菌核及分生孢子在病部越冬，次年分生孢子和菌核萌发后初次侵染，随后产生大量的分生孢子，反复侵染。该病发生与气候相关：干燥发病较轻或不发病；阴雨连绵，发病较重。

4. 防治方法 做好冬季清园，剪除病枝、病叶烧毁，并喷石硫合剂清园，开花前后结合防治其他病害喷杀菌剂即可。

十四、苗期立枯病

1. 症状 发病时间和部位不同该病有青枯型、顶枯型和芽腐型3种症状。幼苗根颈部萎缩或根部皮层腐烂，叶片凋萎不落，很快青枯死亡的为青枯型；顶部叶片感病后产生圆形或不定型褐色病斑，并很快蔓延枯死的为顶枯型；幼苗胚伸出地面前受害变黑腐烂的为芽腐型。

2. 病原 系多种真菌所致，其中主要有立枯丝核菌、疫霉和茎点霉菌。

3. 发病规律 以菌丝体或菌核在病残体或土壤中越冬，条件适宜时传播、蔓延。田间4～6月份发病多，高温、高湿、大雨或阴雨连绵后突然暴晒时发病多而重。幼苗1～2片真叶时易感病，60天以上的苗较少发病。

4. 防治方法　一是选择地势较高，排水良好的砂壤土育苗。二是避免连作，实行轮作，雨后要及时松土。三是及时拔除并销毁病苗，减少病源。四是药剂防治。播种前20天，用5%棉隆，以30～50克/米^{2}用量进行土壤消毒，或采用无菌土营养袋育苗。田间发现病株时喷药防治，每隔10～15天1次，连续2～3次，药剂可选70%甲基硫菌灵（甲基托布津）可湿性粉剂或50%多菌灵可湿性粉剂800～1 000倍液，0.5：0.5：100的波尔多液，大生M-45可湿性粉剂600～800倍液，25%甲霜灵200～400倍液等。

十五、根线虫病

1. 症状　为害须根。受害根略粗短，畸形、易碎，无正常应有的黄色光泽。植株受害初期，地上部无明显症状，随着虫量增加，受害根系增多，植株会表现出干旱、营养不良症状，抽梢少而晚，叶片小而黄，且易脱落，顶端小枝会枯死。根线虫病见图6-9。

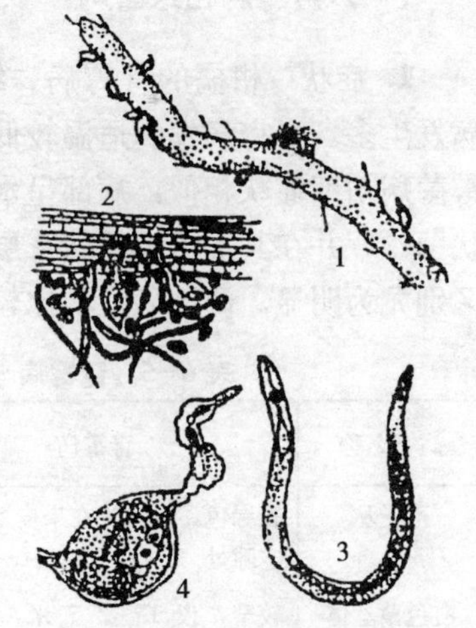

图6-9　根线虫病

1. 须根上寄生的雌成虫及卵囊
2. 病根剖面　3. 幼虫　4. 雌成虫

2. 病原　由半穿刺线虫属的柑橘半穿刺线虫所致。

3. 发病规律　主要以卵和2龄幼虫在土壤中越冬，翌年春发新根时以2龄虫侵入。虫体前端插入寄主皮内固定，后端外露。由带病的苗木和土壤传播，雨水和灌溉水也能作近距离传播。

4. 防治方法 一是加强苗木检验，培育无病苗木。二是选用抗病砧，如枳橙和某些枳作砧木。三是加强肥水管理，增施有机肥和磷肥、钾肥，促进根系生长，提高抗病力。四是药剂防治，2～3月份在病树四周开环形沟，每亩施15%铁灭克5千克，10%克线灵或10%克线丹颗粒5千克，按原药：细沙土为1∶15的比例，配制成毒土，均匀深埋树干周围进行杀灭即可。

此外，还有根结线虫病，此略。

十六、贮藏病害

柑橘的贮藏病害主要是两大类：一类是由病原物侵染所致的侵染性病害，如青霉病、绿霉病、蒂腐病等；另一类是生理性病害，如褐斑病（干疤）、水肿等。

（一）青霉病和绿霉病

1. 症状 柑橘的青霉病、绿霉病均有发生，绿霉病比青霉病发生多。青霉病发病适温较低，绿霉病发病适温较高。青、绿霉菌病初期症状相似，病部呈水渍状软腐，病斑圆形，后长出霉状菌丝，并在其上出现粉状霉层。但两种病症也有差异，后期症区别尤为明显。两种病症状比较，见表6-5。

表6-5 青霉病与绿霉病的症状比较

病害名称	青霉病	绿霉病
孢子丛	青绿色，可发生在果皮上和果心空隙处	橄榄绿色，只发生在果皮上
白色菌丝体	较窄，仅1～2毫米，外观呈粉状	较宽，8～15毫米，略带胶着状，有皱纹
病部边缘	有水渍状，规则而明显	水渍状，边缘不规则，不明显

（续）

病害名称	青霉病	绿霉病
黏着性	对包果纸和其他接触物无黏着力	包果纸黏在果上，也易与其他接触物黏结
气　味	有霉味	有芳香气味

2. 病原　青霉病为意大利青霉侵染所引起，它属半知菌，分生孢子无色，呈扫帚状。绿霉菌由指状青霉所侵染，分生孢子串生，无色单胞，近球形。

3. 发病规律　病菌通过气流和接触传播，由伤口侵入，青霉病发生的最适温度 18～21℃，绿霉病发生的最适温度为 25～27℃，湿度均要求 95%以上。

4. 防治方法　一是适时采收。二是精细采收，尽量避免伤果。三是对贮藏库、窖等用硫黄熏蒸，紫外线照射或喷药消毒，每立方米空间 10 克，密闭熏蒸消毒 24 小时。四是采下的柑橘果实用药液浸 1 分钟，集中处理，并在采果当天处理完毕。药剂可选 50%抑霉唑（万得利）乳油 1 500～2 000 倍液或用 45%噻菌灵（特克多）悬浮剂 800～1 000 倍液。五是改善贮藏条件，通风库以温度 5～9℃，湿度以 90%为宜。

（二）蒂腐病

1. 症状　分褐色蒂腐病和黑色蒂腐两种。褐色蒂腐病症状为果实贮藏后期果蒂与果实间皮层组织因形成离层而分离，果蒂中的维管束尚与果实连着，病菌由此侵入或从果梗伤口侵入，使果蒂部发生褪色病斑。由于病菌在囊、瓣间扩展较快，使病部边缘呈波纹状深褐色，内部腐烂较果皮快，当病斑扩展至 1/3～1/2时，果心已全部腐烂，故名穿心烂。黑色蒂腐病多从果蒂或脐部开始，病斑初为浅褐色、革质，后蔓延全果，病斑随囊瓣排列而蔓延，使果面呈深褐蒂纹直达脐部，用手压病果，常有虎珀色汁流出。高湿条件下，病部长出污黑色气生菌丝，干燥时病果成黑色僵果，病果肉腐烂。

2. 病原 褐色蒂腐由柑橘树脂病所致。黑色蒂腐病的病原有性阶段为柑橘囊孢壳菌，属子囊菌。在病果上常见其无性阶段，病原称为蒂腐色二孢菌，属半知菌亚门。

3. 发病规律 病菌从果园带入，在果实贮藏才发病。病菌从伤口或果蒂部侵入，果蒂脱落、干枯和果皮受伤均易引起发病，高温高湿有利该病发生。

4. 防治方法 一是加强田间管理、防治，将病原杀灭在果园。二是适时、精细采收，减少果实伤口。三是运输工具、贮藏库（房）进行消毒。四是药剂防治同青、绿霉病防治。

十七、红蜘蛛

1. 为害症状 红蜘蛛又叫橘全爪螨，除了为害柑橘以外，还为害梨、桃和桑等经济树种。主要吸食叶片、嫩梢、花蕾和果实的汁液，尤以嫩叶为害为重。叶片受害初期为淡绿色，后出现灰白色斑点，严重时叶片呈灰白色而失去光泽，叶背布满灰尘状蜕皮壳，并引起落叶。幼果受害，果面出现淡绿色斑点；成熟果实受害，果面出现淡黄色斑点；果蒂受害导致大量落果。

2. 形态特征 雌成螨椭圆形，长0.3～0.4毫米，红色至暗红色，体背和体侧有瘤状凸起。雄成螨体略小而狭长。卵近圆球形，初为橘黄色，后为淡红色，中央有一丝状卵柄，上有10～12条放射状丝。幼螨近圆形，有足3对。若螨似成螨，有足4对。红蜘蛛见图6-10。

3. 生活习性 红蜘蛛1年发生12～20代，田间世代重叠。冬季多以成螨和卵在枝叶上，在多数柑橘产区无明显越冬阶段。当气温12℃时虫口渐增，20℃时盛发，20～30℃的气温和

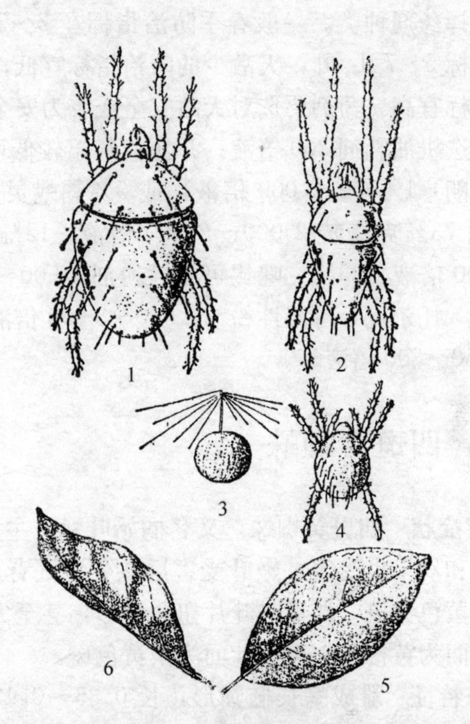

图 6-10　红蜘蛛

1. 雌成虫　2. 雄成虫　3. 卵　4. 幼虫　5. 正常叶　6. 被害叶

（引自《柑橘栽培》）

60%～70%的空气相对湿度，是红蜘蛛发育和繁殖的最适条件。红蜘蛛有趋嫩性、趋光性和迁移性。叶面和背面虫口均多。在土壤瘠薄、向阳的山坡地，红蜘蛛发生早而重。

4. 防治方法　一是利用食螨瓢虫、塔六点蓟马、草蛉、长须螨和钝绥螨等天敌防治红蜘蛛，并在果园种植藿香蓟、白三叶、百喜草、大豆、印度豇豆，冬季还可种植豌豆、肥田萝卜和紫云英等。还可生草栽培，创造天敌生存的良好环境。二是干旱时及时灌水，可以减轻红蜘蛛为害。三是科学用药，避免滥用，特别是对天敌杀伤力大的广谱性农药。科学用药的关键是掌握防治指标和选择药剂种类。一般春季防治指标在 2～3 头/叶，夏、秋季防治指标 5～7 头/叶，天敌少的防治指标宜低；反之，天敌多的防治指标宜高。药剂要选对天敌安全或较为安全的。通常冬季、早春可选机油乳剂 200 倍液；开花前气温较低可选用 5%噻螨酮（尼索朗）1 500～2 000 倍液，或 5%霸螨灵 3 000 倍液；生长期可选 73%克螨特 2 000～2 500 倍液、15%速螨酮乳油 2 000～3 000 倍液、25%三唑锡可湿性粉剂 1 500～2 000 倍液、50%苯丁锡（托尔克）可湿性粉剂 2 000～3 000 倍液、45%石硫合剂结晶 250～300 倍液等。

十八、四斑黄蜘蛛

1. 为害症状 四斑黄蜘蛛，又名橘始叶螨，主要为害叶片，嫩梢、花蕾和幼果也受害。嫩叶受害后在受害处背面出现微凹、正面凸起的黄色大斑，严重时叶片扭曲变形，甚至大量落叶。老叶受害处背面为黄褐色大斑，叶面为淡黄色斑。

2. 形态特征 雌成螨长椭圆形，长 0.35～0.42 毫米，足 4 对，体色随环境而异，有淡黄、橙黄和橘黄等色；体背面有 4 个多角形黑斑。雄成虫后端削尖，足较长。卵圆球形，其色初为淡黄，后渐变为橙黄，光滑。幼螨初孵时淡黄色，近圆形，足 3 对。四斑黄蜘蛛见图 6-11。

3. 生活习性 四川、重庆 1 年发生 20 代。冬季多以成螨和卵在叶背，无明显越冬期，田间世代重叠。成螨 3℃时开始活动，14～15℃时繁殖最快，20～25℃和低湿是最适的发生条件。春芽萌发至开花前后是为害盛期。高温少雨时为害严重。四斑黄蜘蛛常在叶背主脉两侧聚集取食，聚居处常有蛛网覆盖，产卵于其中。喜在树冠内和中、下部光线较暗的叶背取食。对大树为害较重。

4. 防治方法 一是认真做好测报，在花前螨、卵数达 1 头

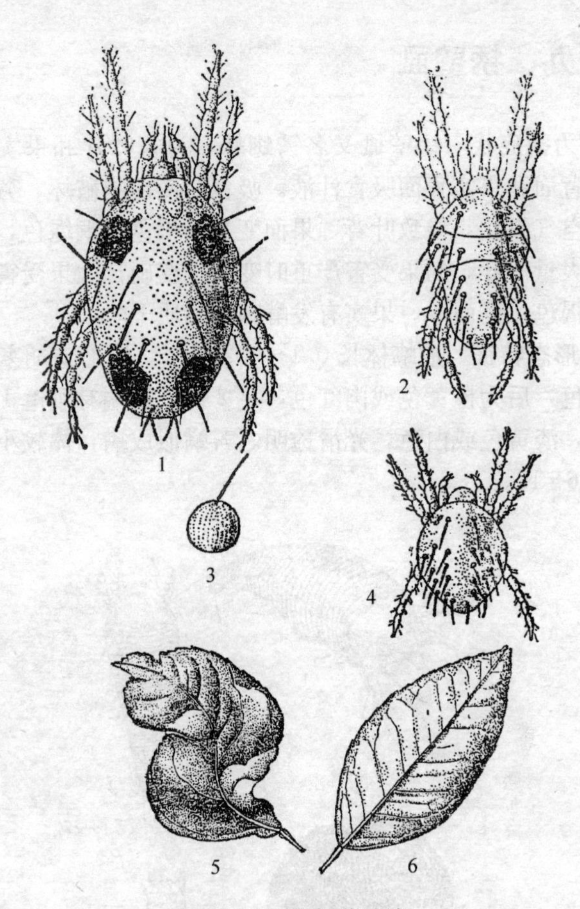

图 6－11　柑橘黄蜘蛛

1. 雌成虫　2. 雄成虫　3. 卵　4. 幼虫　5. 被害叶　6. 正常叶

（引自《柑橘栽培》）

（粒）/叶，花后螨、卵数达 3 头（粒）/叶时进行防治。通常春芽长 1 厘米时就应注意其发生动态，药剂防治主要在 4～5 月进行，其次是 10～11 月，喷药要注意对树冠内部的叶片和叶背喷施。二是合理修剪，使树冠通风透光。三是防治的药剂与红蜘蛛的防治药剂相同。

十九、锈壁虱

1. 为害症状 锈壁虱又名锈蜘蛛，为害叶片和果实，主要在叶片背面和果实表面吸食汁液。吸食时使油胞破坏，芳香油溢出，被空气氧化，导致叶背、果面变为黑褐色或铜绿色，严重时可引起大量落叶。幼果受害严重时变小、变硬；大果受害后果皮变为黑褐色，韧而厚。果实有发酵味，品质下降。

2. 形态特征 成螨体长0.1～0.2毫米，体形似胡萝卜。初为淡黄色，后为橙黄色或肉红色，足2对，尾端有刚毛1对。卵扁圆形，淡黄色或白色，光滑透明。若螨似成螨，体较小。锈壁虱见图6-12。

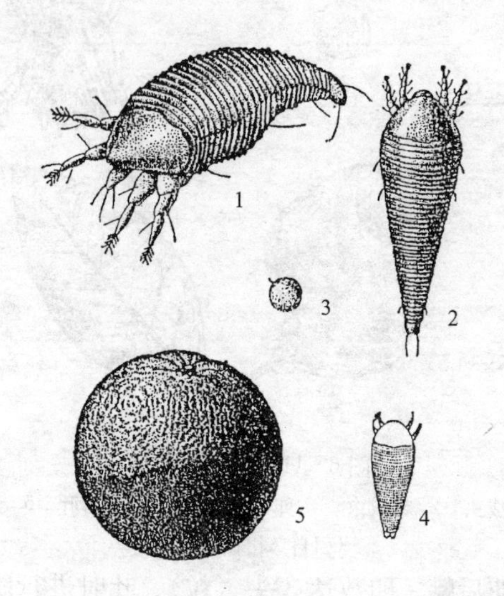

图6-12 锈壁虱

1. 成虫侧面 2. 成虫正面 3. 卵 4. 若虫 5. 甜橙果实被害状

（引自《柑橘栽培》）

3. 生活习性 1年发生18～24代，以成螨在腋芽和卷叶内越冬。日均温度10℃时停止活动，15℃时开始产卵，随春梢抽发迁至新梢取食。5～6月份蔓延至果上，7～9月份为害果实最甚。大雨可抑制其为害，9月后随气温下降，虫口减少。

4. 防治方法　一是剪除病虫枝叶，清出园区，同时合理修剪，使树冠通风透光，减少虫害发生。二是利用天敌，园中天敌少可设法从外地引入，尤以刺粉虱黑蜂、黄盾恩蚜小蜂为有效。三是药剂防治，认真做好测报，从5月份起经常检查，在叶片上或果上有2～3头/视野（10倍手持放大镜的1个视野），当年春梢叶背出现被害状，果园中发现1个果出现被害状时开始防治，药剂可选用75%克螨特2 000倍液，或1.8%阿维菌素乳油2 500倍液，10%吡虫啉可湿性粉剂1 200～1 500倍液，40%乐斯本（毒死蜱）乳油1 500倍液，90%晶体敌百虫600～800倍液，40%乐果乳油800～1 000倍液，0.5%果圣1 000倍液。

二十、矢尖蚧

1. 为害症状　矢尖蚧又名尖头介壳虫，以若虫和雌成虫取食叶片、果实和小枝汁液。叶片受害轻时，被害处出现黄色斑点或黄色大斑，受害严重时叶片扭曲变形，甚至枝叶枯死。果实受害后呈黄绿色，外观、内质变差。

2. 形态特征　雌成虫介壳长形，稍弯曲，褐色或棕色，长约3.5毫米。雌成虫体橙红色，长形，雄成虫体橙红色。卵椭圆形，橙黄色。矢尖蚧见图6-13。

3. 生活习性　1年发生2～4代，以雌成虫和少数2龄若虫越冬。当日平均气温17℃以上时，越冬雌成虫开始产卵孵化，世代重叠，17℃以下时停止产卵。雌虫蜕皮两次后成为成虫。雄若虫则常群集于叶背为害，2龄后变为预蛹，再经蛹变为成虫。在重庆，各代1龄若虫高峰期分别出现在5月上旬、7月中旬和9月下旬。温暖潮湿的条件有利其发生。树冠郁闭的易发生，且

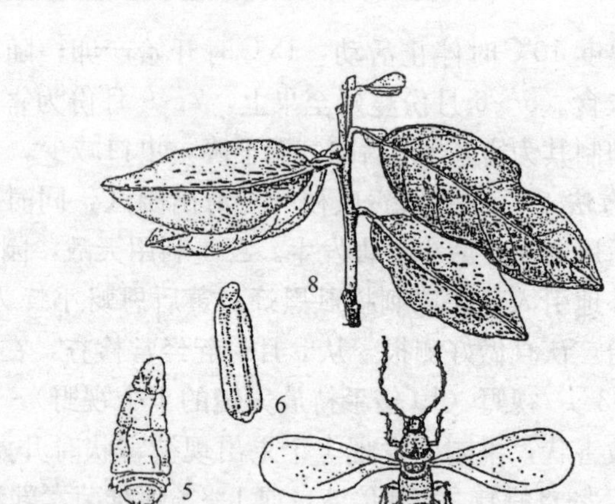

图 6-13　矢尖蚧

1. 卵　2. 初孵若虫　3. 雄蛹　4. 雌虫蚧壳
5. 雌成虫　6. 雄虫蚧壳　7. 雄虫　8. 被害状
（引自《柑橘栽培》）

为害较重，大树较幼树发生重，雌虫分散取食，雄虫多聚在母体附近为害。

4. 防治方法　一是利用矢尖蚧的重要天敌：矢尖蚧蚜小蜂、黄金蚜小蜂、日本方头甲、豹纹花翅蚜小蜂、整胸寡节瓢虫、红点唇瓢虫和草蛉等，并为其创造生存的环境条件。二是做好预测预报。四川、重庆、湖北及气候相似的柑橘产区，初花后 25～30 天为第一次防治期。或花后观察雄虫发育情况，发现园中个别雄虫背面出现白色蜡状物之后 5 天内为第一次防治时期，15～20 天后喷第二次药。发生相当严重的柑橘园第二代 2 龄幼虫再喷 1 次药。第一代防治指标：有越冬雌成虫的秋梢叶片达 10％以上。三是药剂防治：药剂可选用 0.5％果圣乳油 750～800 倍液、40%乐斯本乳油 1 200～1 500 倍液、95%的机油乳剂 150～200 倍液，40%乐果乳油 800～1 000 倍液等，用药注意 1 年的最多次数和安全间隔期。如乐斯本乳油，1 年最多使用 1 次，安全间隔期 28 天。四是加强修剪，使树冠通风透光良好。五是彻底清园，剪除病虫枝、枯枝叶，以减少病虫源。六是为节省农药费用，可就地取材，用烟骨（烟的茎、叶柄、叶脉等）人尿浸泡液防治。具体方法是用切碎的烟骨 0.5 千克放入 2.5 千克的人尿中浸泡 1 周，再加水 25 千克，拌匀后即可使用。注意浸泡液应随配随用，以免降低药效。浸液中加少量洗衣粉可增加药效。

二十一、褐圆蚧

1. 为害症状　褐圆蚧又名茶褐圆蚧，为害柑橘、粟、椰子和山茶等种植物。主要吸食叶片和果实的汁液，叶片和果实的受害处均出现淡黄色斑点。

2. 形态特征　雌成蚧壳为圆形，较坚硬，紫褐或暗褐色。雌成虫杏仁形，淡黄或淡橙黄色。雄成虫蚧壳为椭圆形，成虫体淡黄色。卵长椭圆形，淡橙黄色。褐圆蚧见图 6-14。

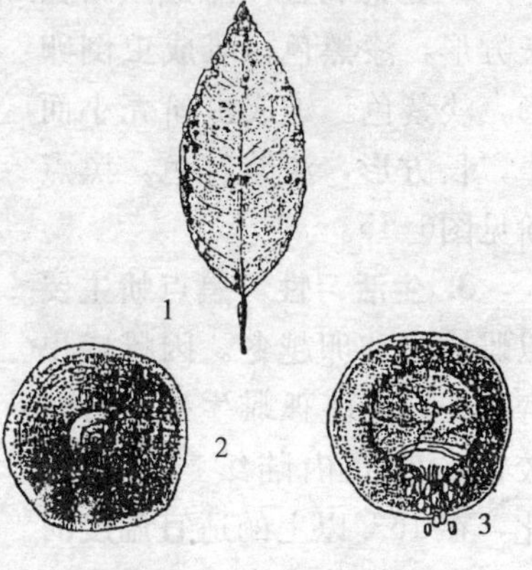

图 6-14　褐圆蚧
1. 被害状　2. 雌性背壳
3. 雌虫体腹面及卵
（引自《柑橘栽培》）

3. 生活习性　褐圆蚧 1 年发生 5～6 代，多以雌成虫越冬，田间世代重叠。各代若虫盛发于 5～10 月，活动的最适温度26～28℃。雌虫多处在叶背，尤以边缘为最多，雄虫多处在叶面。

4. 防治方法 一是保护天敌，如日本方头甲、整胸寡节瓢虫、草蛉、黄金蚜小蜂、斑点蚜小蜂和双蒂巨角跳小蜂等，并创造其适宜生长的条件，以利用其防治褐圆蚧。二是在各代若虫盛发期喷药，每15～20天1次，连喷两次。所用药剂与防治矢尖蚧的药剂同。

二十二、黑点蚧

1. 为害症状 黑点蚧又名黑点介壳虫，常群集在叶片、小枝和果实上取食。叶片受害处出现黄色斑点，严重时变黄；果实受害后外观差，成熟延迟，还可诱发煤烟病。

2. 形态特征 雌成虫蚧壳长方形，漆黑色；雌成虫倒卵形，淡紫色。雄成虫蚧壳小而窄，长方形，淡紫红色。黑点蚧见图6-15。

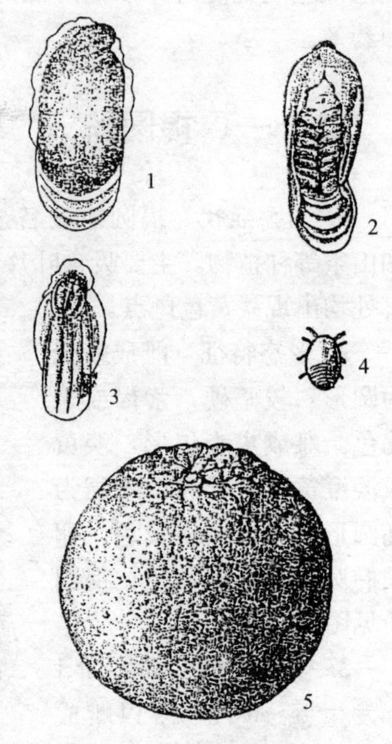

图6-15 黑点蚧

1. 成虫背面 2. 雌成虫腹面 3. 雄幼蚧 4. 初龄幼蚧 5 被害果

（引自《柑橘栽培》）

3. 生活习性 黑点蚧主要以雌成虫和卵越冬。因雌成虫寿命长，并能孤雌生殖，可在较长的时间内陆续产卵和孵化，在15℃以上的适宜温度时不断有新的若虫出现，发生不整齐。该虫在四川、重庆等中亚热带柑橘产区1年发生3～4代，田间世代重叠。4月下旬

1 龄若虫在田间出现，7 月中旬、9 月中旬和 10 月中旬为其 3 次出现高峰。第一代为害叶片，第二代为害果实。其虫口数叶面较叶背多，阳面比阴面多，生长势弱的树受害重。

4. 防治方法　一是保护天敌，如整胸寡节瓢虫、湖北红点唇瓢虫、长缨盾蚧蚜小蜂、柑橘蚜小蜂和赤座霉等，并创造其良好的生存环境。二是加强栽培管理，增强树势，提高抗性。三是当越冬雌成蚧每叶 2 头以上时，即应注意防治，药剂防治的重点，5～8 月 1 龄幼蚧的高峰期进行，药剂参照防治矢尖蚧药剂。

除以上介壳虫外，还有糠片蚧、红蜡蚧、红帽蜡蚧、堆蜡粉蚧等，此略。

二十三、黑刺粉虱

1. 为害症状　以若虫群集叶背取食，叶片受害后出现黄色斑点，并诱发煤烟病。受害严重时，植株抽梢少而短，果实的产量和品质下降。

2. 形态特征　雌成虫体长 0.2～1.3 毫米，雄成虫腹末有交尾用的抱握器。卵初产时为乳白色，后为淡紫色，似香蕉状，有一短卵柄附着于叶上。若虫初孵时为淡黄色，扁平，长椭圆形，固定后为黑褐色。蛹初为无色，后变为黑色且透明。黑刺粉虱见图 6-16。

3. 生活习性　黑刺粉虱 1 年发生 4～5 代，田间世代重叠，以 2、3 龄若虫越冬。成虫于 3 月下旬至 4 月上旬大量出现，并开始产卵，各代 1、2 龄若虫盛发期在 5～6 月，6 月下旬至 7 月中旬，8 月下旬至 9 月上旬和 10 月下旬至 12 月下旬。成虫多在早晨露水未干时羽化并交配产卵。

4. 防治方法　一是保护天敌，如刺粉虱黑蜂、斯氏寡节小蜂、黄金蚜小蜂、湖北红点唇瓢虫、草蛉等，并创造其良好的生

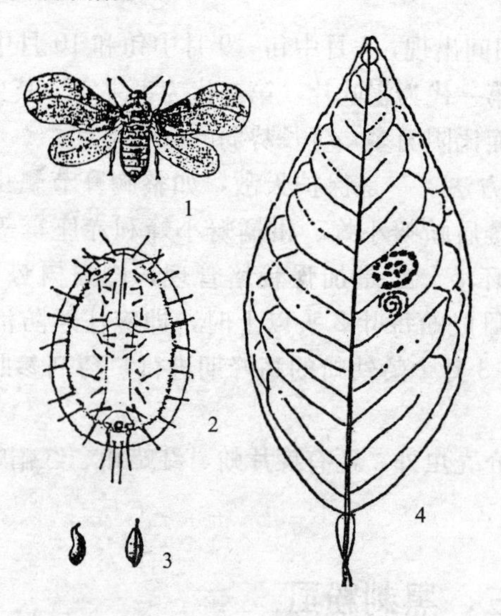

图 6-16　黑刺粉虱

1. 成虫　2. 蛹壳　3. 卵　4. 被害状

（引自《柑橘栽培》）

存环境。二是合理修剪、剪除虫枝、虫叶、清除出园。三是加强测报，及时施药。越冬代成虫从初见日后 40～45 天进行第一次喷药，隔 20 天左右喷第二次，发生严重的果园各代均可喷药。药剂可选机油乳剂 150～200 倍液，10%吡虫啉可湿性粉剂 1 200～1 500 倍液，0.5%果圣水剂 750～800 倍液，40%乐斯本乳油 1 500 倍液。另外，也可用 90%晶体敌百虫 800 倍液或 40%乐果乳油 1 000 倍液在蛹期喷药，以减少对黑刺粉虱寄生蜂的影响。

二十四、柑橘粉虱

1. 为害症状　柑橘粉虱又名橘黄粉虱、通草粉虱、橘裸粉虱、白粉虱等。

以幼虫聚集在嫩叶背面为害，严重时可引起落叶枯梢，并诱发煤烟病。

2. 形态特征 成虫淡黄绿色，雌虫体长约1.2毫米，雄虫体长约0.96毫米。翅2对，半透明。虫体及翅上均覆盖有蜡质白粉。卵淡黄色，椭圆形，长约0.2毫米，表面光滑，以1短柄附于叶背。幼虫期共4龄。蛹的大小与4龄幼虫一致。体色由淡黄绿色变为浅黄褐色。

3. 生活习性 以4龄幼虫及少数蛹固定在叶片越冬。1年发生2～3代，1～3代分别寄生于春、夏、秋梢嫩叶的背面，1年中田间各虫态有3个明显的发生高峰，其中以第二代的发生量最大。成虫羽化后当日即可交尾产卵，未经交尾的雌虫可行孤雌生殖，但所产的卵均为雄性。初孵幼虫爬行距离极短，通常在原叶固定为害。

已发现的柑橘粉虱天敌有粉虱座壳孢菌、扁座壳孢菌、柑橘粉虱扑虱蚜小蜂、华丽蚜小蜂、橙黄粉虱蚜小蜂、红斑粉虱蚜小蜂、刺粉虱黑蜂和草蛉等。其中以座壳孢菌为效果最好，其次是寄生蜂。

4. 防治方法 一是利用天敌座壳孢菌和寄生蜂的自然控制作用。园内缺少天敌时可从其他园采集带有座壳孢菌或寄生蜂的枝叶挂到柑橘树进行引移。保护天敌，化学防治在柑橘粉虱严重发生，天敌少时才进行。二是药剂防治，考虑到防治效果和保护天敌，以初龄幼虫盛发期喷药效果最佳。鉴于柑橘粉虱的发生期多于多数盾蚧类害虫相近，且多种药可以兼治，应结合其他虫害防治进行，药剂与防治黑刺粉虱相同。

二十五、星天牛

1. 为害症状 其幼虫蛀食离地面0.5米以内的树颈和主根皮层，切断水分和养分的输送而导致植株生长不良，枝叶黄化，严重时死树。

2. 形态特征 成虫体长19～39毫米，漆黑色，有光泽。卵长椭圆形，长5～6毫米，乳白色至淡黄色。蛹长约30毫米，乳白色，羽化时黑褐色。星天牛见图6-17。

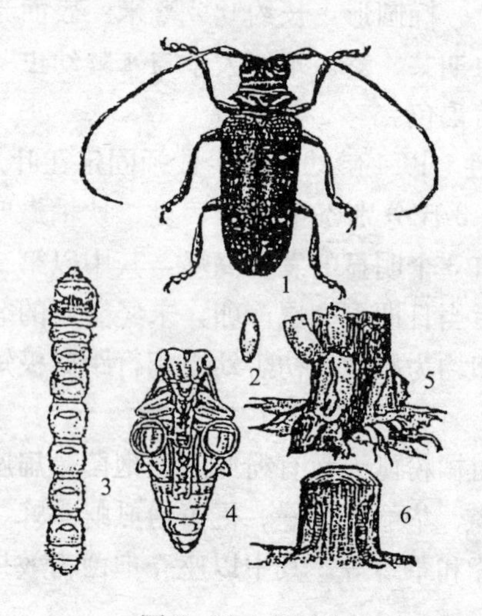

图6-17 星天牛

1. 成虫 2. 卵 3. 幼虫 4. 蛹 5. 根颈部皮层被害状 6. 根颈木质部被害状（纵剖面）

（引自《柑橘栽培》）

3. 生活习性 星天牛1年发生1代，以幼虫在木质部越冬。4月下旬开始出现，5～6月为盛期。成虫从蛹室爬出后飞向树冠，啃食嫩枝皮和嫩叶。成虫常在晴天9～13时活动、交尾、产卵，中午高温时多停留在根颈部活动、产卵。5月底至6月中旬为其产卵盛期，卵产在离地面约0.5米的树皮内。产卵时雌成虫先在树皮上咬出一个长约1厘米的倒T字形伤口，再产卵其中。产卵处因被咬破，树液流出表面而呈湿润状或有泡沫液体。幼虫孵出后即在树皮下蛀食，并向根颈或主根表皮迂回蛀食。

4. 防治方法 一是捕杀成虫，白天9～13点，主要是中午

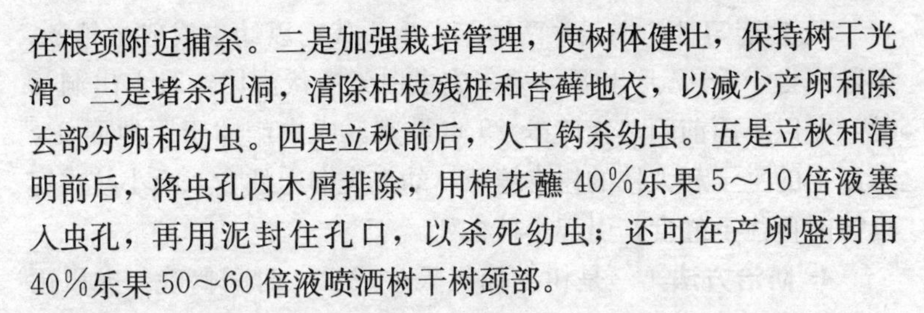

在根颈附近捕杀。二是加强栽培管理，使树体健壮，保持树干光滑。三是堵杀孔洞，清除枯枝残桩和苔藓地衣，以减少产卵和除去部分卵和幼虫。四是立秋前后，人工钩杀幼虫。五是立秋和清明前后，将虫孔内木屑排除，用棉花蘸40%乐果5～10倍液塞入虫孔，再用泥封住孔口，以杀死幼虫；还可在产卵盛期用40%乐果50～60倍液喷洒树干树颈部。

二十六、褐天牛

1. 为害症状　褐天牛，又名干虫，幼虫在离地面0.5米左右的主干和大枝木质部蛀食，虫孔处常有木屑排出。树体受害后导致水分和养分运输受阻，出现树势衰弱，受害重的枝、干会出现枯死，或易被风吹断。

2. 形态特征　褐天牛成虫长26～51毫米。初孵化时为褐色。卵椭圆形，长2～3毫米，乳白至灰褐色。幼虫老熟时长46～56毫米，乳白色，扁圆筒形。蛹长40毫米左右，淡米黄色。褐天牛见图6-18。

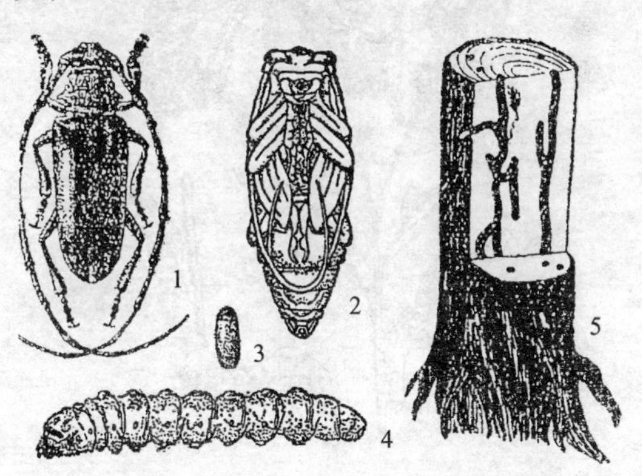

图6-18　褐天牛

1. 成虫　2. 蛹　3. 卵　4. 幼虫　5. 被害树干剖面

（引自《柑橘栽培》）

3. 生活习性 褐天牛两周年发生1代，以幼虫或成虫越冬。多数成虫于5～7月出洞活动。成虫白天潜伏洞内，晚上出洞活动，尤以下雨前闷热夜晚8～9点最盛。成虫产卵于距地面0.5米以上的主干和大枝的树皮缝隙，幼虫先向上蛀食，至小枝难容虫体时再往下蛀食，引起小枝枯死。

4. 防治方法 一是树上捕捉天牛成虫，时间傍晚，尤以雨前闷热傍晚8～9点最佳。二是其他防治方法参照星天牛。三是啄木鸟是天牛最好的天敌。

此外，还有光盾绿天牛等，此略。

二十七、柑橘凤蝶

1. 为害症状 柑橘凤蝶又名黑黄凤蝶，幼虫将嫩叶、嫩梢

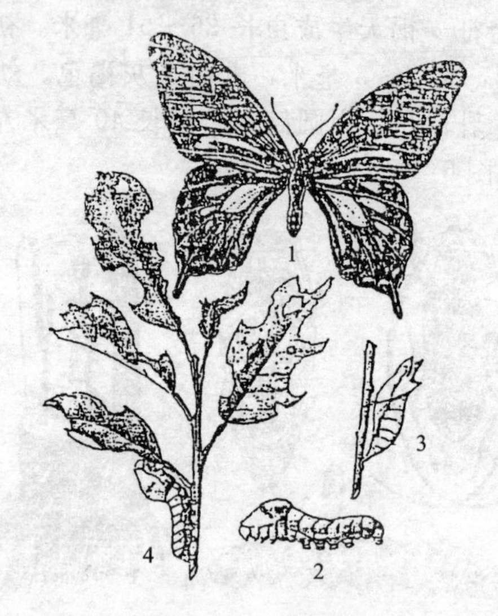

图6-19 柑橘凤蝶

1. 成虫 2. 幼 3. 蛹 4. 危害柑橘状及产于叶上的卵

（引自《柑橘栽培》）

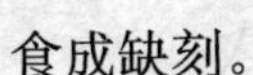

食成缺刻。

2. 形态特征　成虫，分春型和夏型。春型，体长21～28毫米，翅展70～95毫米，淡黄色。夏型，体长27～30毫米，翅展105～108毫米。卵圆球形，淡黄至褐色。幼虫初孵出时为黑色鸟粪状，老熟幼虫体长38～48毫米，为绿色。蛹近菱形，长30～32毫米，为淡绿色至暗褐色。柑橘凤蝶见图6-19。

3. 生活习性　1年发生3～6代，以蛹越冬。3～4月羽化的为春型成虫，7～8月羽化的为夏型成虫，田间世代重叠。成虫白天交尾，产卵于嫩叶背或叶尖。幼虫遇惊时，即伸出臭角发出难闻气味，以避敌害。老熟后即吐丝作垫头，斜向悬空化蛹。

4. 防治方法　一是人工摘除卵或捕杀幼虫。二是冬季清园除蛹。三是保护天敌凤蝶金小蜂、凤蝶赤眼蜂和广大腿小蜂，或蛹的寄生天敌。四是为害盛期药剂防治，药剂可选Bt制剂（每克100亿个孢子）200～300倍液，10%吡虫啉可湿性粉剂1 200～1 500倍液，25%除虫脲可湿性粉剂1 500～2 000倍液，10%氯氰菊酯乳油1 000～1 200倍液，2.5%溴氰菊酯乳油1 500～2 000倍液，0.3%苦参碱水200倍液，90%晶体敌百虫800～1 000倍液。

此外，还有玉带凤蝶，此略。

二十八、潜叶蛾

1. 为害症状　潜叶蛾，又名绘图虫，主要为害柑橘的嫩叶嫩枝，果实也有少数危害。幼虫潜入表皮蛀食，形成弯曲带白色的虫道，使受害叶片卷曲、硬化、易脱落。受害果实易烂。

2. 形态特征　潜叶蛾成虫体长约2毫米，翅展5.5毫米左右，身体和翅均匀白色。卵扁圆形，长0.3～0.36毫米，宽0.2～0.28毫米，无色透明，壳极薄。幼虫黄绿色。蛹呈纺锤状，淡黄至黄褐色。潜叶蛾见图6-20。

3. 生活习性 潜叶蛾1年发生10多代，以蛹或老熟幼虫越冬。气温高的产区发生早、为害重，我国柑橘产区4月下旬见成虫，7～9月为害夏、秋梢最甚。成虫多于清晨交尾，白天潜伏不动，晚间将卵散产于嫩叶叶背主脉两侧。幼虫蛀入表皮取食。田间世代重叠，高温多雨时发生多，为害重。秋梢为害重，春梢受害少。

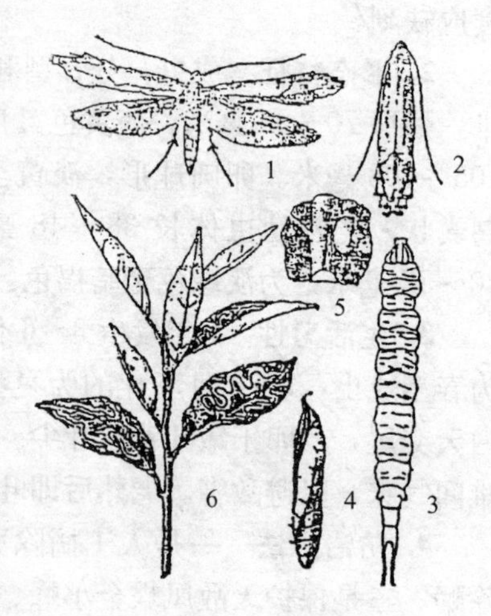

图6-20 潜叶蛾

1. 成虫 2. 成虫休止状 3. 卵
4. 蛹 5. 幼虫 6. 被害状
（引自《柑橘栽培》）

4. 防治方法 一是冬季、早春修剪时剪除有越冬幼虫或蛹的晚秋梢，春季和初夏摘除零星发生的幼虫或蛹。二是采用控肥水和抹芽放梢：在夏、秋梢抽发期，先控制肥水，抹除早期抽生的零星嫩梢，在潜叶蛾卵量下降时，供给肥水，集中放梢，配合药剂防治。三是药剂防治，在新梢大量抽发期，芽长0.5～2厘米时，防治指标为嫩叶受害率5%以上，喷施药剂，7～10天1次，连续2～3次。药剂可选择1.8%阿维菌素2 000～2 500倍液，5%农梦特乳油1 000～2 000倍液，10%吡虫啉1 200～1 500倍液等，25%除虫脲可湿性粉剂1 500～2 000倍液，10%氯氰菊酯乳油1 000～1 200倍液，2.5%氯氟氰菊酯乳油1 500～2 000倍液，20%甲氰菊酯乳油1 500～2 000倍液等。

二十九、拟小黄卷叶蛾

1. 为害症状 幼虫为害嫩叶、嫩梢和果实，还常吐丝，将叶片卷曲或将嫩梢黏结在一起，将果实和叶黏结在一起，藏在其中为害。为害严重时可将嫩枝叶吃光。幼果受害大量脱落，成熟果受害引起腐烂。

2. 形态特征　拟小黄卷叶蛾雌成虫体长 8 毫米，黄色，翅展 18 毫米；雄虫体略小。卵初产时为淡黄色，呈鱼鳞状排列成椭圆形卵块。幼虫 1 龄时头部为黑色，其余各龄为黄褐色，老熟时为黄绿色，长 17～22 毫米。蛹褐色，长约 9～10 毫米。拟小黄卷叶蛾见图 6-21。

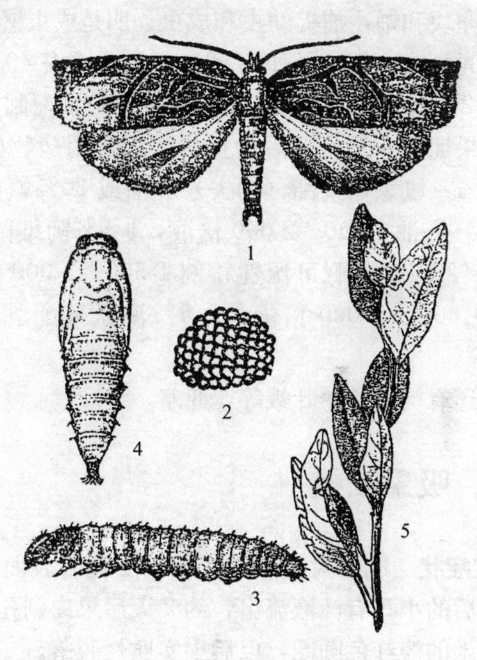

图 6-21　拟小黄卷叶蛾

1. 成虫　2. 卵　3. 幼虫　4. 蛹　5. 被害状

（引自《柑橘栽培》）

3. 生活习性　拟小黄卷叶蛾在重庆地区 1 年发生 8 代，以幼虫或蛹越冬。成虫于 3 月中旬出现，随即交配产卵，5～6 月为第二代幼虫盛期，系主要为害期，导致大量落果。成虫白天潜伏在隐蔽处，夜晚活动。卵多产树体中、下部叶片。成虫有趋光性和迁移性。幼虫遇惊后可吐丝下垂，或弹跳逃跑，或迅速向后爬行。

4. 防治方法 一是保护和利用天敌。在4～6月卵盛发期每亩释放松毛虫赤眼蜂2.5万头，每代放蜂3～4次。同时保护核多角体病毒和其他细菌性天敌。二是冬季清园时，清除枯枝落叶、杂草，剪除带有越冬幼虫和蛹的枝叶。三是生长季节巡视果园随时摘除卵块和蛹，捕捉幼虫和成虫。四是成虫盛发期在柑橘园中安装黑光灯或频振式杀虫灯诱杀，每公顷安40瓦黑光灯3只；也可用2份糖，1份黄酒，1份醋和4份水配制成糖醋液诱杀。四是幼果期和9月份前后幼虫盛发期可用药物防治，药剂可选择2.5%三氟氯氰菊酯（功夫）乳油或20%氰戊菊酯（中西杀灭菊酯）乳油1 500～2 000倍液，1.8%阿维菌素2 500～3 000倍液，25%除虫脲可湿性粉剂1 500～2 000倍液，90%晶体敌百虫800～1 000倍液，2.5%溴氰菊酯乳油1 500～2 000倍液等。

此外，还有褐带长卷叶蛾等，此略。

三十、吸果夜蛾

1. 为害症状 成虫吸食果实汁液，受害果表面有针刺状小孔，刚吸食后的小孔有汁液流出，约2天后果皮刺孔处海绵层出现直径1厘米的淡红色圆圈，以后果实腐烂脱落。

2. 形态特征 成虫体长35～42毫米，翅展约100毫米。卵近球形，直径约1毫米，乳白色。幼虫老熟时长60～70毫米，紫红或褐色。蛹长约30毫米，为赤色。吸果夜蛾见图6-22。

3. 生活习性 该虫1年发生2～3代，以成虫越冬。田间

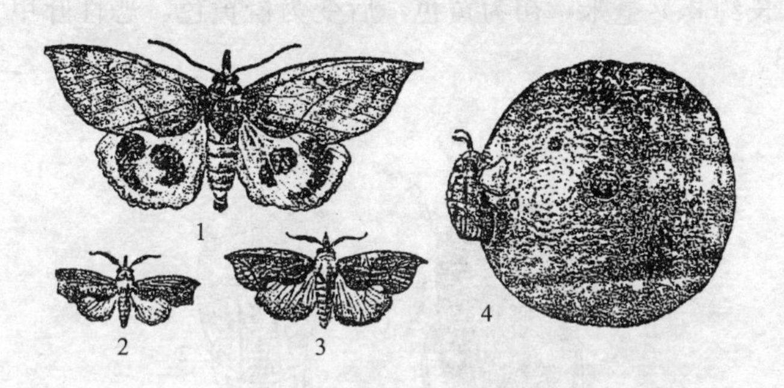

图 6-22 吸果夜蛾

1. 枯叶夜蛾 2. 嘴壶夜蛾 3. 鸟嘴壶夜蛾 4. 危害状

（引自《柑橘栽培》）

3～11 月可见成虫，以秋季最多。晚间交尾，卵产于通草等幼虫寄主。

4. 防治方法 一是连片种植，避免早、中、晚熟品种混栽。二是夜间人工捕捉成虫。三是去除寄主木防己和汉防己植物。四是灯光诱杀。可安装黑光灯、高压汞灯或频振式杀虫灯。五是拒避，每树用 5～10 张吸水纸，每张滴香茅油 1 毫升，傍晚时挂于树冠周围；或用塑料薄膜包萘丸，上刺数个小孔，每株挂 4～5 粒。六是果实套袋。七是利用赤眼蜂天敌。八是药剂防治可选用 2.5％三氟氯氰菊酯（功夫）乳油 2 000～3 000 倍液等。

三十一、恶性叶甲

1. 为害症状 又名柑橘恶性叶甲、黑叶跳虫、黑蛋虫等。以幼虫和成虫为害嫩叶、嫩茎、花和幼果。

2. 形态特征 成虫体长椭圆形，雌虫体长 3.0～3.8 毫米，体宽 1.7～2.0 毫米，雄虫略小。头、胸及鞘翅为蓝黑色，有光泽。卵长椭圆形，长约 0.6 毫米，初为白色，后变为黄白色，近孵化时为深褐色。幼虫共 3 龄，末龄体长 6 毫米左右。蛹椭圆形，长约 2.7 毫米，初为黄色，后变为橙黄色。恶性叶甲见图 6-23。

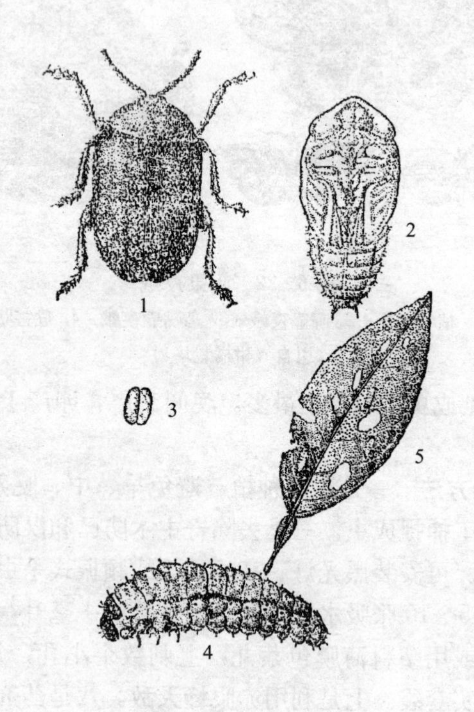

图 6-23　恶心叶甲
1. 成虫　2. 蛹　3. 卵　4. 幼虫　5. 幼虫危害状
(引自《柑橘栽培》)

3. 生活习性　浙江、四川、重庆和贵州等地 1 年发生 3 代，福建发生 4 代，广东发生 6～7 代。以成虫在腐朽的枝干中或卷叶内越冬。各代幼虫发生期 4 月下旬至 5 月中旬，7 月下旬至 8 月上旬和 9 月中、下旬，以第一代幼虫为害春梢最严重。成虫散居。活动性不强。非过度惊扰不跳跃，有假死习性。卵多产于嫩叶背面或叶面的叶缘及叶尖处。绝大多数 2 粒并列。幼虫喜群居，孵化前后在叶背取食叶肉，留有表皮，长大一些后则连表皮

食去，被害叶呈不规则缺刻和孔洞。树洞较多的果园为害较重。高温是抑制该虫的重要因子。

4. 防治方法　一是消除有利其越冬、化蛹的场所。用松碱合剂，春季发芽前用10倍液，秋季用18～20倍液杀灭地衣和苔藓；清除枯枝、枯叶、霉桩，树洞用石灰或水泥堵塞。二是诱杀虫蛹。老熟成虫开始下树化蛹时用带有泥土的稻根放置在树叉处，或在树干上捆扎涂有泥土的稻草，诱集化蛹，在成虫羽化前取下烧毁。三是初孵幼虫盛期药剂防治，选用2.5%溴氰菊酯乳油、20%氰戊菊酯乳油1 500～2 000倍液，90%晶体敌百虫800～1 000倍液等。

此外，还有柑橘潜叶甲，此略。

三十二、花蕾蛆

1. 为害症状　花蕾蛆，又名橘蕾瘿蝇，成虫在花蕾直径2～3毫米时，将卵从其顶端产入花蕾中，幼虫孵出后食害花器，使其成为黄白色不能开放的灯笼花。

2. 形态特征　雌成虫长1.5～1.8毫米，翅展2.4毫米，暗黄褐色，雄虫略小。卵长椭圆形，无色透明。幼虫长纺锤形，橙黄色，老熟时长约3毫米。蛹纺锤形，黄褐色，长约1.6毫米。花蕾蛆见图6-24。

3. 生活习性　1年发生1代，个别发生2代，以幼虫在土壤中越冬。柑橘现蕾时，成虫羽化出土。成虫白天潜伏，晚间活动，将卵产在子房周围。幼虫食害后使花瓣变厚，花丝花药成黑色。幼虫在花蕾中约10天，即弹入土壤中越夏越冬。潮湿低洼、荫蔽的柑橘园、砂土及砂壤土有利其发生。

4. 防治方法　一是幼虫入土前，摘除受害花蕾，煮沸或深埋。二是成虫出土时进行地面喷药，即当花蕾直径2～3毫米时，用50%辛硫磷乳油1 000～1 200倍液、20%氰戊菊酯（中西杀

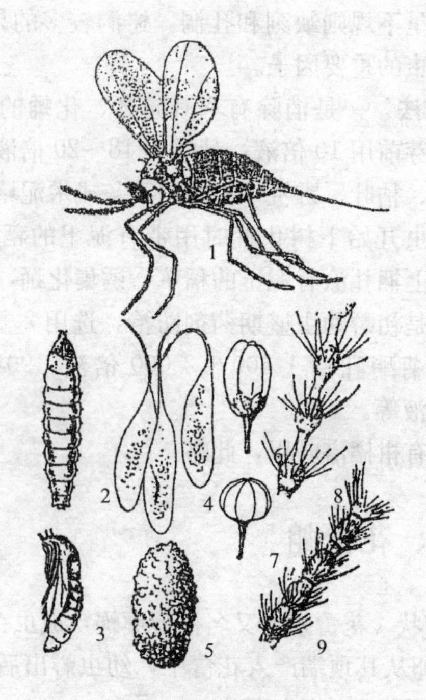

图 6-24　花蕾蛆
1. 雌成虫　2. 幼虫　3. 蛹　4. 卵　5. 茧
6. 正常花蕾　7. 被害花蕾　8. 雄虫触角　9. 雌虫触角
（引自《柑橘栽培》）

灭菊酯）乳油或 2.5％溴氰菊酯乳油 1 500～2 000 倍液喷施地面，每 7～10 天 1 次，连喷 2 次。三是成虫已开始上树飞行，但尚未大量产卵前，用药喷树冠 1～2 次，药剂可选：80％敌敌畏乳油 1 000 倍液和 90％晶体敌百虫 800 倍的混合液或 40％乐斯本乳油 1 500 倍液。四是成虫出土前进行地膜覆盖。

三十三、橘蚜

1. 为害症状　橘蚜常群集在柑橘的嫩梢和嫩叶上吸食汁液，

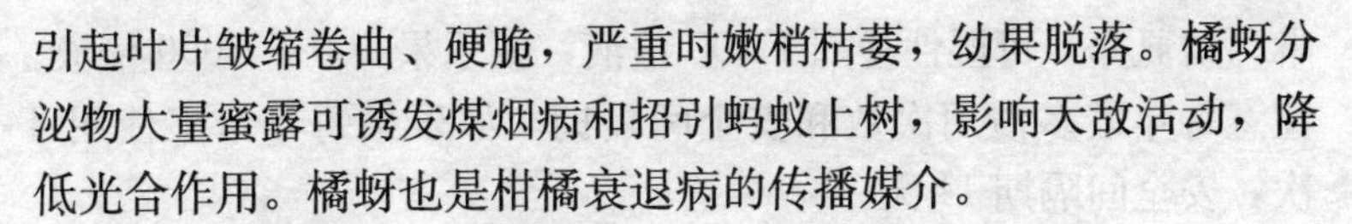

引起叶片皱缩卷曲、硬脆，严重时嫩梢枯萎，幼果脱落。橘蚜分泌物大量蜜露可诱发煤烟病和招引蚂蚁上树，影响天敌活动，降低光合作用。橘蚜也是柑橘衰退病的传播媒介。

2. 形态特征　无翅胎生蚜，体长 1.3 毫米，漆黑色。有翅胎生雌蚜与无翅型相似，有翅两对，白色透明。无翅雄蚜与雌蚜相似，全体深褐色有翅雄蚜与雌蚜相似。卵椭圆形，长 0.6 毫米，初为淡黄色，渐变为黄褐色，最后成漆黑色，有光泽。若虫体黑色，复眼红黑色。橘蚜见图 6-25。

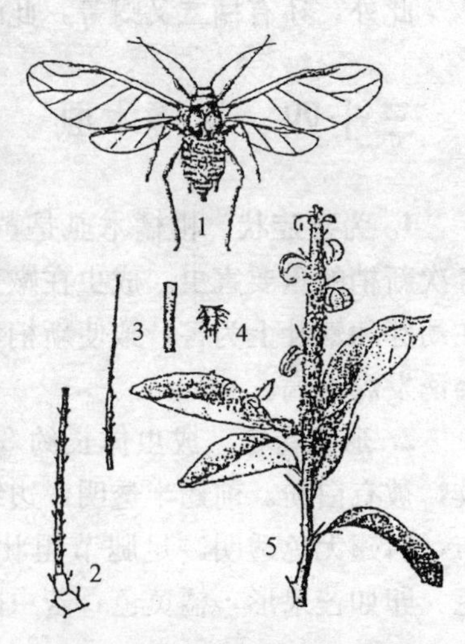

图 6-25　橘　蚜

1. 有翅胎生　2. 触角　3. 腹管
4. 尾片　5. 被害状
（引自《柑橘栽培》）

3. 生活习性　橘蚜 1 年发生 10～20 代，在北亚热带的浙江黄岩主要以卵越冬，在福建和广东以成虫越冬。越冬卵 3 月下旬至 4 月上旬孵化为无翅若蚜后，即上嫩梢为害。若虫经 4 龄成熟后即开始生幼蚜，继续繁殖。繁殖的最适温度为 24～27℃，气温过高或过低，雨水过多均影响其繁殖。春末夏初和秋季干旱时为害最重。有翅蚜有迁移性。秋末冬初便产生有性蚜交配产卵，越冬。

4. 防治方法　一是保护天敌，如七星瓢虫、异色瓢虫、草蛉、食蚜蝇和蚜茧蜂等，并创造其良好生存环境。二是剪除虫枝或抹除抽发不整齐的嫩梢，以减少橘蚜食料。三是加强观察，当春、夏、秋梢嫩梢期有蚜率达 25%时喷药防治，药剂可选择：50%抗蚜威 2 000 倍液、20%氰戊菊酯（中西杀灭菊酯）乳油或 20%甲氰菊酯（灭扫利）乳油 1 500～2 000 倍液，或 10%吡虫啉（蚜虱净）可湿性粉剂 1 500 倍液，或乐果 800～1 000 倍液。注意每年最多使用次数和安全间隔期。如乐果每年最多使用 3 次，安全间隔期 14 天。

此外，还有橘二叉蚜等，此略。

三十四、柑橘木虱

1. 为害症状 柑橘木虱是黄龙病的传病媒介昆虫，是柑橘各次新梢的重要害虫。成虫在嫩芽上吸取汁液和产卵，若虫群集在幼芽和嫩叶上为害，致使新梢弯曲，嫩叶变形。若虫的分泌物会诱发煤烟病。

2. 形态特征 成虫体长约 3 毫米，体灰青色且有灰褐色斑纹，被有白粉。前翅半透明，边缘有不规则黑褐色斑纹或斑点散布，后翅无色透明。足腿节粗壮。腹部背面灰黑色，腹面浅绿色。卵如芒果形，橘黄色，若虫刚孵化时体扁平，黄白色，5 龄

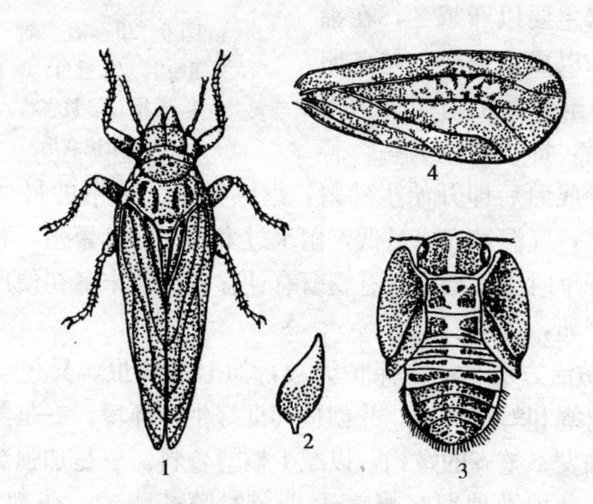

图 6-26 柑橘木虱

1. 成虫 2. 卵 3. 若虫 4. 前翅

（引自《柑橘栽培》）

若虫土黄色或带灰绿色。木虱见图6-26。

3. 发生规律　1年中的代数与新梢抽发次数有关，每代历时长短与气温相关。周年有嫩梢的条件下，1年可发生11～14代，田间世代重叠。成虫产卵在露芽后的芽叶缝隙处，没有嫩芽不产卵，初孵的若虫吸取嫩芽汁液并在其上发育生长，直至5龄。成虫停息时尾部翘起，与停息面成45°角。8℃以下时，成虫静止不动，14℃时可飞能跳，18℃时开始产卵繁殖。木虱多分布在衰弱树上。1年中，秋梢受害最重，其次是夏梢，5月的早夏梢被害后会暴发黄龙病。晚秋梢，木虱会再次发生为害高峰。

4. 防治方法　一是做好冬季清园，通过喷药杀灭，可减少春季的虫口。二是加强栽培管理，尤其是肥水管理，使树势旺，抽梢整齐，以利统一喷药防治木虱。三是药剂防治可选用40%乐果800倍液，20%氰戊菊酯（速灭杀丁）乳油1 500～2 000倍液等。

三十五、大实蝇

1. 为害症状　大实蝇国内外检疫性虫害，其幼虫又名柑蛆，受害果叫蛆柑。成虫产卵于幼果内。幼虫蛀食果肉，使果实出现未熟先黄，黄中带红现象，最后腐烂脱落。

2. 形态特征　大实蝇成虫体长12～13毫米，翅展20～24毫米。身体褐黄色，中胸前面有“人”字形深茶褐色纹。卵为乳白色，长椭圆形，中部微弯，长1.4～1.5毫米。蛹黄褐色，长9～10毫米。大实蝇见图6-27。

3. 生活习性　1年发生1代，蛹在土中越冬。4月下旬出现成虫，5月上旬为盛期，6～7月中旬进入果园产卵，6月中旬为盛期，7～9月孵化为幼虫，蛀果为害。受害果9月下旬至10月下旬脱落，幼虫随落果至地，后脱果入土中化蛹。成虫多在晴天中午出土。成虫产卵在果实脐部，产卵处有小刺孔，果皮由绿变

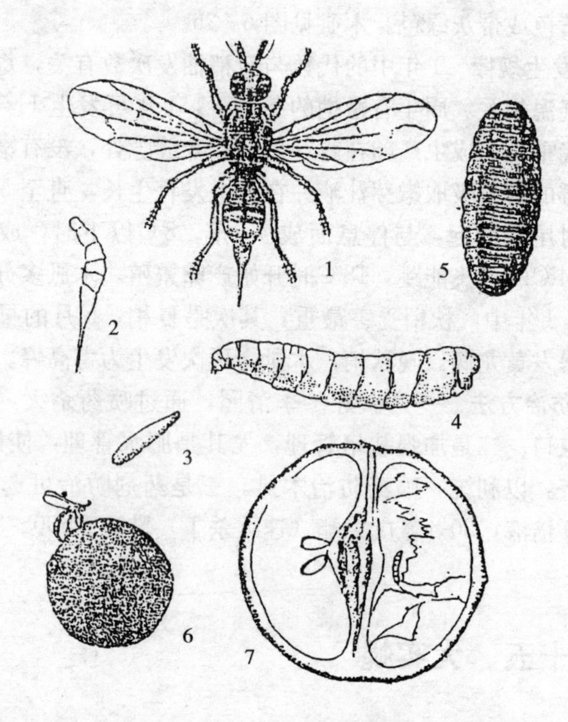

图 6-27 柑橘大实蝇

1. 雌成虫 2. 雌成虫腹部侧面 3. 卵 4. 幼虫
5. 蛹 6. 幼虫被害状 7. 被害果（纵剖面）
（引自《柑橘栽培》）

黄。阴山湿润的果园和蜜源多的果园受害重。

4. 防治方法 一是严格实行检疫，禁止从疫区引进果实和带土苗木等。二是摘除受害幼果，并煮沸深埋，以杀死幼虫。三是冬季深翻土壤，杀灭蛹和幼虫。四是幼虫脱果时或成虫出土时，用45%辛硫磷1 000倍液喷施地面，杀死成虫，每7～10天1次，连续2次。成虫入园产卵时，用2.5%溴氰菊酯或20%氰戊菊酯乳油1 500～2 000倍液加3%红糖液，喷施1/3植株树冠，每7～10天1次，连续2～3次。五是辐射处理。在室内饲

养大实蝇，用γ射线处理雄蛹，将羽化的雄成虫释放到田间与野外的雌成虫交配受精并产卵，但卵不会孵化，以达防治之目的。墨西哥20世纪70年代即用此项技术防治果实蝇效果显著。

三十六、小实蝇

1. 为害症状　该害虫为国内外检疫性虫害，成虫产卵于寄主果实内，幼虫孵化后即在果肉危害果肉。

2. 形态特征　成虫体长6～8毫米，翅展16毫米，全体深黑色或黄色相间。卵梭形，一端稍尖、微弯，长约1毫米，宽约

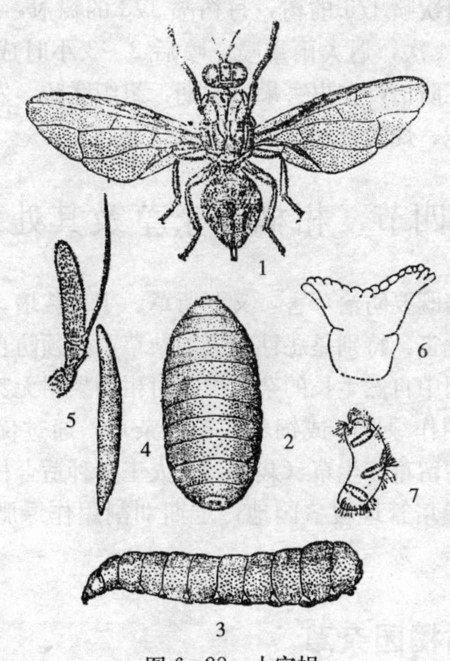

图6-28　小实蝇

1. 成虫　2. 蛹　3. 幼虫　4. 卵

5. 成虫触角　6. 幼虫前气门突起　7. 幼虫后气门

(引自《柑橘栽培》)

0.1 毫米，乳白色。幼虫 1、2、3 龄体长分别为 1.2～1.3 毫米、2.5～5.8 毫米、7～11 毫米，体色分为半透明、乳白色。蛹椭圆形，长约 5 毫米，宽 0.5 毫米，淡黄色。小实蝇见图 6-28。

3. 生活习性　1 年发生 3～5 代，无严格越冬现象，发生极不整齐。广东柑橘产区 7～8 月发生较多，其习性与大实蝇相似。

4. 防治方法　一是严格检疫制度，严防传入。严禁从有该虫地区调进苗木、接穗和果实。二是药剂防治，在做好虫情调查的前提下，成虫产卵前期喷布 90%晶体敌百虫 800 倍液或 20%氰戊菊酯（中西杀灭菊酯）乳油 1 500～2 000 倍液，或 20%甲氰菊酯（灭扫利）乳油 1 500～2 000 倍液与 3%红糖水混合液，诱杀成虫，每次喷 1/3 的树，每树喷 1/3 的树冠，每 4～5 天 1 次，连续 3～4 次，遇大雨重喷，喷后 2～3 小时成虫即大量死亡。三是人工防治，在虫害果出现期，组织联防，发动果农摘除虫害果，深埋、烧毁或水煮。

第四节　柑橘园杂草及其处理

柑橘栽培既要防治草害，又要留草、生草栽培。草害是指对柑橘生长有危害，特别是恶性危害的杂草，必须防止、根除。留草是指柑橘园中自然生长的杂草中，对柑橘果树无甚危害或危害不大，且可用作绿肥（或饲料）等的杂草，通过优势种群的培植，用作园中留草。生草（栽培）是人工播种适合柑橘果园种植的草种，经栽培管理覆盖园地，定期刈割用作绿肥（饲料）的种植。

一、柑橘园杂草

柑橘园杂草少则几十种，多则百余种。既有单子叶杂草，又是有双子叶杂草，既有一年生杂草，又有多年生杂草，主要的杂草有：白茅（又名茅针、茅草、甜根草等）、铺地黍（又名硬骨草、龙骨草）、狗牙根（又名绊根草、铁线草）、升马唐、牛筋草（又名蟋蟀草）、绿狗尾草（又名狗尾草、青狗尾草等）、无芒稗（又名光头稗）、碎米落草（又名竹节菜、竹叶菜、碧蝉蛇、竹草等）、铜锤草（又名红花酢浆草）、酢浆草（又名黄花酢浆草、老鸭嘴、满天星、酸味草、斑鸠酸等）、空心莲子草（又名莲子草、虾钳草、节节花、白花仔等）、扛板归（又名犁头刺、蛇倒退、贯叶蓼）、胜红蓟（又名藿香蓟、臭垆草、咸虾花、白花草、白花臭草）、艾蒿、鬼灯笼（又名灯笼草、苦灯笼）、大叶丰花草（又名耳草、日本草、飞机草）、簕仔树、簕草（又名拉拉藤、野丝瓜藤）、芦苇、铁芸萁和悬钩子等。

上述杂草中有恶性杂草和非恶性杂草。

恶性杂草：有多年生的芦苇、铁芒萁、悬钩子、白茅、铺地黍、狗牙根、艾蒿、鸭跖草、铜锤草、酢浆草、香附；也有一年生的绿狗尾草、无芒稗、碎米莎草、空心莲子草、扛板归、律草等；也有鬼灯笼、簕仔树等恶性灌木、小乔木危害柑橘果树，对恶性的杂草、灌木、小乔木，可用人工铲除和用不同的除草剂杀灭。

非恶性杂草：升马唐、马唐、毛马唐、二型马唐、纤维马唐、止血马唐、长花马唐、牛筋草、胜红蓟、鸡眼草、野豌豆、早熟禾、大叶丰花草、紫苏、蒲公英、黑麦草，既可作绿肥，增加土壤有机质，改良土壤，又可作为饲料，有的可覆盖土壤，对水土保持有良好的作用。夏季良好杂草覆盖率，可降低柑橘园温度，提高湿度，还能对锈壁虱等害虫起抑制作用。可有意识的留种和培养，使其成为柑橘园的优势种群，留种种植或生草种植。

二、柑橘园留草良种的播种

草种从春季到秋季均可播种。且以春季 3～4 月和秋季的 9

月进行播种，尤以 3～4 月份播种最适。春播的草种可在其他杂草未开始生长之前形成优势种，可减少除草用工和减轻劳动强度。播种方法有直播和条播。早春雨水较多的南方柑橘产区，应在杂草未发芽前抢先播种，如藿香蓟可在秋季花朵发黑、发黄时采种，在春季 3～4 月草种与少量细沙、草木灰一起撒于柑橘园的土壤表面、发芽后，用 10 千克左右尿素全园撒施，促其生长。5～6 月即可形成藿香蓟的优势种群，既对其他杂草生长起抑制作用，又可作红蜘蛛等害虫天敌的寄主，有利控制红蜘蛛为害。

三、柑橘园留草后其他杂草的处理

柑橘园留草，只要大多数的 1 年生杂草或播种的良种形成的优势种群，通常 1 年中不进行全园除草。确属需要，如冬季清园，也分期分块进行，如梯地留草种植的，先进行梯面除草，1 个月后再对梯壁除草，以防生态条件剧变，导致柑橘园病虫害的爆发。

四、柑橘园慎用化学除草剂

柑橘果园应根据病虫草无公害防治的要求，选用允许使用的除草剂，且人工除草与化学除草交替进行，以防土壤板结恶化。使用时要考虑环境条件，如温度、湿度、光照等对药效的影响，严防柑橘植株枝叶和果园间作物发生病害；注意除草剂的残留，防止柑橘树慢性中毒，不连年使用某种除草剂；防止人畜中毒和环境受污染。

第七章

柑橘灾害防止及灾后救扶技术指南

冻害、热害、风害、旱害、涝害等自然灾害等的公害严重影响柑橘果树生长发育、产量和品质。因此，针对各种灾害的发生，采取避灾、防灾和救灾，直接关系到柑橘安全生产。

第一节 柑橘避冻、防冻和冻后救扶技术

一、柑橘避冻栽培技术

我国柑橘适栽区域广，南、中、北亚热带和边缘热带气候区均可种植。柑橘应尽可能在无冻的区域发展种植，即在柑橘的最适宜生态区、适宜生态区种植。次适宜区种植，必须具有适种柑橘的小气候之地。不在不适宜区（可能种植区）种植。在热量条件欠丰富的地域种植柑橘，园地（基地）选择要尽可能实行避冻栽培，以避冻为主，预先采取冻害防止的措施。

二、柑橘防冻措施

1. 选择耐寒品种和耐寒砧木 宽皮柑橘中温州蜜柑、朱红橘、椪柑、本地早、早橘、乳橘等耐寒性强或较强；甜橙中先锋橙、锦橙、脐橙、哈姆林甜橙、路比血橙抗寒力较强，而夏橙、

新会橙等较弱。金柑中金弹的耐寒力较罗浮强。

砧木耐寒性强，综合性状好的应选枳，其次是枳橙、红橘。

2. 加强栽培管理，提高树体抗寒力

（1）*改善土壤*　土壤是柑橘果树的根本。深厚、肥沃、疏松、微酸性的土壤能使柑橘植株根深叶茂，生长健壮，具有强的抗寒力；反之，瘠薄、黏重、酸性或碱性，根系生长受阻，树势衰退，抗寒力减弱。

为防柑橘冻害，改善土壤条件采取：全园深翻，扩穴改土培肥，加深和扩大耕作层，有条件的还可培土增厚土层。

（2）*合理排灌*　柑橘果树喜湿润，怕干旱，但也忌土壤中水分过多。凡地下水位高于1.0米的柑橘园，要注意及时排水，尤其是梅雨季节的及时排水，或用筑墩栽培，不然会影响根系深扎，生于近地表而受冻。适时灌溉也能提高柑橘树体的抗寒力。柑橘产区常有冬季干旱，尤其是伏旱、秋旱，做好伏、秋、冬干旱及时灌水；同时注意土壤深翻，多施有机肥和绿肥，旱情出现前树盘松土、覆盖，肥水避免促发晚秋梢而受冻，冻前灌水等措施，防止和减轻柑橘的冻害。

（3）*科学施肥*　科学施肥涉及肥料种类、施肥量、施肥时期及施肥方法。提倡用叶片和土壤营养分析指导施肥，提高钾肥的使用量，即氮∶钾为1∶1，以增强树体的抗寒性。

增施有机肥有助防止柑橘冻害。通常选用人畜粪尿、畜禽栏肥、饼肥等。施肥量根据树龄、产量而定。成年结果树以每株施人畜粪尿或畜禽尿或畜禽栏肥30～60千克为宜。

早施采果肥，不仅有利恢复树势，有利花芽分化，还有利树体安全越冬。

夏橙防冻保果，通常在霜前20天施1次防冻过冬肥，一般1株产果50千克的成年树，施牛粪、杂草50千克，饼肥2千克、柑橘复合肥0.5千克，扩穴施入与土充分拌合，粗肥放穴底，细肥放上层，施后用脚踏实，可有效防冻保果。

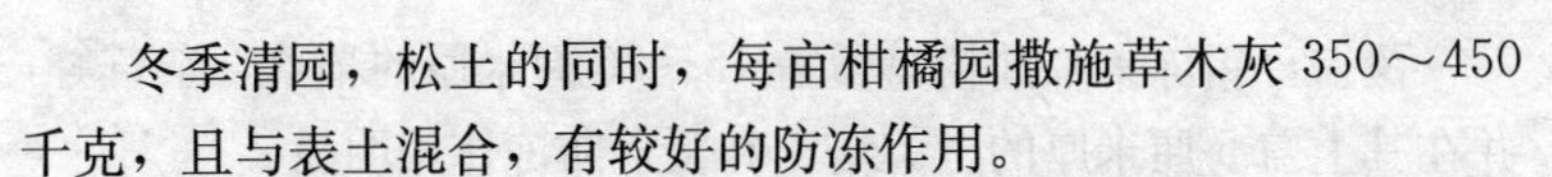

冬季清园，松土的同时，每亩柑橘园撒施草木灰350～450千克，且与表土混合，有较好的防冻作用。

秋季施肥应防止晚秋梢大量抽发而造成冻害，尤其是幼树，更应注意使枝梢在晚秋前停止生长，切忌为促树冠扩大而施氮肥过多。已抽生的晚秋梢，未老熟的可行摘除。施有机肥的方法宜深不宜浅，深施诱导根系深扎，增强植株的抗寒性。

(4) 挂果适中　挂果量适中（度）既有利克服柑橘果树的大小年，又有利增强树体的抗寒性，生产中常因结果过多使树势减弱，抗寒力下降；同样，结果过少使枝梢旺长，不健壮和延后成熟而受冻。

适量挂果可采取：一是疏果，即稳果后按叶果比疏除一部分果，使结果适中。二是开花着果多的大年树，可疏花疏果，以利增强树势。预测有寒冻的年份，一般改冬剪为早春的2月修剪。

(5) 适当密植　适当密植不仅可早结果、早受益，而且因较密、树冠与树冠间较密接，防止了热的散发，起到减轻柑橘园冻害的作用。柑橘有冻害的北缘产区可采取带土移栽，大苗定植，矮化密植，甚至丛栽（即每穴2～3株）的方法，以防止柑橘植株，特别是幼树的冻害。

(6) 适时控梢　适时控制秋梢可避免抽生晚秋梢而受冻，常采取：一是控肥。最后一次追肥在立秋前施入，且控制氮肥的用量，以免秋梢生长不充实。同时随时抹除晚秋梢。二是为促使秋梢老熟，常不施肥灌水，或叶面喷施0.4%磷酸二氢钾。三是于晚秋梢生长季（10月上、中旬）用生长延缓矮壮素（CCC）1 000～2 000毫克/千克和1%～2%氯化钙（$CaCl_2$）溶液喷施，可促嫩梢停止生长。

(7) 培土覆盖　柑橘冻害之地，特别是幼树，常用培土和覆盖树盘的方法防止柑橘植株冻害。

培土：高度30～40厘米，其上覆盖稻草、干草、绿肥则更好。培土时间12月上、中旬完成，在芽萌动前将土扒开。

覆盖：霜冻来临前树盘覆盖15～20厘米厚的稻草、杂草等，并在其上盖5厘米厚的土。培土和覆盖防冻作用明显。

（8）喷药防冻　用石硫合剂或松碱合剂喷雾，也可用机油乳剂与80%敌敌畏、40%的乐果乳油混合的稀释300倍液喷雾，使农药均匀的附着在叶片上，既提高抗寒力，又兼治病虫害。

（9）病虫防治　做好防治危害柑橘叶片、枝、干的病虫害，如树脂病、炭疽病、脚腐病等病害及螨类、蚧类、天牛、吉丁虫等害虫，能使树体有足够健壮的叶片和枝干抗御寒冷。

3. 其他各种防冻措施

（1）树干包扎、涂白　树干包扎防寒，常用于幼树。一般在冻前用稻草等包扎树干，可起到良好的防冻作用。用塑料薄膜包扎树干，效果最好。用石灰水将树干涂白，对防止主干受冻有一定的作用，有的还在石灰水中加入适量黄泥和牛粪。也有用生石灰5千克、石硫合剂原液0.5千克、盐0.5千克、动物油0.1千克及水20千克制成涂白剂，秋末冬初涂白树干。

（2）喷抑蒸保温剂　对树冠喷施抑蒸保温剂，使柑橘叶片上形成一层分子膜，可抑制叶片水分蒸发、热量损失而减轻冻害。具体方法：一是喷施时间在冻前7～10天。二是喷施浓度。上海市农业科学院自制的长风3号叶面保温剂浓度为3%；武汉农药二厂生产的抑蒸保湿剂六五〇一浓度为2.5%～3.0%；日本的OED抑蒸保湿剂浓度为2%～3%。

（3）喷沼气液　在冻前11～12月，用沼气发酵后的液肥喷施3次，防寒效果显著。

（4）罩盖树冠　在寒潮来临之前，在树冠上罩盖一层聚丙烯纺织的布袋（也可用回收的化肥包装袋制成），开春后去除。

（5）熏烟防冻　当柑橘园气温会降至－5℃前，每亩设3～4个烟堆，点火熏烟雾，有一定的防冻效果。

（6）高砧嫁接　即利用抗寒性强的砧木，在其干高30厘米以上部位嫁接，使抗寒性较差的接穗品种躲过地面低温层而免受

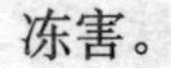

冻害。

三、柑橘冻后救扶

柑橘植株冻后恢复的快慢，常与冻害的程度以及冻后采取的救扶措施有关，一般采取以下救扶措施。

1. 及时摇落树冠积雪　如遇柑橘树冠积雪受压，应及时摇落积雪，以免压断（裂）树枝；扒离树盘残留冰雪，减轻冰雪融解对根，特别是细根、须根的冻害。对已撕裂的枝桠及时绑固。方法是将撕裂的枝桠扶回原位，使裂口部位的皮层紧密吻合，在裂口上均匀涂上接蜡，用薄膜包扎，再用细棕绳捆绑，并设立支柱固定或用绳索吊枝固定，松绑应在愈合牢固后进行。

2. 轻冻树保花保果　花果量少，树势较强的可用GA加营养液保果，在花期和谢花后的幼果期喷施40毫克/千克浓度的GA加0.3%尿素、0.2%磷酸二氢钾、硼砂、硫酸钾营养液保花保果。

3. 合理修剪　受冻树修剪宜轻、采取抹芽为主的方法。不同受冻程度的树，方法有异：对受冻轻树冠较大的树除剪去枯枝外，还应剪去荫蔽的内膛枝、细弱枝、密生枝等；对受冻重枝干枯死的树修剪宜推迟，待春芽抽生后剪去枯死部分，保留成活部分。对重剪树的新梢应作适当的控制和培养，但要防止徒长，以免寒前枝叶仍不充实，再次引起冻害。对受冻的小树，在修剪时尽量保留成活枝叶，属非剪不可的也宜待春梢长成后再剪除。

枝干受冻不易识别，剪（锯）过早会发生误剪；剪（锯）过迟会使树体浪费水分。故应适时剪（锯）。剪（锯）后较大的伤口，应涂刷保护剂，以减少水分蒸发。

4. 枝干涂白防晒　受冻的植株，尤其是3、4级冻害的枝、干夏季应涂白，以防止严重日灼造成树枝、干裂皮。

5. 施肥促恢复　冻后树体功能显著减弱，肥料要勤施薄施。受1、2级冻害的植株当年发的春梢叶小而薄，宜在新叶展开后，用0.3%～0.5%的尿素液喷施1～2次。3、4级冻害的植株发芽较迟，生长停止也较晚，应在7月以前看树施肥。幼树发芽较早，及时施肥。

6. 冻后灌水 冻后，特别是干冻后，根与树体更需水，应及时灌水还阳；也有用喷水减轻冻害的，即用清水或3%～5%的过磷酸钙浸出液喷施叶片，可减轻冻害。

7. 松土保温 解冻后立即对树盘松土，使其保住地热，提高土温。冬季土温高于气温，松土能保持土壤热量。

8. 防治病虫 萌芽前喷药清园，喷45%结晶石硫合剂120～150倍液。冻后最易发生树脂病，应注意防治。通常可在5～6月份和9～10月份用浓碱水（碱与水的比例为1∶4）涂洗2～3次，涂前刮除病皮。同时注意螨类为害的防治，以利枝叶正常生长而尽快恢复树势。

第二节　柑橘热害防止及应急措施

柑橘是热带、亚热带的常绿果树（枳例外），性喜温暖湿润，但也怕热。在柑橘花期到稳果期间，若出现30℃及其以上气温的异常天气，则会影响正常的开花结果，且时间越早，高温的危害越大。柑橘在开花到稳果期间，因出现异常高温天气，导致异常落花落果，造成产量损失，称为柑橘的热害。

一、柑橘热害防止

为防止或减轻柑橘热害，宜采取以下措施。

1. 选好园地 针对热害的成因，在柑橘园址选择上应将高温影响作为一个主要因素考虑，尽量进行避热栽培。如在大气候环境中选择局部小气候适宜之地，设置涵养林，改善生态环境等。江、河边栽培也可减轻热害。

2. 选好品种　不同种类、品种的柑橘耐热性不同，宜选抗热性强的品种和砧木。如种植温州蜜柑，中晚熟品种较早熟品种耐热；种植甜橙，有核品种比无核品种耐热。

3. 建好园地　种植地进行改土培肥，土层深厚、疏松、肥沃的土壤，柑橘种植后抗热性较强；反之，土壤瘠薄的抗热性差。

4. 加强管理　加强栽培管理可减轻柑橘的热害。栽培管理包括土壤管理、肥料管理、水分管理、枝梢管理和病虫害防治。

（1）土壤管理　重在加深土层，提高土壤有机质含量；也可进行树盘覆盖，当气温高于30℃时，对未封行的投产树进行覆盖。3～9月实行全园生草栽培，也有利减轻热害。

（2）肥料管理　一是重施催芽肥，于3月上旬春芽开始萌动时，重施以速效氮肥为主的肥料，以满足树体抽梢、开花、着果的需要。二是增施磷钾肥，春季叶面经常喷施磷钾肥对防止热害，减轻异常落果作用明显。及时灌水，保持土壤湿润，可减轻热害，喷水效果则更佳。

（3）水分管理　及时灌水，保持土壤湿润，可减轻热害，喷水效果则更佳。

（4）枝梢管理　一是保护好越冬叶片。放好秋梢，并在采果后适当施用尿素或稀粪水，以增强树势，保护叶片；也可喷施浓度为10毫克/千克的2，4-D液，保叶过冬。二是重抹春梢，减少新叶量。春梢要早抹、重抹、多抹。早抹即从现蕾开始；重抹即根据新老叶的比例，抹除多余的春梢，也可采取先抹除70%的春梢后再用早夏梢来弥补树体叶片的不足；多抹即多批多次抹梢，一般每7～10天1次，直至第二次落果结束。也可抹除盛花末期后的全部晚春梢和早夏梢，花期以前的春梢抹除30%～50%，对留下的春梢留3～5叶摘心。

（5）病虫害防治　做好花蕾蛆、螨类、叶甲和炭疽病等的防治，保叶保果。

二、柑橘热害应急措施

1. 喷施保花保果剂 使用增效液化 BA＋GA（涂果型）或增效液化 BA＋GA（喷布型）。使用方法，涂果型每瓶（10 毫升）加水 0.5～1 千克（橙类成年树加水 0.6～0.75 千克，幼树加水 0.75～1 千克，温州蜜柑加水 0.75～1 千克）充分搅匀，配成稀释液。在柑橘谢花后 5～10 天，用毛笔蘸稀液涂幼果整个果面，湿润即可，一般涂果 1 次即有足够的挂果量。对部分生长较弱或营养生长太旺而极易落果的植株，可在第二次生理落果开始时再涂 1 次。喷布型每瓶（10 毫升）加水 10～15 千克，充分搅匀，配成稀释液，柑橘 70％～80％谢花时，用喷雾器对树冠幼果进行喷布，主要喷果实，叶片和新梢上尽量少喷。第一次喷后 10～25 天再喷 1 次，对极易落果的品种或植株，可在谢花后 30～40 天喷第三次，喷后 12 小时内下雨，应在天晴时补喷 1 次。采用微型喷布（用灭蚊型或其他微型喷雾器对准花、幼果喷）效果更好。微型喷布每瓶加水 5 千克左右。

温州蜜柑还可选用其专用保果剂——宝柑灵。使用方法：每包宝柑灵粉剂加 50％～70％的酒精或白酒 25～50 克，搅动溶解后，加水 25 千克喷布树冠，盛花末期喷第一次，15～25 天后重喷 1 次，喷花、果为主，湿润即可。此外，也可在花蕾期喷赤霉素 10 毫克/千克＋0.4％～0.5％磷酸二氢钾＋0.1％硼砂；谢花后 7～15 天内，喷 30～40 毫克/千克赤霉素＋细胞分裂素 800 倍液；第二次生理落果喷 10 毫克/千克 2，4－D＋800 倍绿宝液防止温州蜜柑异常落果。还可用多效唑保果。当春梢长 1.5 厘米时喷布生长抑制剂多效唑保果（用药迟效果不理想），7～10 天后再喷 1 次。

2. 环剥环割 初花期至盛花末期，对初结果树或偏旺树大枝进行环割或环剥。

3. 喷杀菌剂 雨前喷布甲基硫菌灵等杀菌药剂防止霉菌侵

染，雨后及时摇落残花与雨滴对保果也有一定效果。

第三节　柑橘风害防止及救扶

一、柑橘寒风害防止

防止寒风害，可采取以下措施。

1. 建选防风林，设置防风障　建防风林可减缓风速，改善柑橘园小气候条件。北缘柑橘产区防风林可用水杉、女贞、樟树、法国冬青和竹等。防风林内风速比林外小，随着与防风林距离的增大，风速减弱的效应也相应减小。防风林面积与柑橘园面积之比以 1∶20 为宜。

风障也可减缓风速而减轻柑橘冻害。

2. 树冠覆盖　树冠覆盖也是防寒风害的有效措施。

二、柑橘干热风害防止

防止干热风害，可采取以下措施。

1. 选好品种　选择抗热风害强的柑橘品种、品系，如温州蜜柑的早熟品系——宫川。

2. 改善环境　选择适宜的小气候，深翻压肥，改良土壤，营造防风林等。

3. 应急措施　出现干热风害前后可采取如下应急措施：一是适度灌水。采用沟灌、穴灌、早晚对树冠喷水等。二是控梢。对春梢作适当疏删，徒长性春梢留 3～5 片叶摘心，抹除夏梢。三是叶面喷施 0.3%磷酸二氢钾和 0.3%尿素，既供水降温又促进枝梢老熟和果实膨大。四是用赤霉素保果。于花蕾露白喷 50 毫克/千克的赤霉素液，第二次生理落果高峰期前用浓度 200～300 毫克/千克的赤霉素液涂幼果。五是谢花期遇干热风害，可在主枝上环割 2～3 圈，以增加地上部养分和水分减少落果。环割要适度，过轻不起作用，过重影响树势和翌年产量。

三、柑橘台风害防止及救扶

（一）台风害防止

1. 营造防风林，可减轻对柑橘果树的危害 既可减缓风速，又可改善小气候。防风林宜用网格化的防风林（网），并将防风林的密闭度修剪调节到 70%～80%程度，可使风速和风压降低至最小限度。

2. 设立防风纱、防风网 无防风林时，可在柑橘园迎风面牵挂渔网或尼龙网，以减缓风力和风速。

3. 种植抗风强的品种、砧木 如种植温州蜜柑、椪柑和柚等抗风较强的品种。砧木宜选矮化砧，培养低干、紧凑树冠。

4. 避风种植 选择能避风的小气候区种植。

5. 立柱护林 幼树、移栽树根系浅，尽可能设立支柱，防止植株被风吹倒。

6. 筑堤排水 沿海、江边的柑橘园应修筑堤坝，疏通渠道，一旦遭受台风侵袭，既可挡江、海之水入侵，也能及时排除园中的积水。

（二）台风害救扶

台风过后，应根据柑橘受灾情况，采取以下救护措施。

1. 清沟渠，排积水 抢修堤坝、堵住缺口，防止海水倒灌，进而抓紧疏通沟渠，排除园中积水，以防积水烂根。

2. 疏松土壤 及时除去表层的咸污泥，增强园地的通透性，排除有害气体，以促进新根生长。淹水又使园地土壤板结，抓紧疏松土壤，有条件的树盘松土后可行覆盖。注意根系未恢复生长时，切忌施人粪尿或尿素水，以免再次造成根系伤害。

3. 做好护理　对被台风吹倒的植株，扶正立柱固定；吹折的枝梢有救的做捆绑处理，无救的从基部剪除，并涂以波尔多液；枝干涂白防止日灼伤害；溃疡病区注意摘除溃疡病叶；用水冲洗水淹时附于果面、叶片的泥土及盐分，并摇去水滴；结合根外追肥喷布50%的甲基硫菌灵500倍液，防病保叶（不可喷石硫合剂，以免引起或加重落叶）；及时剪除、疏去部分枝叶、果实，以减少水分蒸发，淹水严重甚至有可能死的树，要剪枝、去果、去叶，并对外露的大枝用1∶10石灰水涂干，再用稻草包扎枝干，以免枝干开裂感病。

4. 防病强树　受台风害和水淹的植株，极易感染炭疽病、树脂病等，应及时预防喷药。药剂选用80%代森锰锌可湿性粉剂600倍液或70%甲基硫菌灵可湿性粉剂，或75%百菌清600倍液。植株受风害水淹，根系受损，吸收能力弱，应采取根外追肥，选用0.2%～0.3%尿素或0.3%～0.4%磷酸二氢钾，隔7～10天喷一次，连喷2～3次。注意中午高温时忌喷。

四、柑橘潮风害防止及救扶

随台风侵袭常有海潮发生，风将带有盐分的海雾吹向柑橘园，而引起潮风害。

潮风害防止及救扶的措施：

1. 选种抗潮风害的品种　温州蜜柑、柚抗潮风害较强，夏橙、脐橙等较弱。

2. 灾后救扶　一是受潮风害而落叶的植株，不宜立即修剪和摘除果实，以便利用其贮藏的养分和残留的叶绿素进行光合作用和避免过多的伤口消耗养分。二是对因落叶而裸露的枝干涂石灰水，以防止日灼。三是台风未伴随大雨时，受潮风害的柑橘树要及时（10小时内）喷水洗盐，以减轻危害。且去盐后喷布20～40毫克/千克的2，4-D或加石硫合剂，以防止或减少灾后落叶。

第四节　柑橘旱害防止及救扶

一、柑橘旱害防止

对受旱柑橘植株灌溉是解除旱害之关键，灌溉可用浇灌、盘灌（直接灌入树盘的土壤）、穴灌、喷灌、滴灌等，但大旱时，有的柑橘无水灌溉。旱害防止的措施简介如下：

1. 水土保持　经常有旱害发生的柑橘园应结合地形，在排水系统中尽可能多建蓄水池和沉砂凼，雨季蓄水，水不下山，土不下坝，排蓄兼用，保持水土也是抗旱防旱的重要措施。

2. 深翻改土　深翻扩穴增加土壤的空隙和破坏土壤的毛细管，增加土壤蓄水量，减少水分的蒸发。深翻结合压绿肥，提高肥力，改善土壤团粒结构，提高抗旱性。

3. 中耕覆盖

中耕：在旱季来临之前的雨后中耕，可破坏土壤毛细管，减少水分蒸发。同时也可清除杂草，避免与柑橘争夺水分。中耕深度10厘米左右，坡地宜稍深，平地宜稍浅。

覆盖：即旱季开始前用杂草、秸秆等覆盖树盘，覆盖物与根颈部保持10厘米以上的距离，避免树干受病虫危害。

4. 树干刷白　幼树、更新树等，在高温干旱前，用10%的石灰水涂白树干，对减少树体水分蒸发和防止日灼病有一定效果。

5. 遮阳覆盖　用遮阳网覆盖树冠，减轻烈日辐射，降低叶面温度，从而减少植株水分蒸发，也可防止强光辐射对叶片和果实的灼伤。

6. 用保水剂　旱前土壤施用固水型保水剂，或树冠喷布抗蒸腾剂，以减少土壤和叶片的失水。

保水剂是具有较强吸收力的高分子材料，降雨时能吸收为自身重量的几十倍至数百倍的水分，形成一个个“微小水库”，施用于土壤后能提高土壤吸收能力，增加土壤水分含量，在干旱的环境下能将所含水分缓缓释放供柑橘植株吸收利用，并具反复吸水和渗水的性能。目前保水剂已开始在柑橘上试用，效果明显。

抗蒸腾剂，又称抗旱剂，可抑制叶片水分蒸腾，减少土壤水分损耗，有保水、节水和缓和干旱的功能。目前市场上抗蒸腾剂的种类不少，应按说明使用，生产上大面积用前先试用。

二、柑橘旱害后救扶

1. 及时灌溉 灌溉是防止干旱最直接、最有效的措施，安装有滴灌和喷灌等先进灌溉系统的果园，干旱时只需定期灌溉即可。但是我国柑橘大多种植在丘陵山地上，大多数仍需要采用简易节水灌溉措施。

一是埋草穴灌。方法是在干旱来临前，在柑橘树冠四周滴水线上视树大小，均匀地挖2～4个穴，深40～60厘米，每穴用杂草、稻草和农家肥等10～20千克，均匀混入少量表土，压实回填，多余土壤在穴四周筑起一矮土圈，圈内盖5～10厘米稻草、杂草等覆盖物，方便灌水和减少水分蒸发。干旱期间，每穴每天灌水10～20千克，可有效提高柑橘抗旱能力。如水源困难等，也可2～3天灌水一次。

二是普通穴灌。灌水前先在树冠滴水线下挖1～3个10～20厘米的浅穴，每穴灌水15～30千克，待水全部渗入土壤后，再将土壤回填到穴内，同时铲除穴周围杂草，覆盖在穴面上，减少水分蒸发。大土块应先敲碎后再回填。

三是覆盖灌溉。覆盖灌溉的覆盖方法同前述“地面覆盖”。干旱期间在树冠滴水线下灌水，成年树每次每株50～80千克。

四是局部灌溉。土壤干旱时，柑橘根系吸收水分受阻，引起叶片气孔关闭，树体水分的蒸腾减少，从而减少水分的损失。局部灌溉就是利用柑橘的这一生理特点，只对树冠一边的土壤灌溉，另一边处于适度干旱状态，使柑橘叶片气孔关闭，减少对水的需求，达到节水目的。为了使一边土壤不至于因过度干旱出现死根等不良反应，一般采用交替局部灌溉方式。每次灌水时只灌树的一边，隔2～4天灌另一边，交替进行。

2. 缓灌覆盖 对易裂果的柑橘品种，早期或旱害后的灌溉应先少后多，逐渐加大灌水量。如遇突降暴雨，有条件的可覆盖树盘，减缓土壤水分补充速度，以减少裂果损失。

3. 科学施肥 抗旱中宜少量多次施用氮肥和钾肥。灾后及时用低浓度的氮、钾进行叶面喷施，以补充干旱造成树体营养之不足。

4. 处理枯枝 及时处理干枯枝，防止真菌病害主枝、主干。要求剪除成活分枝上的枯枝，不得留有桩头，剪枝剪口较大用利刀削平剪口，并用杀菌剂处理伤口，防止真菌危害。

对枝梢干枯死亡超过1/2的植株，应结合施肥，适度断根，以减少根系的营养消耗，防止根系死亡。同时随施肥加入杀菌剂，防止根腐病的发生。

5. 抹除秋花 由于旱情，特别是严重的旱情，使花芽分化异常，使浪费养分的秋花明显增多，应尽早抹除，减少养分消耗。

6. 冬季清园 干旱后枯枝落叶多，有利病虫害越冬，且受旱树较衰弱，易受病虫危害。应结合修剪整形，清除地面杂草、枯枝落叶，松土、培土，树冠喷药等。

第五节　柑橘涝害防止及救扶

一、柑橘涝害防止

1. 择地种植 常有涝害的地域，应选择地势相对较高，地

下水位低的地域种植，以减轻或避免涝害发生。

2. 抗涝栽培　一是选种抗涝性强的品种（品系）种植。二是通过深翻改土，诱根深扎，搞好病虫害防治，防止树体受机械伤，重视秋冬采果后施基肥，培育健壮强旺的树体等栽培措施，增加植株的抗涝能力。三是适当提高树体主干高度，常遇涝害地域参照历年平均渍水情况，整形修剪时适当提高主干高度，或采取深沟高畦栽植。四是参照常年淹水深度，在柑橘园周围修筑高于常年淹水水面高度的土堤，阻水淹树，出现积水较多时用小水泵抽水排除。

二、柑橘涝害后救扶

1. 排水清沟扶树　柑橘一旦受涝，应尽快采取排除积水和清理沟道。洪水能自行很快退下，退水的同时要清理沟中障碍物和尽可能洗去积留在枝叶上的泥浆杂物。洪水不能自动排除的，要及时用人工、机械排除，以减轻涝害。对被洪水冲倒的植株要及时扶正，必要时架立支柱。

2. 松土、根外追肥　柑橘园淹水后土壤板结，会导致植株缺氧，应立即进行全园松土，促进新根萌生。植株水淹，根系受损，吸肥能力减弱，应结合防治病虫害进行根外追肥。用0.3%～0.5%尿素、0.3%～0.4%磷酸二氢钾喷施枝叶，每隔10天1次，连续2～3次。待树势恢复后再根据植株大小、树势强弱，株施尿素50～250克。

3. 适度修剪、刷白　受涝植株，根系吸水力减弱，应减少枝叶水分蒸发，进行修剪，通常重灾树修剪稍重，轻灾树宜轻。剪除病虫枝、交叉枝、密生枝、枯枝、纤弱枝、下垂枝和无用徒长枝，并采取抹芽控梢，促发夏秋梢。

涝害会导致植株落叶，为防日灼，常用块石灰5千克，石硫合剂原液0.5千克，食盐少许和水17.5千克调成石灰浆，涂刷主干、主枝，既防日灼，又防天牛和吉丁虫在树干产卵为害。

4. 防病虫害、防冻 柑橘受涝，尤其是梅雨期受涝，易诱发螨类、蚜虫等害虫和树脂病、炭疽病、脚腐病的发生，应重视防治。

柑橘有冻害的应做好冬季的防冻。树干涂白，寒潮来临前进行灌水，寒潮过后即排除沟灌之水，树干缚草，园地熏等措施，以防受涝后树势未恢复的植株又遭寒害。

5. 其他救扶措施 受海（潮）水淹的柑橘树，应尽快排除咸潮水，以淡洗盐，2～3 天灌淡水 1 次，连续 3 次。淡水洗盐后，待畦（土）面干后，及时松土，以利根系生长。

第六节　柑橘冰雹灾害防止及救扶

我国部分柑橘产区，在春夏之交或夏天柑橘果树常受冰雹危害，出现瞬间至十几分钟，受大如乒乓球，小如玻璃弹子的冰雹袭击，砸破砸落叶片，砸伤枝梢果实，影响树体生长，产量锐减。

一、柑橘冰雹灾害防止

1. 避雹种植 避开在经常出现冰雹的地域种植。

2. 避雹措施 在得知出现冰雹的气象预报后，根据当时的风向，采取相应的措施，如遮盖树冠，缚束枝梢等。

二、柑橘冰雹灾害后救扶

1. 雹害树处理 及时剪除雹害引起造成的残枝、残叶和重伤果，并清出园外深埋或烧毁。已折断或劈裂的枝干，应及时剪除。被冰雹严重砸伤的果实可摘除。

2. 喷药防病 雹灾后抢晴好天气喷药，防止枝叶受伤而暴发炭疽病、疮痂病；疫区要做好防止溃疡病的盛发。

3. 适时施肥 为促进伤口愈合，加速树势恢复，应根据树龄大小、树势强弱和土壤肥力，追施适量的复合肥。

4. 抹梢控肥 凡追肥的柑橘树，一般在灾后15～20天会萌发大量春梢，新梢会在砸断的春梢上萌生，也能在1～2年生枝条上抽发，甚至在主枝、主干上萌生。当多数新梢长至3～8厘米时，应抹除过多的新梢，以减少养分消耗和形成良好的树冠。

植株会因冰雹害而减少结果，故应根据挂果施壮果肥，过量施壮果肥会促发大量秋梢，甚至晚秋梢。晚秋梢柑橘北缘产区会受冻害。

5. 保温防冻 柑橘北缘和北亚热带产区，柑橘有冻害，枝、干上砸伤的伤口，在冻前不能愈合的应在寒潮来临前用稻草等包扎保护，以防冻害。

柑橘采收、采后处理及贮藏保鲜技术指南

第一节　柑橘采收要求及技术

柑橘采收，尤其是作为鲜食果实的采收，其采收质量好坏，直接影响果实销售、贮藏保鲜，最终影响生产、经营者和消费者的利益。

一、柑橘采收要求

1. 采收期指标

（1）*要素*　以果皮色泽、果汁可溶性固形物含量、果汁固酸比作为采收指标进行柑橘采收期的确定。

（2）*色泽*　果实七至八成成熟，果皮已转色，转色程度为充分成熟的70%～80%。

果皮颜色：甜橙呈橙黄或浅橙色。宽皮柑橘中橙色品种呈橙黄或浅橙色；红色品种呈红色或浅红色。柠檬呈柠檬黄色或浅绿色。柚类呈浅黄色或浅黄绿色。

（3）*内含物*　固酸比指标：脐橙≥14.0，其他甜橙≥8.0；温州蜜柑≥8.0，椪柑≥13.0，其他宽皮柑橘≥9.0；沙田柚≥20.0，其他柚类≥8.0。柠檬：有机酸≥3.0%，果汁率≥20%。

2. 采收条件

采收前1周不应灌水，雨天、雾天、落雪、打霜、刮大风的天气、果面水分未干前不宜采收。

3. 采收工具

剪刀：采用圆头果剪；盛果箱、采果袋或采果篓；内壁平滑或有防伤衬垫；人字梯：木质。

二、柑橘采收技术

(1) 按操作程序采果　就一树言，采果应先外后内，先下后上。实行标准采果——复剪，即第一剪果梗（柄）剪下，第二剪齐萼片（不伤萼片）剪下。采收果实必须轻拿轻放，严禁强拉硬采。伤口果、落地果、黏花果、病虫果应另放一处，枯枝杂物不要混入果中。采下的果实不要随地堆放，不可日晒雨淋。

(2) 装载适度　果筐（箱）、车装载应适度，以八、九成为宜，轻装轻放，运输途中应尽量避免果实受到大的震动而出现新伤。

(3) 采收时间　宜选晴天，雨天不采，果面露水不干不采，大风大雨后应隔两天再采。

第二节　柑橘初选及预贮

为了提高分级质量和有利于果实的贮藏运输，在果实进行商品化处理前，可进行园内初选和分级前的预贮。

一、柑橘初选

果实从植株上采下后，在采果现场对果实作一次初选，参照国家对不同柑橘品种规定的等级标准，将果实粗分为若干个等级，主要是剔除畸形果、病虫危害果、落蒂果和新伤果等。进行园内初选可使柑橘种植者了解所生产果品的质量，园内病虫害的动态及每天的采果质量，有利于果品的销售和提高效益。对剔出的各种等外果也便于及时处理。

二、柑橘预贮

经园内初选后的柑橘果实，在包装场进行分级前，进行短暂时间的存放，称为柑橘果实的预贮。预贮具有使果实预冷、愈伤、催汗（软化）的作用，并能降低果实贮藏中的枯水、粒化程度。预贮的方法简单，仅将刚采下的果实放在通风良好，不受阳光直射，地面干燥，温度较低的室内，在铺有稻草的地面上堆放，高度以4～5果高为宜，也有直接盛于箩筐（篓）中进行预贮的，时间需1～3天，经手轻捏，果皮已稍有弹性，即可分级、包装。一般经预贮的果实，失水率为2%～4%，采前晴好天气多，采收的果实预贮后失重较小；采前多雨天，采收的果实经预贮，失重则较大。

第三节　柑橘采后处理

一、柑橘分级

柑橘果实分级是为达到既使果实标准化，做到按质论价，又便于包装、贮藏、运输和销售的目的。

柑橘果实分级有按品质分级和大小分级两种。品质分级是根据果实的形状、果面色泽、果面有否机械损伤及病虫害等标准进行的分级，这种分级要求分级人员熟练地掌握分级技术。大小分级是根据国家所规定的果实横径大小进行的分级，分级时可借用分级板或分级机。我国现行的柑橘分级标准，是以果实横径每差

5毫米为1级的标准。现将中华人民共和国农业部行业标准(2006-12-06发布2007-02-01实施)的柑橘的柑橘鲜果大小分组规定和等级指标列于表8-1、表8-2。

表8-1 柑橘鲜果大小分组规定

单位：毫米

品种类型		组别					
		2L	L	M	S	2S	等外果
甜橙类	脐橙、锦橙	<95~85	<85~80	<80~75	<75~70	<70~65	<65或>95
	其他甜橙	<85~80	<80~75	<75~70	<70~65	<65~55	<55或>85
宽皮柑橘类和橘橙类	椪柑类、橘橙类等	<85~75	<75~70	<70~65	<65~60	<60~55	<55或>85
	温州蜜柑类、红橘、蕉柑、早橘、椪橘等	<80~75	<75~65	<65~60	<60~55	<55~50	<50或>80
	朱红橘、本地早、南丰蜜橘、沙糖橘、年橘、马水橘等	<70~65	<65~60	<60~50	<50~40	<40~25	<25或>70
柠檬来檬类		<80~70	<70~65	<65~60	<60~50	<50~45	<45或>80
葡萄柚及橘柚等		<105~90	<90~85	<85~80	<80~75	<75~65	<65或>105
柚类		<185~155	<155~145	<145~135	<135~120	<120~100	<100或>185
金柑类		<35~30	<30~25	<25~20	<20~15	<15~10	<10或>35

表8-2 果实等级指标

项目	特等品	一等品	二等品
果形	具有该品种典型特征，果形一致，果蒂青绿完整平齐	具有该品种形状特征，果形较一致，果蒂完整平齐	具有该品种类似特征，无明显畸形，果蒂完整

（续）

项目		特等品	一等品	二等品
果面	色泽	具该品种典型色泽，完全均匀着色	具该品种典型色泽，75%以上果面均匀着色	具有该品种典型特征，35%以下果面较均匀着色
	缺陷	果皮光滑：无雹伤、日灼、干疤；允许单个果有极轻微油斑、菌迹、药迹等缺陷。但单果斑点不超过2个，柚类每个斑点直径≤2.0毫米，金柑、南丰蜜橘等小果型品种每个斑点直径≤1.0毫米，其他柑橘每个斑点直径≤1.5毫米。无水肿、枯水、浮皮果	果皮较光滑；无雹伤；允许单个果有轻微日灼、干疤、油斑、菌迹、药迹等缺陷。但单果斑点不超过4个，柚类每个斑点直径≤3.0毫米，金柑、南丰蜜橘等小果型品种每个斑点直径≤1.5毫米，其他柑橘每个斑点直径≤2.5毫米。无水肿、枯水果，允许有极轻微浮皮果	果面较光洁；允许单个果有轻微雹伤、日灼、干疤、油斑、菌迹、药迹等缺陷。单果斑点不超过6个，柚类每个斑点直径≤4.0毫米，金柑、南丰蜜橘等小果型品种每个斑点直径≤2.0毫米，其他柑橘每个斑点直径≤3.0毫米。无水肿果，允许有轻微枯水、浮皮果

农业部对无公害各类柑橘的理化指标，大、中、小、微型分类制订了标准，分别见表8-3、表8-4。

表8-3　各类柑橘的理化要求

项　目	指　标							
	甜橙类			宽皮柑橘类			柚类	
	脐橙	低酸甜橙	其他	温州蜜柑	椪柑	其他	沙田柚	其他
可溶性固形物(%)	≥9.0	≥9.0	≥9.0	≥8.0	≥9.0	≥9.0	≥9.5	≥9.0
固酸比	≥9.0	≥14.0	≥8.0	≥8.0	≥13.0	≥9.0	≥20.0	≥8.0
可食率（%）	≥70	≥70	≥70	≥75	≥65	≥65	≥40	≥45
大果型品种(毫米)	≥70				≥60			≥150
中果型品种(毫米)			≥55	≥55		≥50	≥130	≥130

（续）

项　目	指　标							
	甜橙类			宽皮柑橘类			柚类	
	脐橙	低酸甜橙	其他	温州蜜柑	椪柑	其他	沙田柚	其他
小果型品种(毫米)		≥50	≥50			≥40		
微果型品种(毫米)						≥30		

注：1. 低酸甜橙：指新会橙、柳橙、冰糖橙等品种。

2. 其他甜橙：指除低酸甜橙和脐橙之外的甜橙品种，包括锦橙、夏橙、血橙、雪柑、化州橙、地方甜橙等。

3. 橘橙、橘柚等杂柑，则以其主要性状与表中所列最接近的类别判定。

4. 大、中、小微果型的划分见表 8-4。

表 8-4　各类柑橘大、中、小微型分类

甜橙类		宽皮柑橘类	柚类
大果型	脐橙	椪柑	琯溪蜜柚、晚白柚、玉环文旦、梁平柚、垫江白柚
中果型	锦橙、大红甜橙、血橙、夏橙、化州橙、雪柑、普通地方甜橙	温州蜜柑、樟头红、红橘、槾橘、早橘、椪柑、衢橘、茶枝柑	沙田柚、四季抛、强德勒柚、五布柚
小果型	冰糖橙、新会橙、柳橙、桃叶橙	南橘、朱红橘、本地早、料红、乳橘、年橘	
微果型		南丰蜜橘、十月橘	

安全卫生指标应符合表 8-5 的规定。

表 8-5　果实的安全卫生指标

单位：毫克/千克

通用名	指　标
砷（以 As 计）	≤0.5
铅（以 Pb 计）	≤0.2
汞（以 Hg 计）	≤0.01

（续）

通用名	指　标
甲基硫菌灵	≤10.0
毒死蜱	≤1.0
杀扑磷	≤2.0
氯氟氰菊酯	≤0.2
氯氰菊酯	≤2.0
溴氰菊酯	≤0.1
氰戊菊酯	≤2.0
敌敌畏	≤0.2
乐果	≤2.0
喹硫磷	≤0.5
除虫脲	≤1.0
辛硫磷	≤0.05
抗蚜威	≤0.5

注：禁止使用的农药在柑橘果实不得检出。

二、柑橘包装

柑橘果实进行包装，是为了使它运输过程中不受机械损伤，保持新鲜，并避免散落和损失。进行包装，还可以减弱果实的呼吸强度，减少果实的水分蒸发，降低自然失重损耗；减少果实之间的病菌传播机会和果实与果实间、果实与果箱间因摩擦而造成的损伤。果实经过包装后，特别是经过礼品性包装后，还可以增加对消费者的吸引力而扩大销路。

为了开展柑橘果实的包装，宜在邻近柑橘产区、交通方便、地势开阔、干燥、无污染源的地方建立包装场（厂）。场（厂）的规模视产区柑橘产量的多少而定。

我国现行的柑橘包装分外销果包装和内销果包装。

（一）外销果包装

1. 包装器材的准备

（1）包果纸 要求质地细，清洁柔软，薄而半透明，具适当的韧性、防潮和透气性能，干燥无异味。尺寸大小应以包裹全果不致松散脱出为度。

（2）垫箱纸 果箱内部衬垫用，质量规格与包果纸基本相同，其大小应以将整个果箱内部衬搭齐平为度。

（3）果箱 要求原料质量轻，容量标准统一，不易破碎变形，外观整齐，无毒，无异味，能通风透气。目前多用轻便美观、便于起卸和空箱处理的纸箱。现使用的纸箱为高长方形，多用于港澳和欧、美市场，其内径规格为470毫米×227毫米×270毫米。近来进出口柑橘采用双层套箱更为先进。

2. 包装的技术

（1）包纸或包薄膜 每个果实包1张纸，交头裹紧，甜橙、宽皮柑橘的包装交头处在蒂部或顶部（脐部），柠檬交头处在腰部。装箱时包果纸交头处应全部向下。

柑橘果实包纸，可起到多种作用：一是隔离作用，可使果实互相隔开，防止病害的传染。二是缓冲作用，减少果实与果箱间，果实与果实间，因运输途中的震动所引起的冲撞和摩擦。三是抑制果实的呼吸作用，包纸使果实周围和果箱内二氧化碳浓度增加，从而抑制了果实的呼吸作用，使果实的耐贮运性增加。四是抑制果实的水分蒸发，减少自然失重损耗，使果实保持良好的新鲜度。五是美化柑橘商品。六是包纸还可将果实散发出的芳香油保存，对病菌的发生起一定的抑制作用。

（2）装箱 果实包好后，随即装入果箱，每个果箱只能装同一品种、同一级别的果实。外销果须按规定的个数装箱，内销可采用定重包装法（篓装25千克，标准大箱装16.5千克）。装箱时应按规定排列，底层果蒂一律向上，上层果蒂一律向下，果型长的品种如柠檬、锦橙、纽荷尔脐橙可横放，底层要首先摆均匀，以后各层注意大小、高矮搭配，以果箱装平为度。出口果箱在装箱前要先垫好箱纸，两端各留半截纸作为盖纸，装果后折盖在果实上面。果实装后，应分组堆放，并要注意保护果箱防止受潮、虫蛀、鼠咬。

（3）成件　出口果箱的成件一般有下列几道工序：一是打印。在果箱盖板上将印有中外文的品名、组别、个数、毛重、净重等项的空白处印上统一规定的数字和包装日期及厂号。打印一定要清晰、端正、完整、无错、不掉色。二是封钉。纸箱的封箱，要求挡板在上，条板在下，用硅酸钠黏合或用铁钉封钉。封口处用免水胶纸或牛皮纸条涂胶加封。用硅酸钠黏合后，上面须用重物压半小时以上，使之黏合紧密。

（二）内销果包装

1. 包装器材的准备　内销柑橘果实的包装也同样应着眼于减少损耗，保持新鲜，外形美观，提高商品率。因此，应本着坚固、适用、经济美观的原则，根据下述条件选择包装器材。一是坚固，不易破碎，不易变形，可层叠装载舟车。二是原料轻，无不良气味，通风透气。三是光滑，不会擦伤或刺伤果实。四是价格低廉，货源充足方便。

2. 包装的技术　内销果可用纸箱包装，成件方法与出口果箱相同。竹篓和藤条篓如果规定重量装完后上部未满而有空余的，其空余部分需要用清洁、对果实无害的柔软物衬塞紧实，使其与篓口齐平。篓盖用细铅丝将四边扎紧以后，再用结实的绳索捆成十字形，将绳头打成死结。箱（篓）外标记：木箱和纸箱应在箱外印刷，篓应在篓外悬牌，标明品名、等级、毛重、净重、包装日期和产地等，字迹清晰、完整、无错。

第四节　柑橘运输

果实运输是果品采收后到入库贮藏或应市销售前必须经过的生产环节。运输的好坏直接关系到果实的抗病性、耐贮性和经济效益，运输不及时或运输方法不当，都会使果品在销售和贮藏中品质下降，发生腐烂。

一、柑橘运输要求

柑橘鲜果含有大量的水分，果皮饱满充实，在运输中易损伤而造成腐烂。为此，运输必须做到以下几点：一是装运前果实应经过预冷处理，除去田间热。二是装运的柑橘果实必须包装整齐，便于运输。不同包装箱应分开装运，轻装轻放，排列整齐，一般采用交叉堆叠或品字形堆叠。火车、轮船运输堆垛要留过道，避免挤压和通风不良，汽车运输顶部要有遮日避雨之物。三是及时运输，做到三快（快装、快运、快卸），严禁果实在露地日晒雨淋。四是运输途中应尽量减少中转次数，缩短运输时间。五是运输工具必须清洁、干燥、无异味，装载过农药或有毒化学物品的车、船，使用前一定要清洗干净并垫上其他清洁物。六是根据柑橘果实的生理特性，在运输途中对温、湿度进行及时管理，创造良好的运输条件，以减少外界不良环境对果实的影响。

二、柑橘运输技术

1. 运输的方式　分短途运输和长途运输。短途运输系指柑橘园到收购站、包装场、仓库或就地销售的运输，这类运输要求浅装轻运，轻拿轻放，避免擦、挤、压、碰等损伤果实；长途运输系指柑橘果品通过火车、汽车、轮船等运往销地或出口。目前我国火车运输有机械保温车、普通保温车和棚车 3 种。其中以机械保温车为最优，因其能控制运输中车内的环境条件，故果品腐损少。棚车即普通货车，车温受外界温度影响，腐损较大，不适宜用来运往北方寒冷的地方。普通保温车介于机械保温车和棚车之间，在内外环境条件悬殊的情况下，难以通过升温来保持车内适宜的环境，因而难免损失，这种车的优点在于可单独运行，调运较方便，装载量每车厢 30 吨。

2. 途中管理 果实运输途中的良好管理是运输成功的重要环节。应派懂柑橘贮运和工作责任心强的人员负责管理。管理人员应根据运输途中的气温变化，调节车厢内温度，使柑橘果实处于适宜的温度条件下。柑橘适宜运输的温度为 6～8℃，果实在这样的温度下腐烂率低，失重小，可溶性固形物和总酸量基本无变化。管理人员每天应定时观察车厢内不同位置的温度。当果箱堆温度超过 8℃时，可打开保温车厢的冰箱盖，通风箱盖或半开车门，通风降温；当车厢外气温降到 0℃以下时，则需保温，堵塞全部通风口，甚至加温。

水路运输时，除控制舱内的温、湿度外，还要随时注意防止浪水入舱，尤其是上下错船时，水浪增大，更要注意。装载重量要适度，切忌超载。

第五节 柑橘贮藏保鲜

柑橘的贮藏保鲜，是通过人为的技术措施，使采摘后的果实或挂树已成熟的果实，延缓衰老，并尽可能地保持其品种固有的品质（外观和内质），使柑橘果品排开季节，周年供应。

一、柑橘贮藏保鲜场所

柑橘果实贮藏场所有常温贮藏库和冷库之分。常温贮藏库以通风库为主。冷库主要是低温冷库。

果实在常温贮藏库贮藏，按 GB/T 10547（柑橘贮藏）规定执行。

冷库贮藏，应经 2～3 天预冷，达到最终温度：甜橙 3～5℃、宽皮柑橘类 5～8℃、柚类 8～10℃，保持在库内的相对湿度：甜橙 90%～95%，宽皮柑橘及柚类 85%～90%。

二、柑橘贮藏保鲜技术

柑橘果实的贮藏保鲜技术有采后贮藏保鲜和留树贮藏保鲜之分。采后贮藏保鲜有药剂保鲜、包薄膜保鲜和打蜡（喷涂）保鲜等。

（一）采后贮藏保鲜

1. 药剂保鲜 所有保鲜药剂必须是无公害柑橘允许的，不许用 2，4-D。

2. 薄膜包果 薄膜包果可降低果实贮藏保鲜期间的失重，减少褐斑（干疤），果实新鲜饱满，风味正常。此外，薄膜单果包果还有隔离作用，可减少病害发生。

目前，薄膜包果常用 0.008～0.01 毫米厚的聚乙烯薄膜，且制成薄膜袋，既成本低，又使用方便。

3. 喷涂蜡液 喷涂蜡液可提高果实的商品性。一般喷涂蜡后在 30 天内将果实销售完毕。

4. 气调保鲜 气调贮藏技术是国际公认的最好贮藏方法之一，同样适用于柑橘果实保鲜，其优点是保持柑橘果实的新鲜品质效果显著，可使果实保持好的风味、香气和营养成分，减少果实的腐烂损耗，抑制能使果实老化的生理病害发生。但建标准的气调库设施昂贵，技术严格，耗能大，从而使果品成本倍增，较难广泛应用。我国浙江省常山天子胡柚公司建的气调库，在胡柚贮藏保鲜中发挥了好的作用。

5. 其他方法 松针保鲜法。松针又称松叶，有抗菌杀虫、延缓衰老的作用。用于保鲜柑橘要求采集新鲜不沾水、洁净无枝梗的松针。按松针、柑橘分层依次装入容器，摆放整齐，顶层覆盖松针2厘米厚。置于常温室内贮藏，保鲜到次年3月好果率在85%以上。此方法常在松针资源丰富的山区采用。

高良姜保鲜法。中药高良姜汁液涂果，防腐保鲜效果好。其方法是：按1 000千克果实配用高良姜干品1千克，切碎加水10千克熬煮45分钟，得汁液7千克，然后加入漂白虫胶1.5千克和水3～5千克的溶解液搅匀，将混合液趁热过滤，冷却后涂果。果实涂抹药液后摆放在阴凉通风处，待果面药液晾干即可装入洁净容器内，放进阴凉通气的室内，适时调节温、湿度。贮藏90天后，果实外形饱满、色艳味醇，好果率可达90%以上。

植物炭保鲜法。取木炭或竹炭50%、亚氯酸钠25%、硫酸亚铁15%、氧化锌10%，混合粉碎后过筛，加少量水拌和，制成直径5毫米的炭粒，干燥后即成保鲜剂。用纸或布等透气性材料将保鲜剂分装成10～20克的小袋。然后按柑橘重量3%的用量，将炭粒袋与果实一同装入容器或贮藏室，不仅能分解乙烯、醇、醛等有害物质，抑霉防腐，且对果实无毒无副作用。

臭氧保鲜法。臭氧有杀菌、防臭、防霉和减少果蔬新陈代谢活动的功效，可采用空气放电技术获得。将柑橘装入容器，放进普通库房内合理堆垛（每立方米空间贮果130千克）。然后使用电压220伏、功率30瓦的小型空气放电保鲜机悬挂或壁挂室内，启动该机通过高压放电，使室内空气中的氧形成臭氧，每天工作90分钟，果实保鲜贮藏期可达90天。

此外，沼气贮藏柑橘是一种潜在的贮藏方法，有开发前景。沼气是一种混合气体，非氧成分含量较高，其中甲烷占55%～70%，二氧化碳占25%～40%，冲入密闭的贮藏装置，可降低贮藏环境中的氧气浓度，从而抑制果实的呼吸作用，蒸腾作用降

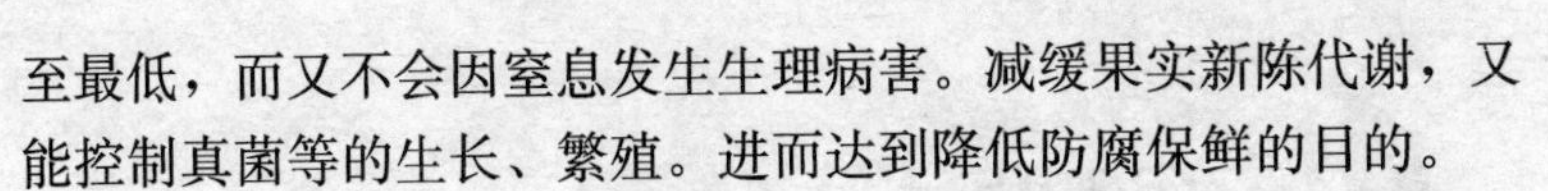

至最低，而又不会因窒息发生生理病害。减缓果实新陈代谢，又能控制真菌等的生长、繁殖。进而达到降低防腐保鲜的目的。

（二）留（挂）树贮藏保鲜

柑橘留（挂）树贮藏保鲜，在柑柑橘早、中、晚熟品种不能周年均衡应市的情况下，不失为可采取的措施。实施时应注意以下几点：

1. 防止冬季落果　为防止冬季落果和果实衰老，在果实尚未产生离层前，对植株喷施1～2次浓度为10～20毫克/千克的赤霉素，间隔20～30天再喷1次。

2. 加强肥水管理　在9月下旬至10月下旬施有机肥，以供保果和促进花芽分化。若冬季较干旱，应注意灌水，只要肥水管理跟上，就不会影响柑橘翌年的产量。

3. 掌握挂（留）果期限　应在果实品质下降前采收完毕。

4. 防止果实受冻　冬季气温0℃以下的地区，通常不宜进行果实的留（挂）树贮藏。

5. 避免连续进行　一般留（挂）树贮藏2～3年，间歇（不留树贮藏）1年为好。

第九章 柑橘优特新品种安全生产技术要点指南

柑橘品种众多，就我国栽培的就有数百个，主栽品种也有数十个。前面介绍的柑橘安全生产技术，从总体而言对所有柑橘品种都适用，但由于一些品种的各具特色，难以一一详述其中，以下介绍部分优特新品种的安全生产技术要点。

第一节 国外引入的优特新品种安全生产技术

一、太田椪柑

1. 选好砧木 太田椪柑以枳做砧木，早结果，丰产稳产。偏碱的土壤可用红橘或椪柑做砧，虽结果较枳砧稍晚，但也优质丰产。

2. 适地建园 太田椪柑山地、平地均适建园，因其树性较直立，栽植密度以亩栽 56 株，即株距×行距为 3 米×4 米。建园开深、宽各为 80 厘米的穴或沟，因地制宜施绿肥、畜禽栏肥 50～100 千克，砌高 20 厘米、直径 80 厘米的树盘进行种植，有条件种植脱毒容器椪柑苗的更能早结果、丰产稳产和长的经济寿命。

3. 科学施肥 通常 1 年施 3 次：春肥（2 月底至 3 月初）、夏肥（6 月上旬）、秋肥（10 月上旬），以亩栽 56 株，亩产 2 000

千克，其施肥标准量为春肥（纯氮 6 千克、五氧化二磷 4 千克、氧化钾 5 千克）、夏肥（纯氮 8 千克、五氧化二磷 5 千克、氧化钾 7 千克）、秋肥（纯氮 6 千克、五氧化二磷 5 千克、氧化钾 6 千克）。肥料春肥以有机肥料为主，夏、秋肥以化学肥料为主。

4. 适度疏果　我国精品果园可从 5 月底开始到 8 月进行 2 次疏果，即 5 月底第一次疏果，促进果实早期膨大；8 月进行第二次疏果，以果实的均匀度为目标，叶果比 100∶1。通过疏除小果、外伤果、畸形果、无叶果、果梗枝较粗的果、朝上生长的果、果面粗糙色泽不理想的果，保证果实优等整齐。常规果园，在稳果后按叶果比 60～80∶1 疏去残、伤、病虫果、过密小果。

5. 整形修剪　通过撑、拉、吊措施使树冠开张，通风透光，培养健壮的结果母枝；对成年树易形成过多的粗枝，应修剪密生的副主枝。

二、大浦特早熟温州蜜柑

1. 选好园地　为使特早熟温州蜜柑早熟，克服其树势较弱，不耐渍涝的缺点，园地选耕作层浅、排水良好、日照充足、不太肥沃的山坡地种植为适。水田改种会因土层深厚肥沃而推迟果实成熟期，果皮厚而粗，果味变淡，品质下降。在过于瘠薄的土壤种植会出现树势过弱，产量很低。不适种植的土壤一定要经改良才能达到早结果、优质、丰产稳产之目的。

2. 壮苗密植　枳砧大浦树体矮小，适宜矮化密植，株行距一般用 2 米×3 米，即亩栽 112 株。种植壮苗是大浦投产后保持树势健壮、丰产稳产的关键。最好种无毒的容器壮苗。

3. 树冠培养　第一年一般不作剪枝而任其生长，加速树冠形成。第二年摘除花蕾，促梢生长，第三年始花结果。

结果后树势易早衰，维持树势是丰产稳产的关键，常用疏花疏果，秋季重施采后肥，修剪等方法。疏花疏果以疏花为主，首先疏除劣质花果，其次也可喷施GA抑制花芽分化。修剪以轻剪为主，夏季结合抹梢。常用枳做砧木，出现树势衰退前用香橙或枸头橙靠接，以保持促壮树势，继续丰产。

4. 科学施肥 幼树施肥要求基肥足，追肥少而多次，勤施薄施，春、夏、秋梢抽梢有土施稀薄的人粪尿，新梢转绿期叶面喷施0.3%尿素、0.2%磷酸二氢钾。越冬施有机肥、畜栏肥20～30千克，结合扩穴改土进行。

结果树，重施采后肥，肥量占全年的70%，株施尿素0.3～0.4千克、钾肥0.3千克、菜饼2千克，采果后越早施越好。

三、稻叶特早熟温州蜜柑

1. 改土定植 稻叶以枳做砧木树冠矮小，宜适当密植，株行距以2.0～2.5米×3.0～3.5米，即亩栽89～110株为适。种植挖长宽深1米×1米×1米的定植穴（沟、长不限），每穴施稻草或杂草15千克、钙镁磷肥（酸性土）1.5千克、农家肥15千克或饼肥5千克、石灰（红壤）1千克，分层混施改土，后按常规的要求定植，栽后用稻草或杂草覆盖树盘。

2. 因树施肥 幼树：当年枝梢生长期，春、夏、秋梢抽生前土施尿素或复合肥，株施尿素50克，或氮、磷、钾含量均为15%的复合肥50～60克，结合病虫害防治，在各次梢自剪、转绿时叶面喷施0.3%尿素、0.3%磷酸二氢钾等。11月施基肥与扩穴结合，株施稻草或杂草15千克、农家肥20千克或饼肥3千克、复合肥0.3千克、钙镁磷肥（红壤）1千克、石灰（红壤）0.5千克。

第二年起在萌芽前，5月上旬，7月中、下旬各追施1次肥，每次株施尿素100克加复合肥100克；冬季仍按第一年标准扩穴施肥。扩穴培肥两年内完成。

成年结果树每年施3～4次肥。花前肥3月上、中旬株施复

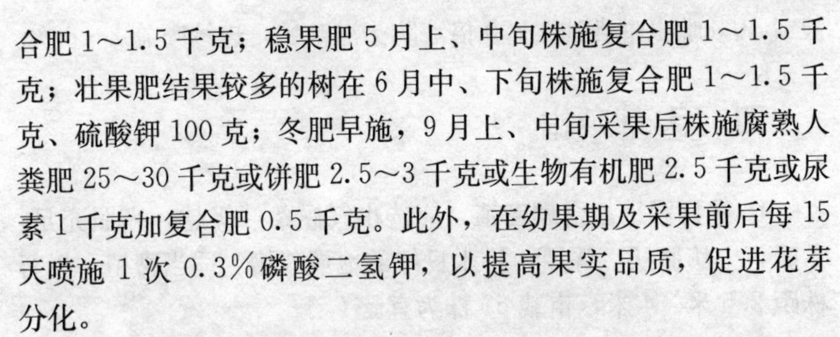

合肥1～1.5千克；稳果肥5月上、中旬株施复合肥1～1.5千克；壮果肥结果较多的树在6月中、下旬株施复合肥1～1.5千克、硫酸钾100克；冬肥早施，9月上、中旬采果后株施腐熟人粪肥25～30千克或饼肥2.5～3千克或生物有机肥2.5千克或尿素1千克加复合肥0.5千克。此外，在幼果期及采果前后每15天喷施1次0.3%磷酸二氢钾，以提高果实品质，促进花芽分化。

3. 间种覆盖　幼树行间及梯壁间种绿肥，选用印度豇豆、花生或大豆等，并在5月中旬、7月下旬进行刈割覆盖，保持树盘湿润；6月下旬停止除蔓，以降低橘园辐射热，减少日灼果。

4. 整形修剪　幼树以放梢、摘心为主，配合抹芽，撑、拉、吊，促进春、夏、秋梢生长，迅速形成开心形树冠。投产树疏春梢、控夏梢、促秋梢，疏除或短截树冠上部细长的春梢；夏季结果树抹除全部夏梢；促发秋梢，少短截，可适当拉枝、扭枝，保持其旺盛生长，晚秋梢摘心或抹除。短截或疏除直立徒长枝，剪除内膛荫蔽枝、交叉重叠枝、病虫枝和枯弱枝，对结果母枝和枝组轮换回缩、短截，保持营养枝与结果枝的合理比例1～1.5∶1，使之连年丰产。

5. 花果管理　一是促早花，在1月下旬至2月初用地膜进行全园覆盖，提高地温，促提早萌芽开花（视条件可能）。二是春季先保果后疏果。保果用常规方法。当幼果长至花生大时，即开始疏除病虫果、小果、残次果、簇生果和部分顶生果，叶果比为25～35∶1。喷施杀虫杀菌剂后，顶部及外围向阳果用纸袋套袋，防日灼和裂果，提高优果率。

6. 病虫防治　春梢萌动及花蕾期用0.7∶1∶100波尔多液防疮痂病。花谢2/3时用苯醚甲环唑或氢氧化铜配合扑虱灵兼治蚜虫、凤蝶及疮痂病、炭疽病。5～9月用0.3～0.5波美度石硫合剂（或45%石硫合剂结晶150倍）、克螨特、三唑锡轮换喷施防螨类。夏、秋梢萌发1～2厘米长时用1.8%阿维菌素1 500倍液或10%吡虫啉乳油1 200倍液防治潜叶蛾，连续喷施2～3次。

四、天草杂柑

1. 选好园地，合理密植 应选小气候条件优越，光照充足，冬暖，土壤肥沃、深厚，排水良好的地域栽培。适当密植，以行株距2.5米×4米，亩栽67株为宜。

2. 合理修剪，疏花疏果 因该品种丰产易栽，着果率高，结果过多会使果实变小，枝梢变细弱。采取春剪重，对主枝延长枝及侧枝作短截修剪，以促使其抽发健壮春梢；合理留果，通常叶果比以80∶1为宜。对弱枝的无叶花，要及早予以疏除。对高接树应尽量留足辅养枝；对1～3年生幼树，可采取拉枝为主的措施。

3. 肥料水，加强管理 肥料应多施，多用有机肥。施肥量应比温州蜜柑多20%～30%。一般1～3年生未结果树，春肥在3月初施，占总施肥量的20%；夏肥在5月上旬施，占30%；秋肥在8月上旬施，占20%；冬肥在11月中旬施，占30%。全年每亩施纯氮15千克、五氧化二磷8千克、氧化钾10千克。对结果树，春肥在3月上旬施，占35%；夏肥在5月上旬施，占15%；秋肥在8月上旬施，占20%；冬肥在11月下旬施，占30%。亩产3 000千克，全年施纯氮30千克、五氧化二磷20千克、氧化钾25千克。在7～8月如遇干旱或雨水不均匀，则易出现裂果，应适当灌水，每10天左右灌水1次。此外，对树盘进行覆盖，以保持土壤湿润，有利于树体生长。

4. 综合防治，病虫为害 病害以预防溃疡病（病区）、疮痂病和黑点病为主。在3月下旬至5月上旬，用0.6%～0.8%等量式波尔多液防治；在夏、秋季用77%氢氧化铜或大生M-45与链霉素进行混用防治。对生理病害以防止日灼病为主，可采用灌溉、遮阴等措施。

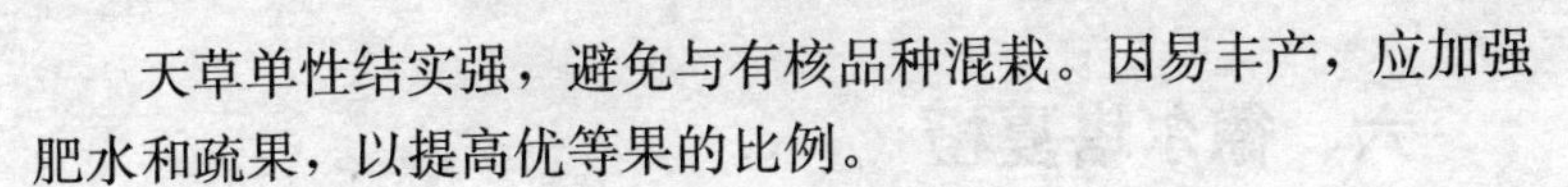

天草单性结实强，避免与有核品种混栽。因易丰产，应加强肥水和疏果，以提高优等果的比例。

五、不知火杂柑

1. 选好园址　不知火耐寒性较温州蜜柑差，且成熟期晚，应选冬暖、背风向阳地域建园，选土壤肥沃，土层深厚、疏松，水源充足之地种植。

2. 配好砧木　选用强势的枳（如大叶大花）或红橘做砧木，以增强树势，防止早衰。

3. 适度密植　不知火树姿较直立，种植密度以株距×行距为 2.5～3.0 米×4.0 米，即亩栽 56～67 株为宜。

4. 适当疏果　不知火结果多后，新梢易变细变短，叶片变小，树势变弱，易形成大小年甚至隔年结果，应适疏果。在结果的第二、第三年为防树势衰弱，应以基部结果为主，而主枝顶端部分宜极早疏果。3 年以后，在 7 月中旬落果停止后，开始第一次疏果，主要疏除畸形果，留有叶果，对于有裂果发生的年份，宜在 8 月下旬至 9 月初疏除裂果和畸形果。9 月 20 日前后，要求果径达到 6.2 厘米以上，对果径过小的也可疏除，且以保持叶果比 80～85∶1 为适宜。

5. 肥水管理　结果树通常施 3～4 次肥；3 月施的春肥占 20%，4～5 月增施的花蕾肥占 15%。秋肥分两次施：8 月下旬至 9 月上旬施的占 25%，10 月中、下旬施的占 40%。全年施肥以秋肥为重点。树势弱的树，采果后用 0.3%尿素和 0.3%磷酸二氢钾叶面喷肥 2～3 次，以利花芽分花和恢复树势。为防止8～9 月裂果，应做好夏干伏旱的防止，每隔 10 天左右灌水 1 次。

6. 防虫防病　坚持“预防为主，防治结合”。重点做好溃疡病（病区）、疮痂病、螨类、蚧类、潜叶蛾、蚜虫等的防治。

六、德尔塔夏橙

1. 配好砧木 以卡里佐枳橙、特洛亚枳橙、枳、红橘和香橙等均可做砧木，以卡里佐枳橙砧植株生长快，树势旺，结果好。

2. 建园栽植 园地选平均温度18～21℃，极端低温－3℃以上的地域，土壤微酸性至微碱性，以微酸性为适。土层深厚，土壤肥沃、疏松。瘠薄、酸性红壤要进行加厚培肥土壤，降低酸性的改良。

苗木以卡里佐枳橙砧无病毒容器苗为佳，苗木嫁接口高度离地15厘米。种植宜稀，以株行距3米×5米，3.5米×5米，即亩栽45株、38株为适。

3. 肥水管理 1～3年生幼树肥料勤施薄施。1年春、丰夏、秋3次梢，1梢2次肥，在每梢芽萌发前、叶色转绿时施，10月底施越冬肥，施有机肥、复合肥等，结合病虫防治喷施0.3%磷酸二氢钾等3～5次。

成年结果树施春肥、夏肥、秋肥和越冬肥。春肥看树施肥，以氮为主；夏肥根外追施氮、磷、钾和微肥，土施复合肥；秋季施有机肥或绿肥配合磷钾肥；冬肥施腐熟的有机肥或复合肥。以夏、秋和越冬肥为重点，施肥量分别占全年的25%、30%和40%，以产量定施肥量。株产1 000千克果实施纯氮10～11千克。纯氮∶五氧化二磷∶氧化钾为1∶0.5∶0.8。

春季阴雨连绵，注意排除积水，特别是水田改种的夏橙园，2行1沟，甚至1行1沟开挖排水沟。夏干伏旱做好灌水防旱。

4. 保果疏果 花期、幼果期做好保果，稳果后疏果。保果用增效液化BA+GA（喷布型）每瓶（10毫升）加干净水10～15千克，充分搅匀，配成稀液。在70%～80%谢花时用喷雾器对幼果进行喷施，第一次喷后15～20天重喷1次，喷后遇12小

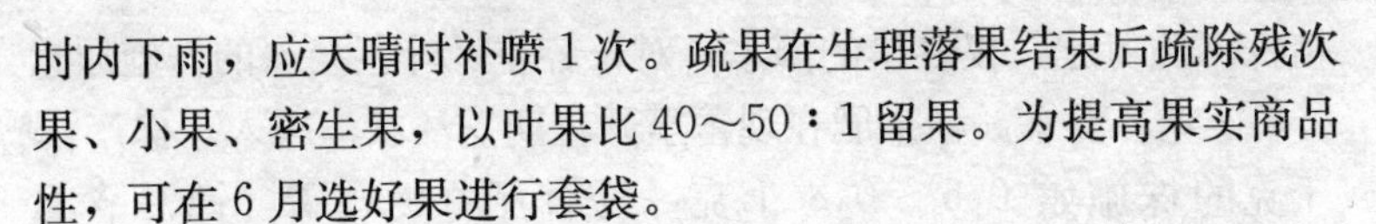

时内下雨，应天晴时补喷1次。疏果在生理落果结束后疏除残次果、小果、密生果，以叶果比40～50∶1留果。为提高果实商品性，可在6月选好果进行套袋。

5. 冬防落果　冬季低温会导致德尔塔夏橙落果，做好树盘覆盖、果实套袋。果实套袋可防春季气温升高果实出现回青。

七、红肉脐橙

1. 配好砧木　红肉脐橙与枳、枳橙、枳柚、温州蜜柑及甜橙嫁接的亲和性均好。枳、枳橙、枳柚可作砧木；温州蜜柑、甜橙可用做中间砧。

2. 选好园地　红肉脐橙最适年平均温度17.5～19.0℃，≥10℃的年活动积温5 500～6 500℃，果实成熟前的10月底至11月昼夜温差大的脐橙适栽区。

园址要选无旱涝的缓坡地及丘陵山地，适宜在疏松、肥沃、深厚、微酸性土壤中栽培。土壤浅薄的种植前要抽槽改土，施足基肥。种植后2年内进行树盘压埋有机肥或定期深翻，改良土壤。

3. 大苗定植　选择大苗带土定植，最好种植无病毒一年生容器苗。红肉脐橙长势不如纽荷尔脐橙，种植密度：山地株行距3米×3米，即亩栽74株；平地及缓坡地株行距3米×4米，即亩栽56株。

4. 科学肥水　1～3年生未结果幼树施肥勤施薄施，每次梢萌动前株施尿素100～200克或人粪尿2～5千克，促发春梢、夏梢、秋梢。同时，还可在各次梢中期施1次氮肥或结合病虫害防治叶面喷施0.2%～0.3%的尿素或0.3%磷酸二氢钾，促夏梢健壮。8月中、下旬后停止施氮，以防晚秋梢抽发。10月下旬结合深翻扩穴，以绿肥、厩肥和饼肥作基肥，挖环状沟深施。

成年结果树施发芽肥、稳果肥、壮果肥。发芽肥叶色浓绿的植株不施氮肥，仅冬旱的灌水；对长势差，叶色淡深的株施尿素0.5千克，浇水。稳果肥在现蕾至开花期挖环状沟施入。株产50千克的株施素0.5～0.8千克，复合肥（氮、磷、钾总含量45%）1.5～2千克，人畜粪尿100千克。壮果肥6月下旬至7月上旬果实膨大前10天左右土施，株产50千克的株施复合肥2.5～3千克，对叶色淡绿的植株加施尿素0.3～0.5千克。基肥改采后施为采前施，结合深翻扩穴改土进行，株施有机肥、畜禽栏肥30千克。除上述土壤施肥外，还可叶面喷0.3%尿素、0.2%～0.3%磷酸二氢钾4～5次。

红肉脐橙果实膨大期对水分特别敏感，注意及时灌水。

5. 整形修剪 红肉脐橙萌芽力较强，嫩枝易披垂，较易分化花芽，应注意早期采用撑、拉、绑枝等手段整形，主干高宜40～60厘米。结果后为避免结果过多、偏小，可行疏花疏果，控夏梢、抹晚秋梢、适当促春梢和早秋梢。同时采果后至萌芽前进行修剪疏删丛生枝，使树体通风透光。

6. 摇花保果 花期遇阴雨对红肉脐橙产量影响较大，此时注意摇树落花，既有疏花效果，又可将与幼果粘连的花瓣摇落，防止其霉烂而影响着果或导致果实产生伤疤。

八、塔罗科血橙

塔罗科血橙，树势较旺，萌芽率、发枝力均强，枝梢易徒长，如管理不到位会出现旺长不结果，进而形成大小年。

1. 选好园地 选土层深厚肥沃，结构良好的微酸性土壤。达不到要求的园地土壤要在种植前和种植后1～3年完成改良。种绿肥、施有机物、禽畜栏肥等培肥土壤。

2. 配好砧木 该品种长势较旺，不宜选强势砧做砧木。通常在微酸性土壤以枳砧最适。紫色石骨子地或盐碱地，以资阳香橙、枳橙和枸头橙做砧木较好。高接换种以温州蜜柑或甜橙做中

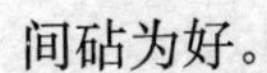

间砧为好。

3. 壮苗稀植　培育壮苗，最好是无毒容器壮苗的1年生苗。

塔罗科血橙，宜稀植，一般以株行距3米×5米，即亩栽45株为宜。

4. 整形修剪　整形以吊、拉枝为主，不是徒长枝不轻易短剪。修剪宜轻不宜重，以疏剪为主。对即将开花结果的树，如树势仍旺，可适当疏去强旺枝梢，保留中庸枝、弱枝和内膛枝；抹去夏梢或长25厘米处摘心，以促发早秋梢。控制晚秋梢，为培育良好的结果母枝打下基础。

5. 促花芽分化　因其营养生长旺盛，成花较难，可采取环割、断根和喷施植物生长调节剂促进花芽形成。上述方法可单独，也可结合使用。时间9～10月效果最好。环割以切断韧皮部为度，一般在侧、副主枝和主枝上进行。

6. 肥水管理　定植后1～2年，可按常规管理，但夏季要适当减少氮肥施用量，增施磷、钾肥，如过磷酸钙、草木灰、饼肥等。根外追肥用0.3%磷酸二氢钾。全年结合病虫防治喷施3～4次。

除夏干伏旱适量灌水外，秋季应控水，促进花芽分化。

7. 冬防落果　冬季低温易落果，宜用树盘覆草保温，覆薄膜更好。宜秋末冬初，每隔15天左右用0.3%～0.5%磷酸二氢钾喷果2～3次保果。

九、强德勒红心柚

1. 配好砧木　用酸柚作砧木亲和性好，丰产稳产。也可用枳用砧木，结果早，树冠较酸柚砧矮化。

2. 选好园地　强德勒红心柚较甜橙耐寒，可在中、南亚热带气候区，选有水源，土壤深厚、肥沃、疏松，微酸性至中性的园地种植。

3. 种植密度 植株树体大，宜较稀植。种植密度以株行距3米×5米或4米×5米，即亩栽45株、33株。

为提高着果率，配置种植10%的酸柚换粉树。

4. 肥水管理 幼树一梢两肥，促进植株快长、成冠，10月施基肥越冬。

结果树早施发芽肥、巧施稳果肥、增施壮果肥、重施采果肥、适施叶面肥。发芽肥2月下旬至3月上旬以速效氮肥为主，最好配合有机肥使用，促梢壮梢，提高花质，为丰产打下基础。稳果肥在第二次生理落果期，5月中、下旬施入，迟效性肥料加入适量速效性氮肥。壮果肥8月上旬果实膨大和秋梢抽发期施入，需肥量大，有机肥和无机肥配合使用。叶面施肥谢花后用0.5%尿素叶面喷施，也可结合保果喷施。

5. 整形修剪 幼树以春梢为主要结果母枝，为促早结果，秋季可用拉、吊整形，培养树冠。结果树修剪除剪去枯枝、病虫枝、果把等一般修剪外，便留内膛较弱的无叶、少叶枝，使其结果，注意留树冠内部、中部3～4年生侧枝上抽发的纤细、深绿的无叶枝，促其结果。

6. 病虫防治 柚类叶片大，常有褶皱，早春气温回升快的年份，特别要重视黄蜘蛛的防治，尤其是叶背的喷药要周到。

第二节 国内选育的优特新品种安全生产技术

一、新生系3号椪柑

1. 选砧壮苗，适度密植 用枳作砧木早结果，丰产，树冠矮小、紧凑。树性直立，尤以幼树为甚，为充分利用土地资源，可适当密植或实行计划密植。通常以亩栽74～90株，即行株距3米×3米～2.5米×3米为适，经结果5～6年后，亩栽90株的

株间进行间伐或间移，变亩栽为45株。

2. 科学施肥，适时灌溉　未结果的幼树施肥，坚持少量多次的原则，通常春、夏、秋梢抽发前和抽发后叶色转绿前各施1次，肥料以速效的氮、钾为主，适当配施磷肥；晚秋或冬季施越冬肥，肥料以有机肥（畜栏粪、堆肥、绿肥等）为主，酸性的红黄壤土还应掺施石灰，以降低土壤酸度。施肥量：1年生树每次株施尿素（或硫酸钾）30克，2年生树50克，3年生树75～100克，也可施纯氮、五氧化二磷、氧化钾含量均在15%以上的复合肥，1、2、3年生树的施肥量同上。为促使植株尽快形成树冠投产，结合病虫害防治还可叶面喷施0.3%～0.5%的尿素或0.3%的磷酸二氢钾，1年3～4次，在各次梢叶色转绿前喷施效果好。

结果树施肥1年4～5次。2月施春梢肥，以速效氮肥为主。5月施稳果肥，以氮、磷、钾全面的有机肥和化肥为主，树势较弱的树结合病虫害防治，增加叶面喷施0.3%～0.5%尿素或0.3%磷酸二氢钾，以提高稳果率。7月结合抗旱施壮果肥，以施有机肥料主，以促果实膨大和早秋梢的抽发，为翌年准备优良的结果母枝。11月施冬肥，有机肥为主，以利树体越冬。施肥时因单产不同而异，如亩栽74株的8年生树，亩产3 000千克，年株施纯氮35千克、五氧化磷20千克、氧化钾30千克。

遇旱灌水、遇涝排水是获得产量和丰产的重要条件。通常在以下4个时期灌水。一为发芽—幼果期（4～6月），出现干旱要及时灌水。二为果实膨大期（7～8月），遇旱灌水极为重要。三为果实膨大后期—成熟期（8月下旬至11月），根据旱情，适当灌水，但在成熟前要注意控水，不宜多灌。四为生长停止期（采后至翌年3月），一般不作灌溉，但过分干旱会导致落叶时应适量灌溉。

排水防涝，及时实施，尤其是地下水位高又不易排水的园地要深沟高畦种植，降低地下水位，及时排除积水，以利根系生长。

3. 整形修剪，促果疏果　新生系 3 号椪柑树性直立，顶端优势明显，为促早结果、早丰产，应注意幼树整形，培养矮干丰产树冠。以后随树龄增大，枝梢出现明显的强弱分化趋势，中上部枝梢强，下部枝衰弱，应加强修剪，以保持较长时间的丰产树冠。

采取加大分枝角度和矮干修剪，促使幼树花芽分化、结果。进入结果期，尤其是盛果期后，为防止或缩小大小年，提高果实外观内质，宜进行疏枝、疏花、疏果，使产量适中、稳定，提高商品果率和 1 级果率。

4. 综合防治，病虫为害　疫区要做好溃疡病和大实蝇的防治；非疫区要严格实行检疫，严禁检疫性病虫害的传入。除检疫性病虫害外，主要的病虫害有裂皮病、炭疽病、疮痂病、煤烟病、青绿霉病等。主要的虫害有红蜘蛛、黄蜘蛛、锈壁虱、潜叶蛾、卷叶蛾、凤蝶、蚜虫、介壳虫、天牛等，要注意做好防治。

二、黔阳无核椪柑

1. 选好砧木　黔阳无核椪柑用枳做砧木最适，早结果、丰产稳产，也可用椪柑自砧，但幼树树性直立，投产稍晚。

2. 选好园地　适宜亚热带气候山地、平原种植，抗旱、抗寒、耐瘠薄，尤适红壤山地栽培。

3. 肥水管理　幼树一梢两肥和 10 月底前施基肥。生长期结合病虫害防治喷施 0.3%尿素和 0.2%～0.3%磷酸二氢钾。结果树：以亩产 2 500 千克计，全年每亩施肥量：纯氮 30 千克、五氧化二磷 25 千克、氧化钾 28 千克。肥料分花前肥、稳果肥、壮果促梢肥和越冬肥 4 次。花前肥以麸饼加复合肥加粪水为好，结果多的树多施，壮旺树少施或不施，占全年施肥量的15%～20%。稳果肥根据树势施。弱树补施，壮旺树少施或不施。肥料以复合肥为主，占全年施肥量的15%～20%。壮果促梢肥放秋梢前10天左右施入，用尿素加复合肥加麸饼肥加粪水，占全年施肥量的30%以上。越冬肥施麸肥、厩肥、农家肥、土杂肥、粪水，占全年施肥量的30%～40%。

做好灌排水。冬春、夏秋干旱，注意及时灌水。多雨时及时排水防烂根。

4. 合理修剪　幼树主要整形、抹芽放梢，以春、夏剪为主。

结果树通过剪枝保持营养生长与生殖生长平衡，接近郁闭的树：回缩结果枝、结果母枝，剪除顶部大枝。树冠已郁闭的剪除位置不当的大枝“开天窗”。

5. 成片种植　黔阳无核椪柑，与有核品种混栽，易出现种子，宜单独种植。

三、南丰蜜橘

1. 加强肥水，保果壮果　南丰蜜橘花量大，落花落果多，为提高其着果率，一般采用肥水相结合的保果措施。成年结果树株施催芽肥（人畜粪水）25千克、钙镁磷肥3～4千克。对开花少的结果树于5月上旬用浓度50毫升/千克的GA＋0.3%尿素＋0.3%磷酸二氢钾保果。对缺硼、锌的植株，可在春梢发芽期和花期各喷1次0.2%的硼砂和0.2%硫酸锌。

2. 促梢壮果，丰产稳产　秋梢或春秋2次梢是南丰蜜橘最好的结果母枝，秋梢抽发期又正值壮果期，为保当年产量和来年继续丰产，宜于7月上、中旬施重肥，株施复合肥2千克、饼肥1.5千克，人粪尿25千克或猪牛栏肥50千克、钙镁磷肥1千克。

3. 合理修剪，促进丰产　注意培养丰产型树形，修剪宜轻，尽可能保留辅养枝，以利早结果，成年树修剪分春季和夏季。春季修剪适当疏删和短截外围衰弱枝、病虫枝、交叉枝，注意保留内膛枝。夏季抹芽控梢，5月中旬开始，每周1次，直至7月上旬放梢。

4. 合理灌溉，预防裂果　南丰蜜橘园土壤水分保持在18～45千帕为适量范围，高于45～50千帕应灌水，低于18千帕须排水。灌溉以地下部灌水、地上部喷水则更佳。

5. 提倡疏果，提质稳产　大年结果树生理落果停止后的7～8月进行疏果，疏除病虫果、小果、过密果、畸形果等。疏去果量达30%，有利提高优等果率和来年继续丰产。

四、沙糖橘

1. 选好园地砧木　选无霜、冻害且避风的地域建园。用酸橘作砧木。

2. 定植重施基肥　山地红壤定植挖深、宽为80厘米×100厘米的穴（沟），每株放土杂肥（杂草、绿肥等）100千克、石灰0.5千克、厩肥（畜、禽、粪）20千克、钙镁磷肥1千克、麸0.5～1千克（3种肥先堆沤腐熟）。水田建园选排水良好地块，四周挖排水沟深80厘米，定植沟要破犁底层或培土，腐热有机肥10千克、钙镁磷肥1千克、麸0.5～1千克。

3. 重视整形培冠　沙糖橘结果后树形差参不整，定植后应培养自然圆头形树冠。在主干离地面25厘米以上留生长强、分布均匀、相距10厘米的枝梢3～4条为主枝，除留少量辅枝外，其余过密、过低、分布不匀和短小纤弱枝剪除。每一主枝第一主枝第一次梢只留1条，促其生长，停梢后在35～40厘米处摘心，使其在25～35厘米处抽发第二次梢，选留2～3条不同方位、分布均匀、生长健壮的梢作为副主枝，以后放梢依次进行。第二年采取拉枝或吊枝，使主枝与水平成40～45度角，经2年培养可

形成自然圆头形的树冠。

4. 抓好大树修剪　结果后的大树主要剪除枯枝、病虫枝。密生枝“三去一，五去二”疏剪弱枝。交叉枝、重叠枝留空去密，留强去弱。幼树结果后的下垂枝留上方枝短截，徒长枝除可填补树冠空缺的以外均作剪除。强旺营养枝，促发下部侧枝的可短剪，衰弱枝序缩剪至较强枝梢处。成年结果树下部和内膛的小枝易成花着果应保留。

生长结果树主要结果母枝的秋稍注意培养。树势旺的幼龄树为促花芽分化，可用全园控水（短时叶卷止），10月上旬环割树干一圈或喷多效唑500倍液等措施。

5. 加强土肥水管理　每年6～7月扩穴并施有机肥改良增肥土壤。开始结果的树施萌芽肥、稳果肥、促梢壮果肥和采果肥。春梢肥春芽萌动前10～15天株施尿素0.2千克加复合肥0.2千克；稳果肥谢花2/3至幼果期株施0.1千克的尿素或0.3%尿素叶面喷施。促梢壮果肥在放梢前10天，通常7月中、下旬施，株施尿素0.2～0.3千克加硫酸钾0.2～0.3千克。采果肥采果后尽早施腐熟的畜粪或麸水，株施10～15千克。春芽肥、稳果肥、攻梢壮果肥和采果肥。

6. 做好保花保果　沙糖橘花量大，自花结实率低，幼树生理落果严重。采取春梢过多的植株抹梢1/2～2/3；第一次生理落果后抽生的夏梢及时抹除，开花前后喷2～3次含硼、氮、磷、钾的叶面肥；谢花2/3和第二次生理落果前各喷1次20毫克/千克的GA溶液，以达保花保果之目的。

7. 及时防治病虫害　有黄龙病的地区做好该病防治，采取种植无病苗，严防木虱，嫩梢喷10%吡虫啉可湿性粉剂1 500倍液1～2次，抹除零星嫩梢、挖除病树等，同时做好常规病虫害的疮痂病、炭疽病、红蜘蛛、锈壁虱、潜叶蛾、介壳虫和蚜虫等的及时防治。

五、橘橙7号杂柑

1. 园地选择 应选水源充足，排水良好，土壤肥沃、深厚、通透性好、微酸性的地域种植。山地、平地均可建园。山地坡度20°以下，平地，特别是水田，要求地下水位1米以下，易排水。

2. 砧穗组合 橘橙7号树势较强，以枳做砧木，结果早，丰产稳产。

3. 疏花疏果 橘橙7号花多，着果率高，过多结果导致果实偏小。因此，宜在稳果后疏果。留果的叶果比以40～60：1最佳。

4. 加强肥水 幼树一梢两肥和冬季施基肥，梢肥以氮肥为主，配施钾肥，结果前一年适施磷肥。结果树施芽前肥、稳果肥、壮果促梢肥和采果肥。氮、磷、钾配合，有机、无机结合，土壤施肥和叶面施肥结合。施肥量以产量而定，株产100千克的施肥量，氮0.8～1千克，氮：磷：钾为1：0.5：0.8～1.0。

橘橙7号对水分敏感，应在水源充足之地栽培，遇旱及时灌水，避免干旱而增加果肉粒化，品质下降。

5. 成片种植 无核的橘橙7号不与有核品种混栽，以免增加果实种子。

六、北碚447锦橙

1. 选好砧穗组合和园地 北碚447锦橙以枳为砧，在微酸性土壤中表现早结果，丰产稳产，又抗脚腐病；但碱性较重的土壤易发生缺铁黄化，使树体早衰。红橘砧较耐碱性，但投产较枳砧晚，不抗脚腐病。因此，北碚447锦橙园地的选择，除应注意土层深厚、肥沃外，还应注意酸、碱性，并根据土壤酸、碱性确定砧木。枳砧北碚447锦橙易患裂皮病，应注意预防。红橘砧北碚447锦橙，幼树应采取加大分枝角度等措施促使其早结果。

2. 加强施肥保丰产　一要重点抓好花前肥、壮果促梢肥和采果肥。应看树施肥。健壮结果幼树的花前肥在2月底至3月初施，占全年用肥量的25%；壮果促梢肥在7月上、中旬施，占全年用肥量的50%；采果肥（冬肥）在采收前半个月左右施，约占全年用肥量的25%，以利于扩大树冠，提高产量。对弱树，除上述3次施肥外，还宜在开花末期补施1次，肥料以腐熟的人、畜粪水为主，也可用其他腐熟的有机肥。北碚447锦橙成年结果树，施肥以有机肥为主，化肥为辅，氮、磷、钾配合。还可根据当年结果量的多少，决定施肥与否。如小年树，春梢多，结果少，第二年已有足够的结果母枝，可不施促梢肥；反之，大年树，着果多，春梢弱，为促晚夏梢、早秋梢，7月中、下旬的促梢肥必须施足。此外，为提高北碚447锦橙对肥料的利用率，还可进行根外追肥。亩产3 000千克果实，全年施纯氮35千克、五氧化二磷25千克、氧化钾30千克。

3. 及时灌溉防旱　冬旱之地采果后要灌水1次，以后视情况隔15天或1个月再灌1次。春旱影响春梢生长和开花，故春季灌水是保梢、保花和稳果的重要措施。夏干伏旱会使果实变小，果皮皱缩，影响产量，若严重缺水，还会导致落果落叶，既影响当年产量，又影响树势和翌年产量。夏干伏旱时及时灌水对保叶保果防裂果，提高产量效果明显。

4. 重视保花保果　花期和幼果期遇阴雨连绵或异常高温会加剧生理落果，影响产量。通常宜采取综合保果措施。如遇异常高温，可灌水降温，喷灌效果则更显著；采用生长调节剂保果，控制夏梢（幼树），以果压梢，加强病虫害防治等均为有效的措施。

5. 合理利用夏梢　初结果树注意利用夏梢，通常留2～3片叶摘心，对第二次生理落果影响不明显，且摘心后夏梢叶片比未摘心的大1倍以上，第二年产量较抹芽梢树有增加的趋势。

七、中育7号甜橙

1. 选配砧木 中育7号甜橙用枳、红橘、香橙、枳橙等均可作砧木。以枳树冠稍矮小，结果早，丰产；红橘砧、香橙砧树势较强，耐碱，结果较迟，但丰产。枳橙砧植株生长快，早期也丰产。微酸性至中性土壤用枳砧，偏碱土壤用红橘、香橙砧。

2. 建园定植 选有水源，土壤深厚、肥沃、疏松、微酸性，光照条件好的地域种植。种植最好用无病毒的容器苗，开挖深、宽各1米的定植穴，施绿肥、秸秆、畜栏肥作基肥，分层压埋改良土壤，腐熟后（3～4个月）春植或秋植。种植密度：3米×4米，即亩栽56株。

3. 肥水管理 幼树一梢两肥和基肥。1～3年生树，以氮肥为主，配施钾肥，各次梢抽发前10天左右，株施尿素30～100克。各梢叶片转绿前喷施0.3%磷酸二氢钾。基肥株施厩肥20千克。

结果树1年施春芽肥、稳果肥、壮果促梢肥和采后肥。施肥量参照北碚447锦橙。

4. 保果疏果 采取先保果，即防止花期和幼果期因异常气温而落花落果，采用增效液化BA+GA（喷布型）保果。

5. 病虫防治 做好炭疽病、树脂病、裂皮病和螨类、蚧类、潜叶蛾、叶甲、凤蝶、蚜虫等的防治。

八、红江橙

1. 配好砧穗 用红木黎檬（两广）砧或红橘砧最好，枳砧必须用早熟温州蜜柑做中间砧，以免植株黄化。

2. 选好园地 红江橙适在年平均温度18～21℃，极端低温

≥-3℃，土层深厚、疏松、肥沃，微酸性至微碱性土壤种植。

3. 壮苗定植　坡地、旱地挖长、宽各1米，深0.8～1米的定植穴，或长不限的壕沟。每立方米分层填埋绿肥50～100千克，酸性土加石灰0.5～1千克，上层每穴施饼肥2～3千克，磷肥1～2千克，与土壤拌匀回填，树盘高出地面0.2～0.3米，待有机肥腐熟，填土沉实后定植壮苗，最好是无病毒容器苗。

4. 扩穴培肥　种植后逐年扩穴培肥。深翻扩穴，压肥改土，一般在秋梢停止生长后进行，从树冠滴水线处开始，逐年外扩0.5～0.8米，经3～4年完成。压埋肥料有绿肥、秸秆或腐熟的人畜粪、沼渣、堆肥、厩肥和饼肥等，每株用量绿肥等50～100千克，厩肥等20～30千克。酸性土还株加石灰0.2千克。幼树行间可生草栽培，或种绿肥，在旺盛生长季节或旱季来临前刈割2～3次，覆盖树盘。

5. 科学用肥　幼树氮为主，配合施磷、钾肥，春、夏、秋梢时施4～6次，顶芽自剪至梢转绿前叶面喷施尿素、磷酸二氢钾等。1～3年生植株施纯氮100～400克，氮∶磷∶钾为1∶0.3∶0.6，施肥量随树龄增加。

结果树以产量定肥量。以产果100千克计，施纯氮1.0千克，纯氮∶五氧化二磷∶氧化钾为1∶0.5∶0.8～1。全年施萌芽肥、稳果肥、壮果肥和采果肥。

6. 整形修剪　培养自然开心形，主干高25～30厘米，主枝3～4个，呈60～70度角，每主枝上配2～3个副主枝。主枝、副主枝、侧枝分布均匀，副主枝下层的长，上层的渐缩短，使树冠形成上小下大的近似三角形，树冠叶幕凹凸有致，通风透光的丰产稳产树冠。

初结果树通过控制夏梢，提高着果率，促发秋梢，加快形成树冠和增加结果母枝，提高产量。

成年结果树保持春梢营养枝与结果枝的合理比例，控制结果枝占春梢总量的45%～50%，余下的50%～55%春梢营养枝培育为翌年的结果枝。

7. 疏花疏果 为提高优果率、克服大小年和保持树势。首先，宜冬剪时控制结果母枝数量。次年是大年的结果树，冬季对树冠外围部分枝进行短截，减少花量。其次生理落果结束，以50～60∶1的叶果比疏果。

8. 病虫防治 做好溃疡病（病区）、黄龙病（病区）、炭疽病、螨类、蚧类等的防治。

九、红肉蜜柚

1. 砧木和栽植密度 以土柚作砧木亲和性和性状表现最好。栽植密度：山地3米×3.5米，即亩栽64株；平地株行距3.5米×4.0米，即亩栽48株。

2. 肥料及水分管理 幼树施肥坚持勤施薄施，每次梢前施促梢肥，抽梢后叶色转绿期施壮梢肥，或从定植（春植）起到10月中旬。每月施稀薄人粪尿1次，11月施1次有机肥越冬。肥料以氮肥为主，1～3年生树，株施100～400克，纯氮∶五氧化二磷∶氧化钾为1∶0.3∶0.5。

结果树1年施肥3～4次，株产50千克需施纯氮0.8千克，纯氮∶五氧化二磷∶氧化钾为1∶0.5∶1，分发芽肥、壮果肥和采果肥。发芽肥1月底前后施；壮果肥生理落果停止，秋梢抽发前10～15天施；采果肥采果前后7～10天内施毕。发芽肥、壮果肥、采果肥分别占全年施肥量的20%、30%、50%。

红肉蜜柚对水分敏感，枝梢生长期、花芽分化期（3～5月）、果实生长期（7～10月）应适时灌水，保湿土壤湿润。地势低畦和地下水位高的园地应及时排水。

3. 枝叶和花果管理 幼树修剪强调抹芽放梢，并掌握“去早留齐，去少留多”的原则，待全株大部分末级梢都有3～4条新梢萌发时，即停止抹梢。适当疏除过密枝，剪除全部冬梢。

初结果树注意培养短壮春梢与秋梢，抹除夏梢与冬梢，疏删直立枝，留斜生枝或进行拉枝。

盛果期树及时回缩结果枝组、落花落果枝组和衰退枝组，剪除枯枝、病虫枝。对骨干枝过多和树冠郁闭的严惩的树开出“天窗”（锯大枝宜在春季）引光线入内膛。对当年抽生的夏秋梢营养枝，用短截或疏删调节翌年产量，对无叶枝组重疏删的基础上对大部分枝梢或全部作短截处理。树高控制在3米以下，树形以自然开心形：干高20～40厘米，主枝3～4个，各主枝上配副主枝2～3个，主枝和副主枝上配置若干侧枝。

花果管理根据树势，9～11月用适当控水、拉枝，也可断根或在9～10月上旬环割宽度0.1～0.2厘米，深达木质部为宜。对结果母枝，在花蕾期先疏花序后疏蕾，“去头掐尾留中间”，疏弱留壮花2～3朵，摘除早夏梢。5月上旬生理落果后，依树势分2～3次调整结果量，留果均匀分布，去除病虫果、畸形果。

4. 矫治汁胞粒化 结果树以有机肥为主，增施钾肥，切不可在花期喷保果素；树盘盖草，冬季改土，提高土壤有机质含量与肥力；对长势旺的树采取环割调控生长势；适时采收。

5. 做好冬季防冻 改变果园生态环境，营造防风林，低温来临前灌水，果园（或树盘）覆盖，树干刷白等有助防止和减轻冻害。

主要参考文献

宁红，秦蓁．2009. 柑橘病虫害绿色防控技术百问百答［M］. 北京：中国农业出版社.

彭成绩，蔡明段．2005. 柑橘优质安全标准化生产百问百答［M］. 北京：中国农业出版社.

沈兆敏，邵蒲芬．2003. 柑橘无公害高效栽培［M］. 北京：金盾出版社.

沈兆敏，柴寿昌．2008. 中国柑橘现代技术［M］. 北京：金盾出版社.

沈兆敏，柴寿昌．2008. 中国三峡柑橘产业［M］. 北京：金盾出版社.

沈兆敏，徐忠强，汪小伟，等．2009. 脐橙生产关键技术百问百答［M］. 北京：中国农业出版社.

王江柱，吴研．2008. 常用通用名农药使用指南［M］. 北京：中国农业出版社.

吴涛．2004. 中国柑橘实用技术文献精编（上、下）［M］. 重庆：中国南方果树杂志社.

徐建国．2010. 柑橘优良品种及无公害栽培技术［M］. 北京：中国农业出版社.

中国农业科学院柑橘研究所．1986. 柑橘栽培［M］. 北京：农业出版社.

椪柑结果状

清见结果状

不知火结果状

红橘结果状

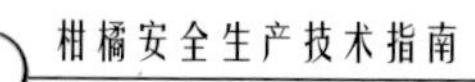

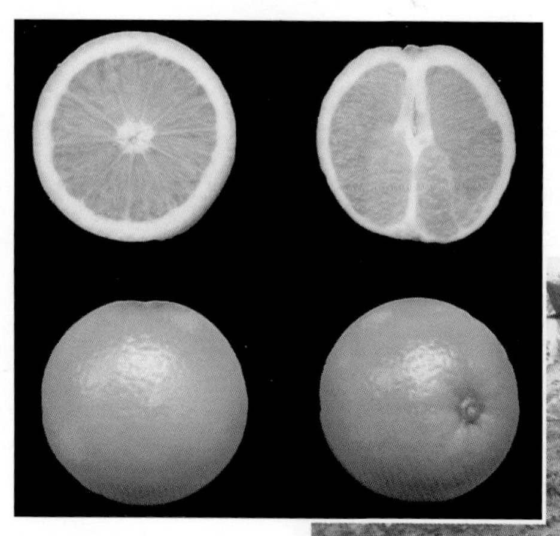
红肉脐橙

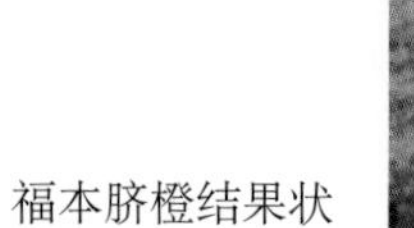

福本脐橙结果状

纽荷尔脐橙结果状

奉节脐橙结果状

鲍威尔脐橙结果状

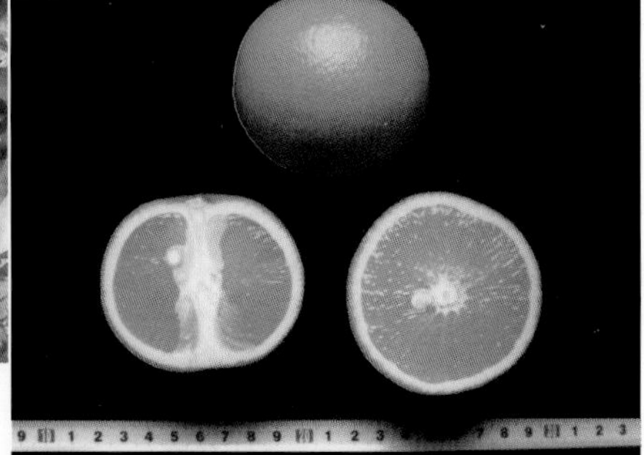

哈姆林甜橙

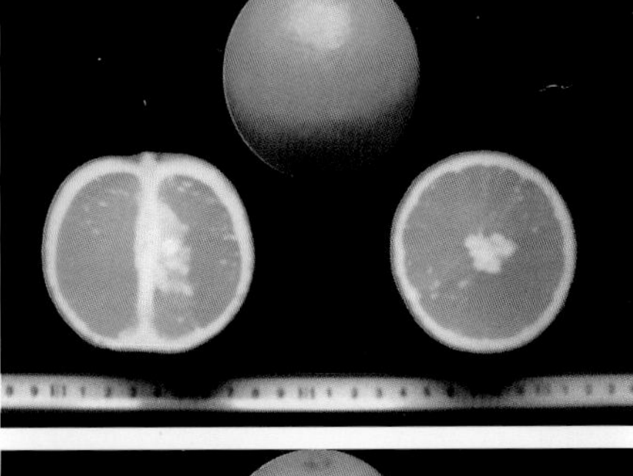

早金甜橙

渝津橙

北碚447锦橙结果状

奥灵达夏橙结果状

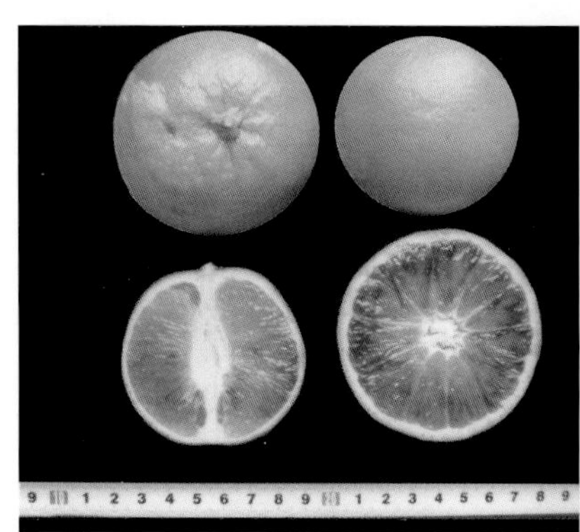

塔罗科血橙

沙田柚结果状

矮晚柚结果状

尤力克柠檬结果状

现代工厂化育苗

脐橙果实套袋

环境优良的山地幼龄柑橘园

柑橘锌、镁、铁缺乏综合症状

橘蚜危害嫩梢（叶）状

柑橘恶性叶甲危害叶片状